FiNALEonline.de

FiNALEonline.de ist die digitale Ergänzung zu deinem Arbeitsbuch. Hier findest du eine Vielzahl an Angeboten, die dich zusätzlich bei deiner Prüfungsvorbereitung in Mathematik unterstützen!

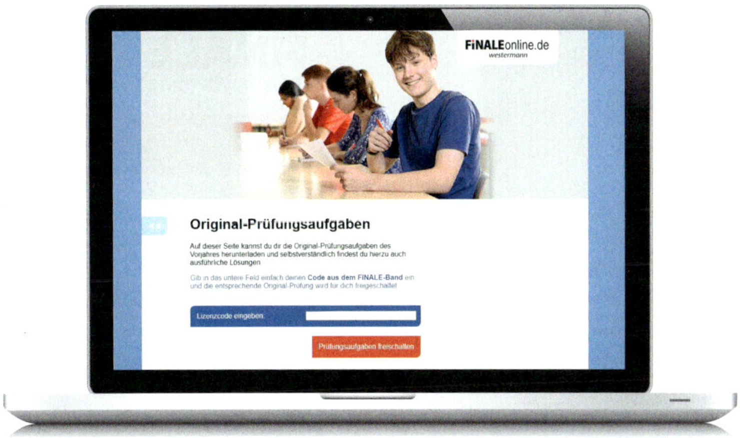

Das Plus für deine Prüfungsvorbereitung:

- das Übungstagebuch zur Fortschritts- kontrolle
- Original-Prüfungsaufgaben mit Lösungen (bitte Code von S. 2 eingeben)
- Tipps zur Prüfungsvorbereitung, die das Lernen erleichtern

Online-Grundlagentraining

Du hast noch Lücken aus den vorherigen Schuljahren? Kein Problem! Das Online-Grundlagentraining auf FiNALEonline.de hilft dir dabei, wichtigen Lernstoff nachzuarbeiten und zu wiederholen.
Und so funktioniert es:

Für das Fach Mathematik stehen dir über 100 Aufgaben zu prüfungs- relevanten Grundlagen in kurzen Trainingseinheiten zur Verfügung.

Unser Tipp für Lehrerinnen und Lehrer:
Nutzen Sie unsere vielfältigen Arbeitsblätter auch für Ihren Unterricht.

Für Lehrerinnen und Lehrer:
Die Lehrerhandreichung für den optimalen Einsatz der Arbeitsbücher im Unterricht zum kostenlosen Download!

Du übst lieber auf Papier? Dann klicke auf „PDF“ und drucke dir die gewünschte Trainingseinheit einfach aus.

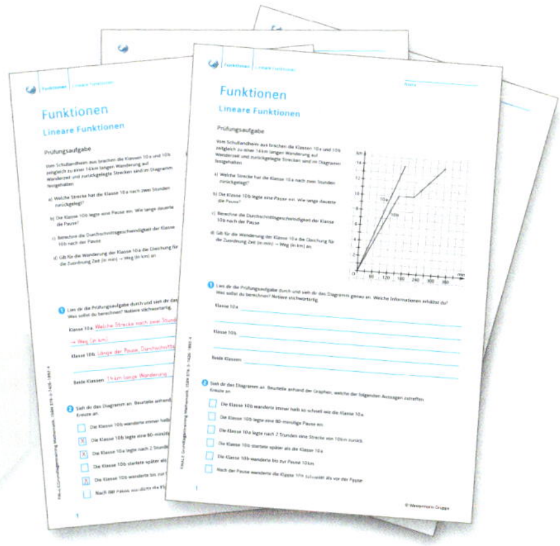

westermann

FiNALE Prüfungstraining

Niedersachsen

Abschluss 9./10. Klasse
Hauptschule
Mathematik

2023

Bernhard Humpert
Dr. Martina Lenze
Dr. Bernd Liebau
Ursula Schmidt
Peter Welzel

Bildquellennachweis
Arbeitsbuch:
|Alamy Stock Photo, Abingdon/Oxfordshire: Muller, Moritz 46.2; PA Images 46.3. |Alamy Stock Photo (RMB), Abingdon/Oxfordshire: Mellmann, Bernd 54.1. |fotolia.com, New York: selensergen 80.1. |Griese, Dietmar, Laatzen: 3.1, 6.1, 6.2, 8.1, 8.2, 9.3, 10.2, 34.1, 34.2, 36.2, 37.1, 37.2, 37.4, 38.1. |Imago, Berlin: Hettrich, Arnulf 75.4. |Lenze, Dr. Martina, Berlin: 42.1, 55.1. |Liebau, Dr. Bernd, Leipzig: 75.3. |Microsoft Deutschland GmbH, München: 35.1, 48.1, 66.2, 70.1, 70.2, 70.3, 70.4, 82.1, 83.2. |Miller, Carla, Dortmund: 6.3, 9.1, 9.2, 10.1, 15.1, 21.1, 24.1, 25.1, 27.1, 31.1, 31.2, 31.3, 33.1, 33.2, 36.1, 37.3, 37.5, 37.6, 37.7, 38.2, 39.1, 39.2, 40.1, 45.1, 46.1, 48.2, 50.1, 51.1, 56.1, 57.1, 63.1, 63.2, 64.1, 64.2, 65.1, 65.2, 65.3, 66.1, 67.1, 67.2, 67.3, 67.4, 67.5, 67.6, 71.1, 71.2, 73.1, 81.1, 83.1, 84.1, 84.2, 87.1, 87.2, 87.3, 87.4, 89.1, 89.2, 89.3, 91.1, 92.1, 94.1, 102.1, 103.1, 105.1, 106.1, 110.1. |Peter Wirtz Fotografie, Dormagen: Titel. |Picture-Alliance GmbH, Frankfurt a.M.: AP Photo 43.1; dpa-Zentralbild 49.1, 75.2; Godong 75.1.

Lösungsheft:
|Griese, Dietmar, Laatzen: 44.1, 44.2. |Microsoft Deutschland GmbH, München: 43.1.

westermann GRUPPE

Druck A[1] / Jahr 2022
Alle Drucke der Serie A sind im Unterricht parallel verwendbar.

Redaktion: Dr. Heike Bütow
Kontakt: finale@westermanngruppe.de
Layout: LIO Design GmbH, Braunschweig
Umschlaggestaltung: Gingco.Net, Braunschweig
Umschlagfoto: Peter Wirtz, Dormagen
Zeichnungen: Peter Langner; Illustrationen: Dietmar Griese, Carla Miller
Druck und Bindung: Westermann Druck GmbH, Georg-Westermann-Allee 66, 38104 Braunschweig

ISBN 978-3-7426-**2322**-5

Aufgaben, die mit [Symbol: durchgestrichener Taschenrechner] gekennzeichnet sind, sollten ohne Taschenrechner bearbeitet werden.
* Die mit einem Stern versehenen Aufgaben sind nur für den Abschluss am Ende der Klasse 10 vorgesehen.

So arbeitest du mit **FiNALE**

Liebe Schülerin, lieber Schüler!

Dieses **FiNALE-Arbeitsbuch** mit dem beiliegenden **Lösungsheft** hilft dir, dich selbstständig auf die Abschlussprüfung am Ende des Schuljahres 2022/23 vorzubereiten. Das Arbeitsbuch besteht aus drei Teilen.

- TEIL A – BASISAUFGABEN
- TEIL B – KOMPLEXE AUFGABEN
- TEIL C – PRÜFUNGSAUFGABEN

TEIL A – BASISAUFGABEN

Im **Eingangstest** kannst du testen, wie gut dein Grundwissen schon ist.

Die Aufgaben sind thematisch sortiert:
- Arithmetik/Algebra
- Funktionen
- Geometrie
- Daten und Zufall

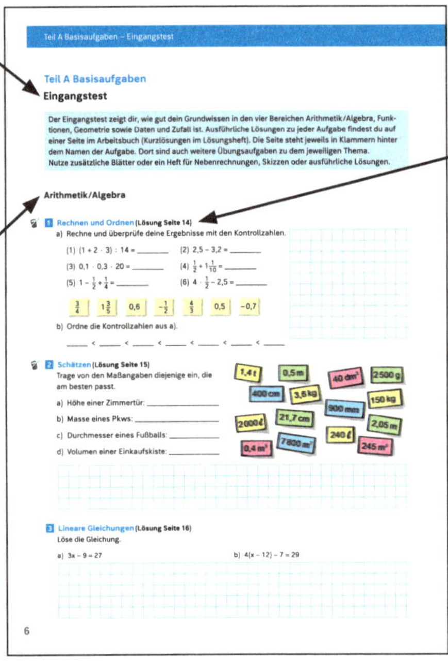

Jede Aufgabe hat eine Überschrift. Dahinter steht, wo du hier im Arbeitsbuch die **Lösung** zu dieser Aufgabe und weitere **Übungsaufgaben** findest.

Die **Selbsteinschätzung** hilft dir herauszufinden, wo du noch besonders üben musst.

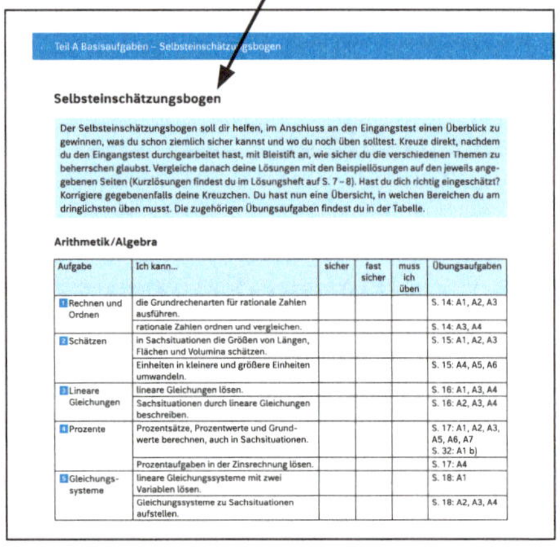

Die weiteren **Übungsaufgaben** sind ebenfalls thematisch sortiert.

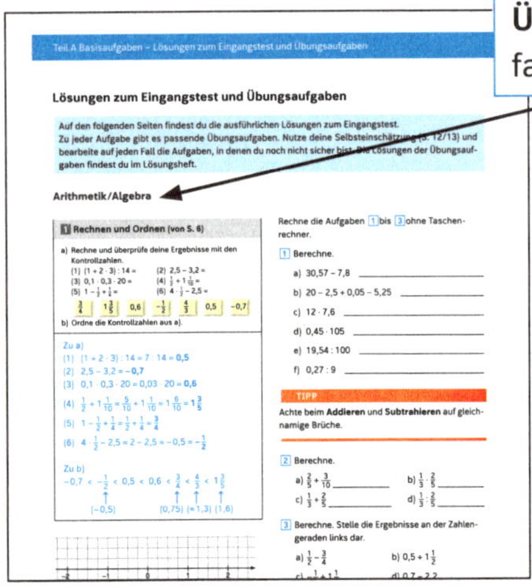

Der **Abschlusstest** soll dir zeigen, wie viel du bereits im Vergleich zum Einstiegstest gelernt hast.
Die Aufgaben sind hier nicht nach Themen sortiert.

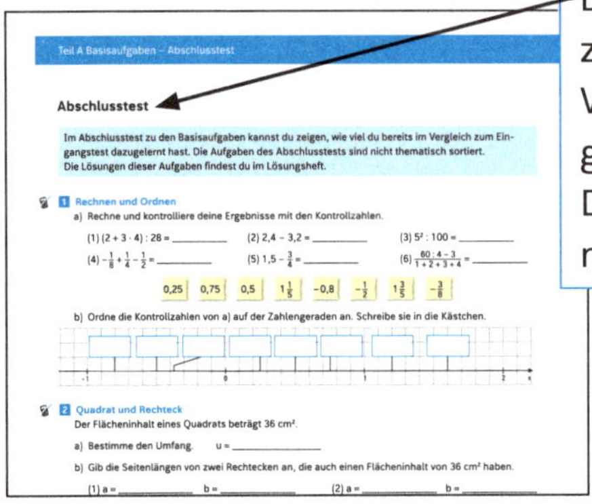

TEIL B – KOMPLEXE AUFGABEN

Die **komplexen Aufgaben** sind ein besonderes Training. Die Aufgaben sind, wie in der Prüfung, nicht thematisch sortiert.

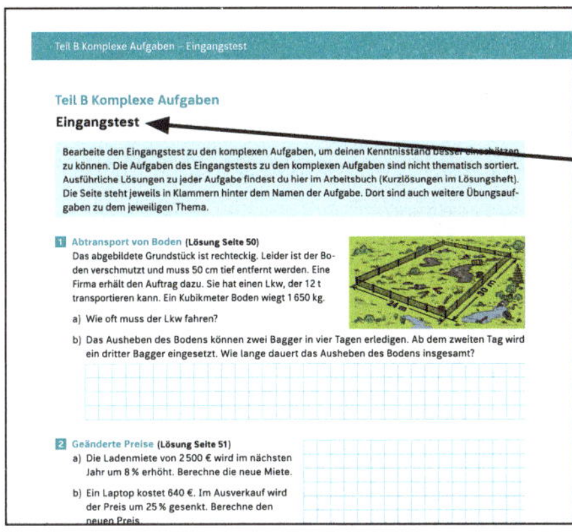

Der Teil B ist ähnlich wie der Teil A aufgebaut. Es gibt einen **Eingangstest** und zu jeder Aufgabe weitere **Übungen.**

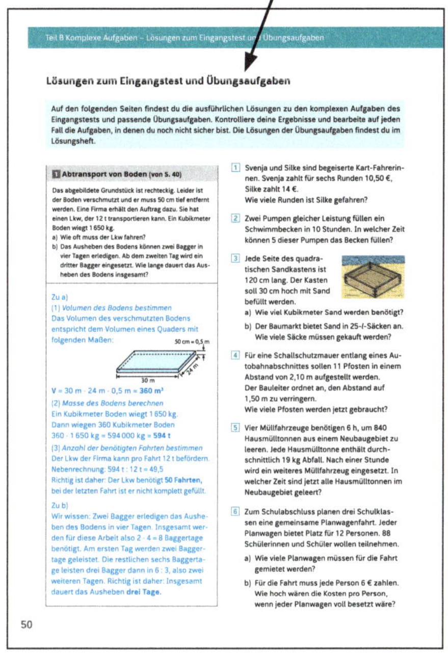

Der **Abschlusstest** zeigt dir am Ende von Teil B, wie gut du auf die Prüfung vorbereitet bist.

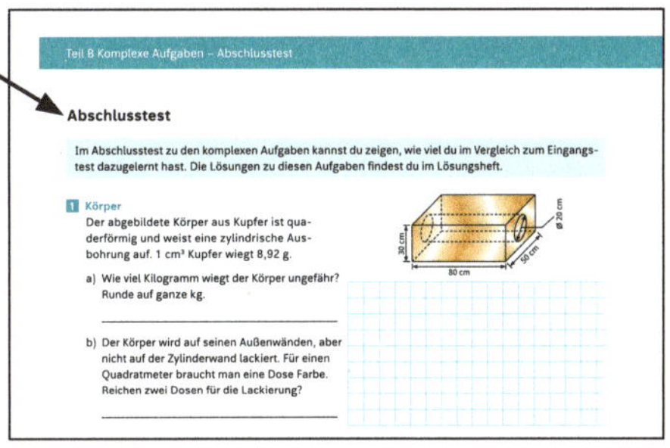

TEIL C – PRÜFUNGSAUFGABEN

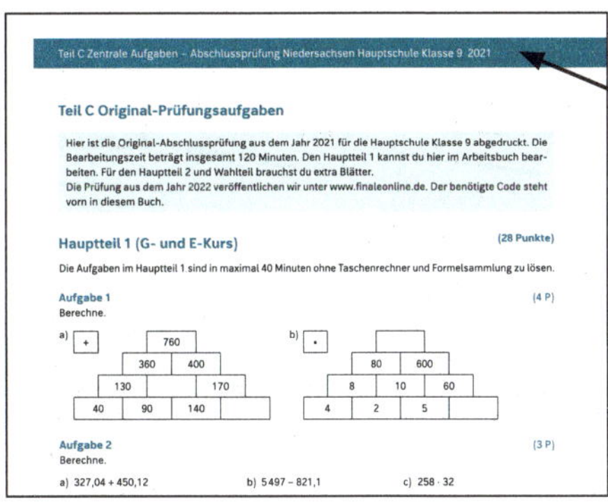

Hier sind **Original-Prüfungsarbeiten** aus den letzten Jahren abgedruckt. Mindestens eine dieser Arbeiten solltest du unter Prüfungsbedingungen bearbeiten, in der vorgeschriebenen Zeit und nur mit den zugelassenen Hilfsmitteln.

Eine **Formelsammlung**, die auch bei der Abschlussprüfung zugelassen ist, findest du im **Lösungsheft.**
Unter www.finaleonline.de ist ein **Übungstagebuch,** mit dem du deine Prüfungsvorbereitung gut organisieren kannst. Nutze dafür auch den Code von Seite 2.

Wir wünschen dir viel Erfolg bei deiner Abschlussprüfung!
Dein **FiNALE**-Team

TIPP

Hast du noch Lücken aus den vorherigen Schuljahren? Dann empfehlen wir dir das „**FiNALE** Grundlagentraining Mathematik“ (ISBN 978-3-7426-1892-4).

Es bietet prüfungsrelevantes Grundlagenwissen zum Nachschlagen und Üben. Ergänzend dazu findest du unter *www.finaleonline.de/grundlagentraining* ein kostenloses Online-Training bestehend aus interaktiven Übungsaufgaben und Arbeitsblättern zum Ausdrucken.

Teil A Basisaufgaben

Eingangstest

Der Eingangstest zeigt dir, wie gut dein Grundwissen in den vier Bereichen Arithmetik/Algebra, Funktionen, Geometrie sowie Daten und Zufall ist. Ausführliche Lösungen zu jeder Aufgabe findest du auf einer Seite im Arbeitsbuch (Kurzlösungen im Lösungsheft). Die Seite steht jeweils in Klammern hinter dem Namen der Aufgabe. Dort sind auch weitere Übungsaufgaben zu dem jeweiligen Thema.
Nutze zusätzliche Blätter oder ein Heft für Nebenrechnungen, Skizzen oder ausführliche Lösungen.

Arithmetik/Algebra

1 Rechnen und Ordnen **(Lösung Seite 14)**

a) Rechne und überprüfe deine Ergebnisse mit den Kontrollzahlen.

(1) $(1 + 2 \cdot 3) : 14 =$ ________ (2) $2{,}5 - 3{,}2 =$ ________

(3) $0{,}1 \cdot 0{,}3 \cdot 20 =$ ________ (4) $\frac{1}{2} + 1\frac{1}{10} =$ ________

(5) $1 - \frac{1}{2} + \frac{1}{4} =$ ________ (6) $4 \cdot \frac{1}{2} - 2{,}5 =$ ________

$\frac{3}{4}$ $1\frac{3}{5}$ 0,6 $-\frac{1}{2}$ $\frac{4}{3}$ 0,5 −0,7

b) Ordne die Kontrollzahlen aus a).

______ < ______ < ______ < ______ < ______ < ______ < ______

2 Schätzen **(Lösung Seite 15)**

Trage von den Maßangaben diejenige ein, die am besten passt.

a) Höhe einer Zimmertür: ____________________

b) Masse eines Pkws: ____________________

c) Durchmesser eines Fußballs: ____________________

d) Volumen einer Einkaufskiste: ____________________

1,4 t 0,5 m $40\ dm^3$ 2500 g 400 cm 3,6 kg 150 kg 900 mm 2000 ℓ 21,7 cm 2,05 m 240 ℓ $7800\ m^2$ $0{,}4\ m^3$ $245\ m^2$

3 Lineare Gleichungen **(Lösung Seite 16)**

Löse die Gleichung.

a) $3x - 9 = 27$ b) $4(x - 12) - 7 = 29$

4 **Prozente** (**Lösung Seite 17**)

a) Wie viel sind 30 % von 250 €?

____

b) Wie viel Prozent sind 25 cm von 5 m?

____

c) Von wie viel Kilogramm sind 5 % genau 10 kg?

____

d) Ein Kapital von 620 € wird ein Jahr lang mit 4 % verzinst. Berechne die Jahreszinsen.

____

★ **5** **Gleichungssysteme** (**Lösung Seite 18**)

a) Löse das Gleichungssystem.

I. $x - 2y = 4$

II. $3x + y = 5$

x = __________ y = __________

b) Ein Rechteck hat den Umfang 30 cm, wobei die eine Seite 2 cm länger ist als die andere Seite.
Wie lang sind die Seiten?

Länge: __________ Breite: __________

Funktionen

6 **Zuordnungen** (**Lösung Seite 18**)

In welchen Beispielen erkennst du proportionale (p) oder antiproportionale (a) Zuordnungen? Wo liegt keines von beiden (k) vor? Trage in die rechte Spalte jeweils p, a oder k ein.

1	Alex kauft auf dem Wochenmarkt Tomaten: *Menge Tomaten (kg) → Preis (€)*		4	1 Liter Orangensaft wird gleichmäßig verteilt: *Anzahl der Gläser → Füllmenge pro Glas*	
2	Laufwettbewerb auf verschieden langen Strecken: *Länge der Laufstrecke → Laufzeit in Minuten*		5	Im August scheint die Sonne am häufigsten: *Anzahl Tage → Summe der Sonnenstunden an diesen Tagen*	
3	Im Gartenmarkt kann man Grassamen kaufen: *Rasenfläche (m^2) → benötigter Samen (kg)*		6	Gegeben sind Rechtecke mit gleichem Flächeninhalt: *Rechtecklänge → Rechteckbreite*	

7 **Passend dargestellt** (**Lösung Seite 20**)

Welcher Graph passt am besten zu welcher Geschichte?

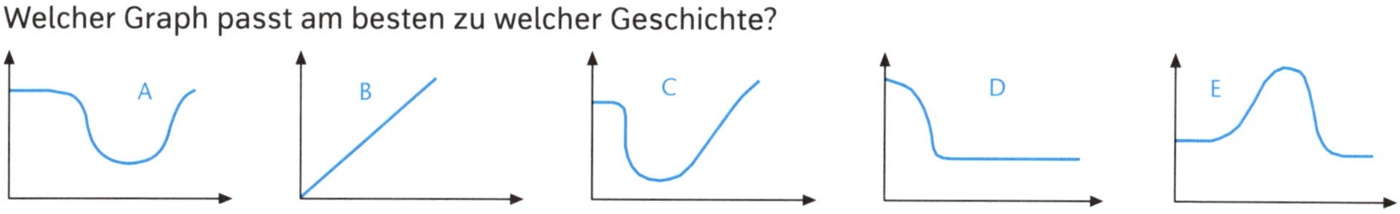

(1) Kurz nach dem Beginn der Segeltour ließ der zuvor kräftige Wind stark nach. Dann nahm die Windstärke nach und nach wieder zu, zum Schluss blies der Wind sogar kräftiger als zu Beginn der Segeltour. Graph ______

(2) Anfangs war die monatliche Telefonrechnung von Thomas sehr hoch. Inzwischen zahlt er deutlich weniger und jeden Monat in etwa den gleichen Betrag. Graph ______

8 Radfahren (Lösung Seite 21)

Mareike fährt mit gleichbleibender Geschwindigkeit Rad und legt in 10 Minuten eine Strecke von 2 500 m zurück. Wie viel Kilometer schafft sie in einer Stunde? Notiere deine Rechnung.

Ergebnis: ______________________

9 Graphen und Gleichungen (Lösung Seite 22)

Ordne den Geraden g_1, g_2, g_3 und g_4 die zugehörige Funktionsgleichung zu.

- ☐ $y = 2x - 1$
- ☐ $y = x - 1$
- ☐ $y = 2x + 2$
- ☐ $y = x + 1$
- ☐ $y = -x - 1$
- ☐ $y = -x + 2$

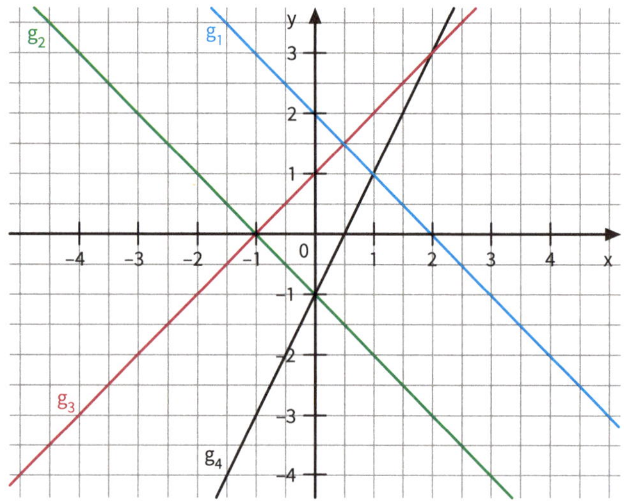

10 Lineare Funktion – Füllmenge (Lösung Seite 23)

Die im Koordinatensystem dargestellte Funktion stellt den Zusammenhang zwischen der Füllmenge in einem Bewässerungstank und der Zeit dar.

a) Wie viel Liter Wasser sind am Anfang im Tank?

Am Anfang sind __________ im Tank.

b) Bestimme, um wie viel Liter pro Minute die Wassermenge abnimmt.

____

c) Gib die Funktionsgleichung an. __________

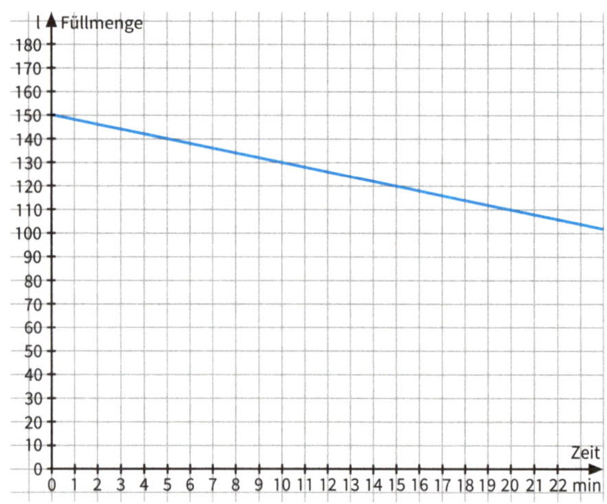

Geometrie

11 Flächeninhalt und Umfang eines Rechtecks (Lösung Seite 24)

Ein Rechteck ist 8 cm lang und 6 cm breit.

a) Wie groß ist sein Flächeninhalt? Kreuze an.

☐ 14 cm ☐ 14 cm² ☐ 28 cm ☐ 28 cm² ☐ 48 cm² ☐ 48 cm

b) Wie groß ist sein Umfang? u = ______________________

12 Buchstaben-Design (Lösung Seite 25)

Jette ist Designerin und entwirft unter anderem neue Schriftarten für den Computer. Sie beginnt mit dem Entwurf des Buchstabens A (siehe Abbildung rechts).

Berechne, wie lang der Querstrich in der Mitte des Buchstabens A ist.

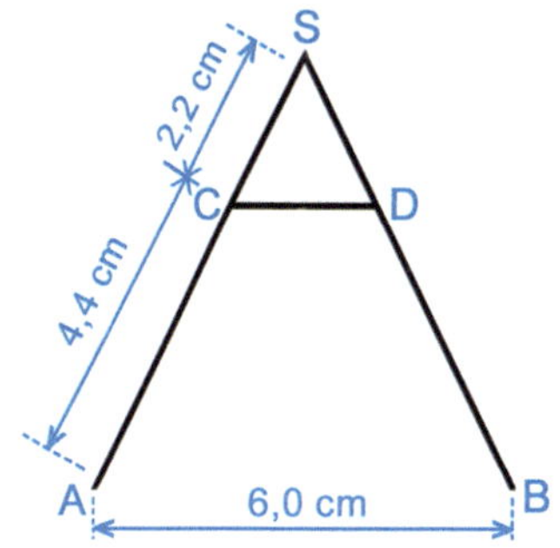

13 Zylinder (Lösung Seite 26)

Der abgebildete Zylinder ist aus Stahl.
Ein Kubikzentimeter wiegt 7,8 g.

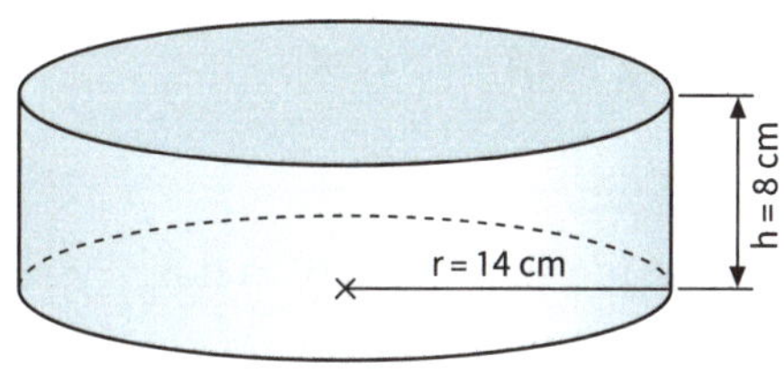

a) Berechne den Oberflächeninhalt und das Volumen des Zylinders.

Oberflächeninhalt: ______________________

Volumen: ______________________

b) Berechne die Masse des Zylinders in kg.

Masse: ______________________

14 Schiffscontainer (Lösung Seite 27)

Ein Schiffscontainer hat die Innenmaße 12,03 m x 2,35 m x 2,39 m und wird voll beladen. Wie viel Kubikmeter beträgt das Fassungsvermögen dieses Containers?

15 Winkelbestimmung (Lösung Seite 28)

Wie groß sind die fehlenden Winkel?

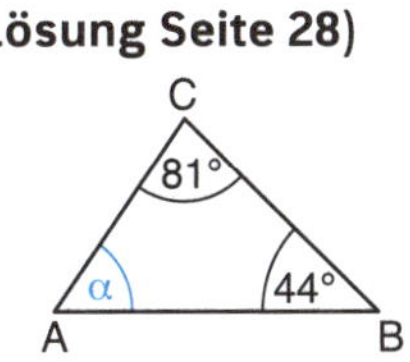

α = __________

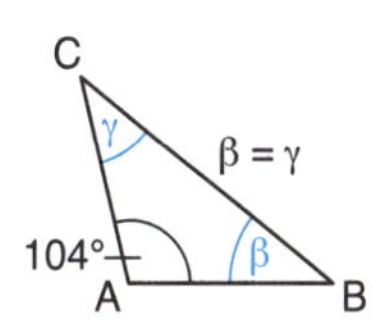

$\beta = \gamma$ = __________

16 Flächenberechnung **(Lösung Seite 29)**

Bestimme den Flächeninhalt und den Umfang der Figur.
Notiere deine Rechnung.

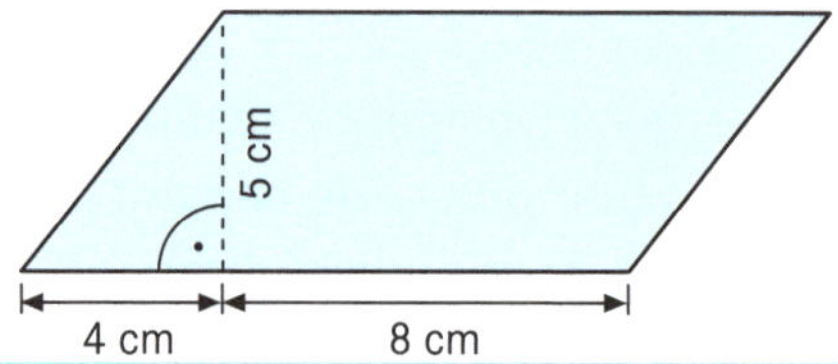

17 Dreieck im Koordinatensystem **(Lösung Seite 30)**

a) Gib die Koordinaten der Punkte P, Q und R an.
P(|); Q(|); R(|)

b) Welchen Flächeninhalt hat das Dreieck PQR?

A = ____________________

c) Trage den Punkt S (9|6) in das Koordinatensystem ein.
Wie heißt die Figur PQSR?

____

d) Bestimme den Umfang des Vierecks PQSR.

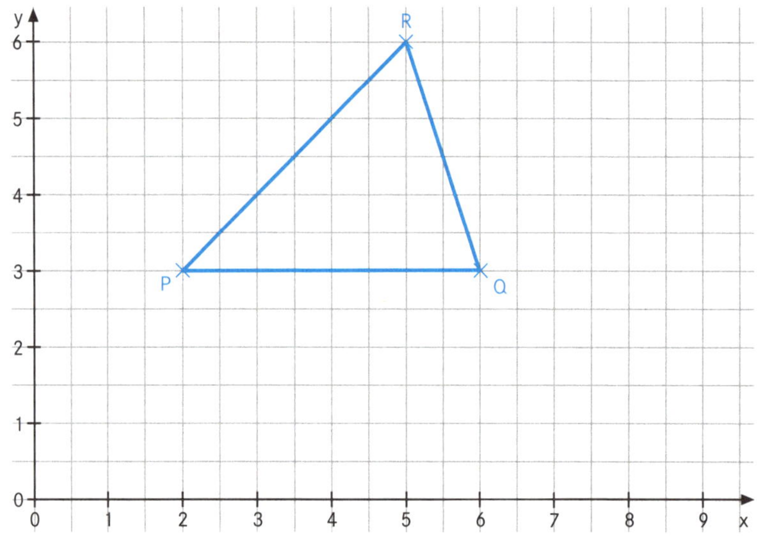

Daten und Zufall

18 Tablet **(Lösung Seite 31)**

Im Internet wird ein Tablet zu folgenden Preisen angeboten: 256 € 252 € 320 € 269 € 279 €

a) Gib den Median (Zentralwert), die Spannweite und das arithmetische Mittel der Preise an.

Median: ____________ Spannweite: ____________ arithmetisches Mittel: ____________

b) Im Internet taucht noch ein sechstes Angebot auf für 269 €. Vergleiche den Median und das arithmetische Mittel dieser sechs Angebote mit den Werten aus Teilaufgabe a).

Median: ____________________ arithmetisches Mittel: ____________________

19 **Werbung** (**Lösung Seite 32**)

Aus dem Diagramm kannst du für die wichtigsten Medien ablesen, welche Einnahmen durch Werbung mit ihnen erzielt wurden.

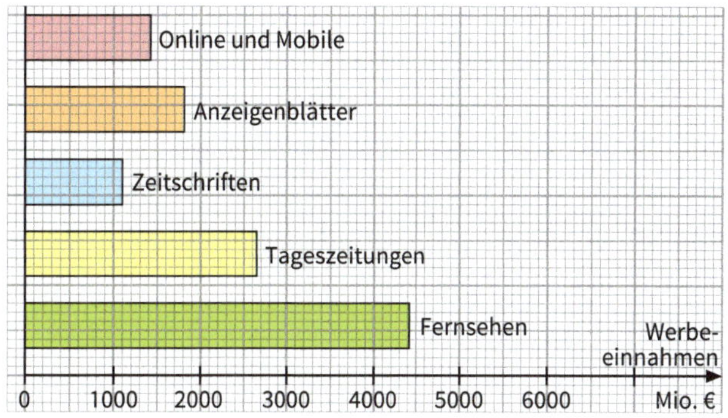

a) Trage die drei Medien mit den größten Einnahmen in der richtigen Rangfolge in die Tabelle ein.

	Rang 1	Rang 2	Rang 3
Medium			
Einnahmen (in Mio. €)			

b) Insgesamt betrugen die Einnahmen durch Werbung in allen Medien 15 200 Millionen €. Welchen Anteil dieser Einnahmen hat das Fernsehen erzielt?

____

____

c) Die folgende Tabelle zeigt die Anteile der Werbeeinnahmen für die im Diagramm genannten Medien. Daneben wurden auch noch Werbeeinnahmen in anderen (sonstigen) Medien erzielt. Ergänze die Tabelle und stelle die Anteile in einem Streifendiagramm dar.

Fernsehen (FS)	Tageszeitungen (TZ)	Zeitschriften (ZS)	Anzeigenblätter (AB)	Online und Mobile (OM)	Sonstige (S)
%	17 %	7 %	12 %	9 %	%

20 **Hausaufgaben** (**Lösung Seite 33**)

In Annikas Klasse sind 9 Jungen und 15 Mädchen. Die Lehrerin lost zu Beginn der Mathematikstunde aus, wer die Hausaufgaben vorträgt.

a) Mit welcher Wahrscheinlichkeit wird Annika ausgelost?

P = ________________

b) Wie wahrscheinlich ist es, dass ein Junge ausgelost wird?

P = ________________

Selbsteinschätzungsbogen

Der Selbsteinschätzungsbogen soll dir helfen, im Anschluss an den Eingangstest einen Überblick zu gewinnen, was du schon ziemlich sicher kannst und wo du noch üben solltest. Kreuze direkt, nachdem du den Eingangstest durchgearbeitet hast, mit Bleistift an, wie sicher du die verschiedenen Themen zu beherrschen glaubst. Vergleiche danach deine Lösungen mit den Beispiellösungen auf den jeweils angegebenen Seiten (Kurzlösungen findest du im Lösungsheft auf S. 7 – 8). Hast du dich richtig eingeschätzt? Korrigiere gegebenenfalls deine Kreuzchen. Du hast nun eine Übersicht, in welchen Bereichen du am dringlichsten üben musst. Die zugehörigen Übungsaufgaben findest du in der Tabelle.

Arithmetik/Algebra

Aufgabe	Ich kann...	sicher	fast sicher	muss ich üben	Übungsaufgaben
1 Rechnen und Ordnen	die Grundrechenarten für rationale Zahlen ausführen.				S. 14: A1, A2, A3
	rationale Zahlen ordnen und vergleichen.				S. 14: A3, A4
2 Schätzen	in Sachsituationen die Größen von Längen, Flächen und Volumina schätzen.				S. 15: A1, A2, A3
	Einheiten in kleinere und größere Einheiten umwandeln.				S. 15: A4, A5, A6
3 Lineare Gleichungen	lineare Gleichungen lösen.				S. 16: A1, A3, A4
	Sachsituationen durch lineare Gleichungen beschreiben.				S. 16: A2, A3, A4
4 Prozente	Prozentsätze, Prozentwerte und Grundwerte berechnen, auch in Sachsituationen.				S. 17: A1, A2, A3, A5, A6, A7 S. 32: A1 b)
	Prozentaufgaben in der Zinsrechnung lösen.				S. 17: A4
5 Gleichungssysteme	lineare Gleichungssysteme mit zwei Variablen lösen.				S. 18: A1
	Gleichungssysteme zu Sachsituationen aufstellen.				S. 18: A2, A3, A4

Funktionen

Aufgabe	Ich kann...	sicher	fast sicher	muss ich üben	Übungsaufgaben
6 Zuordnungen	in Sachsituationen und Wertetabellen proportionale und antiproportionale Zuordnungen erkennen.				S. 19: A1, A3
	Wertetabellen ergänzen und damit Graphen zeichnen.				S. 18: A2, A4 S. 19: A3
7 Passend dargestellt	einen Graphen einer Sachsituation oder einer Wertetabelle zuordnen.				S. 20: A1 bis A3
8 Radfahren	bei Bewegungsaufgaben den Zusammenhang zwischen Zeit, Strecke und Geschwindigkeit herstellen.				S. 21: A4
	bei proportionalen Zuordnungen den Zweisatz oder Dreisatz anwenden.				S. 21: A1, A2, A3, A5

Funktionen

9 Graphen und Gleichungen	einer Geraden im Koordinatensystem die passende Funktionsgleichung zuordnen und umgekehrt.				S. 22: A1 bis A4 S. 23: A3
10 Lineare Funktion – Füllmenge	Sachsituationen mit linearen Funktionen beschreiben.				S. 23: A1, A2, A3

Geometrie

Aufgabe	Ich kann...	sicher	fast sicher	muss ich üben	Übungsaufgaben
11 Rechteck	den Umfang und Flächeninhalt eines Rechtecks berechnen, auch in Sachsituationen.				S. 24: A1 bis A5
12 Buchstaben-Design	Streckenlängen mithilfe der Strahlensätze bestimmen.				S. 25: A1 bis A4
13 Zylinder	den Oberflächeninhalt und das Volumen eines Zylinders berechnen.				S. 26: A1 bis A4
	die Masse eines Körpers berechnen, wenn ich sein Volumen und seine Dichte kenne.				S. 26: A4
14 Schiffs-container	das Volumen eines Quaders bestimmen, auch in Sachsituationen.				S. 27: A1 bis A5
15 Winkel-bestimmung	Winkelgrößen in Dreiecken und Vierecken mit dem Winkelsummensatz bestimmen.				S. 28: A1 bis A5
16 Flächen-berechnung	Umfang und Flächeninhalt von Parallelogrammen und anderen Figuren berechnen.				S. 29: A1, A2 S. 30: A1 c)
	den Satz des Pythagoras anwenden.				S. 29: A2 S. 30: A2 a)
17 Dreieck im Koordinaten-system	Punkte in ein Koordinatensystem eintragen und ablesen.				S. 30: A1, A2
	den Flächeninhalt und den Umfang eines Dreiecks berechnen.				S. 30: A1, A2

Daten und Zufall

Aufgabe	Ich kann...	sicher	fast sicher	muss ich üben	Übungsaufgaben
18 Tablet	Spannweite, Median und arithmetisches Mittel angeben.				S. 31: A1 bis A3
19 Werbung	Werte aus einem Diagramm ablesen.				S. 32: A1
	relative Häufigkeiten berechnen und als Prozente angeben.				S. 32: A3
	Säulen- und Streifendiagramme erstellen.				S. 32: A2, A3
20 Haus-aufgaben	angeben, welche Ergebnisse zu einem Ereignis gehören.				S. 33: A1
	die Wahrscheinlichkeit eines Ereignisses bei einem Laplace-Experiment bestimmen.				S. 33: A2, A3, A4

Wenn du noch weiteren Übungsbedarf hast oder in einem Thema unsicher bist, empfehlen wir dir, im „Grundlagentraining“ nachzuschlagen (ISBN 978-3-7426-1892-4).
Dein **FiNALE**-Team

Lösungen zum Eingangstest und Übungsaufgaben

Auf den folgenden Seiten findest du die ausführlichen Lösungen zum Eingangstest.
Zu jeder Aufgabe gibt es passende Übungsaufgaben. Nutze deine Selbsteinschätzung (S. 12/13) und bearbeite auf jeden Fall die Aufgaben, in denen du noch nicht sicher bist. Die Lösungen der Übungsaufgaben findest du im Lösungsheft.

Arithmetik/Algebra

1 Rechnen und Ordnen (von S. 6)

a) Rechne und überprüfe deine Ergebnisse mit den Kontrollzahlen.

(1) $(1 + 2 \cdot 3) : 14 =$ (2) $2{,}5 - 3{,}2 =$
(3) $0{,}1 \cdot 0{,}3 \cdot 20 =$ (4) $\frac{1}{2} + 1\frac{1}{10} =$
(5) $1 - \frac{1}{2} + \frac{1}{4} =$ (6) $4 \cdot \frac{1}{2} - 2{,}5 =$

$\frac{3}{4}$ | $1\frac{3}{5}$ | $0{,}6$ | $-\frac{1}{2}$ | $\frac{4}{3}$ | $0{,}5$ | $-0{,}7$

b) Ordne die Kontrollzahlen aus a).

Zu a)
(1) $(1 + 2 \cdot 3) : 14 = 7 : 14 = \mathbf{0{,}5}$
(2) $2{,}5 - 3{,}2 = \mathbf{-0{,}7}$
(3) $0{,}1 \cdot 0{,}3 \cdot 20 = 0{,}03 \cdot 20 = \mathbf{0{,}6}$
(4) $\frac{1}{2} + 1\frac{1}{10} = \frac{5}{10} + 1\frac{1}{10} = 1\frac{6}{10} = \mathbf{1\frac{3}{5}}$
(5) $1 - \frac{1}{2} + \frac{1}{4} = \frac{1}{2} + \frac{1}{4} = \mathbf{\frac{3}{4}}$
(6) $4 \cdot \frac{1}{2} - 2{,}5 = 2 - 2{,}5 = -0{,}5 = \mathbf{-\frac{1}{2}}$

Zu b)
$-0{,}7 < -\frac{1}{2} < 0{,}5 < 0{,}6 < \frac{3}{4} < \frac{4}{3} < 1\frac{3}{5}$
$(-0{,}5)$ $(0{,}75)$ $(\approx 1{,}3)$ $(1{,}6)$

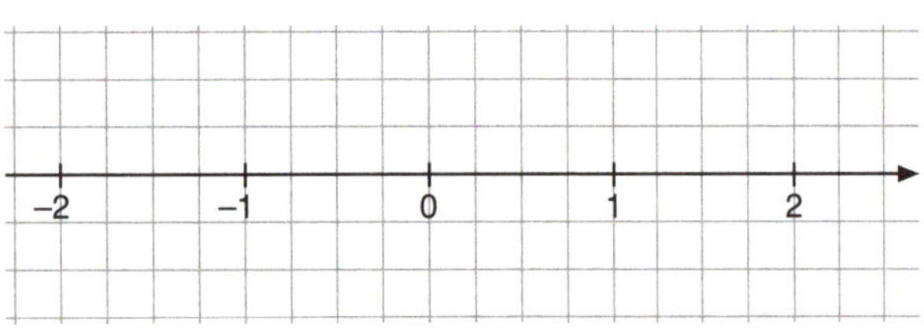

Rechne die Aufgaben 1 bis 3 ohne Taschenrechner.

1 Berechne.

a) $30{,}57 - 7{,}8$ ______
b) $20 - 2{,}5 + 0{,}05 - 5{,}25$ ______
c) $12 \cdot 7{,}6$ ______
d) $0{,}45 \cdot 105$ ______
e) $19{,}54 : 100$ ______
f) $0{,}27 : 9$ ______

TIPP

Achte beim **Addieren** und **Subtrahieren** auf gleichnamige Brüche.

2 Berechne.

a) $\frac{2}{5} + \frac{3}{10}$ ______ b) $\frac{1}{3} \cdot \frac{2}{5}$ ______
c) $\frac{1}{3} + \frac{2}{5}$ ______ d) $\frac{1}{3} : \frac{2}{5}$ ______

3 Berechne. Stelle die Ergebnisse an der Zahlengeraden links dar.

a) $\frac{1}{2} - \frac{3}{4}$ b) $0{,}5 + 1\frac{1}{2}$
c) $-\frac{1}{2} + 1\frac{1}{4}$ d) $0{,}7 - 2{,}2$
e) $-\frac{1}{4} + 2{,}75$ f) $1\frac{1}{2} - 0{,}25$

4 Ordne der Größe nach, beginne mit der kleinsten Zahl.

a) $0{,}4$ $\frac{3}{6}$ $0{,}38$ $\frac{1}{4}$ $\frac{3}{5}$ $0{,}2$

☐ < ☐ < ☐ < ☐ < ☐ < ☐

b) $-1\frac{1}{2}$ $-\frac{7}{5}$ $-\frac{3}{4}$ $-0{,}8$ $-1\frac{1}{4}$ $-1{,}3$

☐ < ☐ < ☐ < ☐ < ☐ < ☐

c) $0{,}7$ $-\frac{3}{4}$ $-1{,}3$ $\frac{4}{5}$ $-1\frac{1}{2}$ $\frac{9}{10}$

☐ < ☐ < ☐ < ☐ < ☐ < ☐

d) $2{,}8$ $-0{,}41$ $-\frac{2}{5}$ $\frac{20}{10}$ $-\frac{9}{2}$ $2{,}805$

☐ < ☐ < ☐ < ☐ < ☐ < ☐

1 Wie viel Sekunden hat eine Schülerin vom ersten Schultag bis zum Ende der 10. Klasse etwa in der Schule verbracht?

☐ 3600000 s ☐ 360000000 s

☐ 36000000 s ☐ 3600000000 s

2 Schätze den Flächeninhalt eines 20-€-Scheins.

☐ 957,6 cm^2 ☐ 95760 mm^2

☐ 95,76 dm^2 ☐ 9576 mm^2

3 Kreuze an, welche Schätzung am besten passt.

a) ungefähre Größe der lackierten Fläche eines Pkws

☐ 72 m^2 ☐ 720 dm^2

☐ 720000 mm^2 ☐ 7200 dm^2

b) Größe des Kofferraums eines Pkws

☐ 37 hl ☐ 370000 ml

☐ 0,037 m^3 ☐ 37000 *l*

2 Schätzen (von S. 6)

Trage von den Maßangaben diejenige ein, die am besten passt.

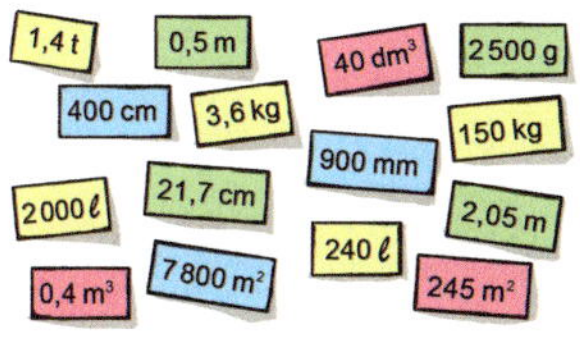

a) Höhe einer Zimmertür
b) Masse eines Pkws
c) Durchmesser eines Fußballs
d) Volumen einer Einkaufskiste

Zu a)
Eine Tür ist höher als 1 m (1000 mm) und niedriger als 3 m (300 cm). Deshalb kann nur **2,05 m** die Lösung sein.

Zu b)
Von den Gewichtsangaben passt nur **1,4 t**. Die anderen Maßangaben sind zu gering.

Zu c)
Der Durchmesser kann **21,7 cm** betragen. Das ist ungefähr die Breite deines FiNALE-Arbeitsbuchs.

Zu d)
Geschätzte Maße: 50 cm x 40 cm x 20 cm.
Für das Volumen erhältst du geschätzt:
$50\text{ cm} \cdot 40\text{ cm} \cdot 20\text{ cm} = 40\,000\text{ cm}^3$
40 dm^3 ist deshalb die richtige Angabe.

TIPP

Achte beim **Vergleichen von Größen** auf die gleiche Einheit.
Rechnest du in eine kleinere (größere) Einheit um, wird die Maßzahl größer (kleiner).

4 Wandle in die angegebene Einheit um.

a) 500 g = ____________ kg

b) 1,8 t = ____________ kg

c) 25 ha = ____________ m^2

d) 4600 cm^2 = ____________ m^2

e) 4500 *l* = ____________ m^3

f) 180 s = ____________ min

g) 1,2 h = ____________ min

5 Wandle in die nächstkleinere Einheit um.

a) 35 cm = ____________

b) 2,5 m^2 = ____________

c) 85 min = ____________

6 Wandle in die nächstgrößere Einheit um.

a) 56000 mm = ____________

b) 5050 m^2 = ____________

c) 150 min = ____________

3 Lineare Gleichungen (von S. 6)

Löse die Gleichung.

a) $3x - 9 = 27$ b) $4(x - 12) - 7 = 29$

Zu a)

$3x - 9 = 27 \quad | + 9$

$3x = 36 \quad | : 3$

$\mathbf{x = 12}$

Zu b)

$4(x - 12) - 7 = 29 \quad | + 7$

$4(x - 12) = 36 \quad | : 4$

$x - 12 = 9 \quad | + 12$

$\mathbf{x = 21}$

oder $4(x - 12) - 7 = 29$

$4x - 48 - 7 = 29$

$4x - 55 = 29 \quad | + 55$

$4x = 84 \quad | : 4$

$\mathbf{x = 21}$

2 Welche Sachtexte passen zu der Gleichung $5x + 17 = 57$? Was gibt in diesen Fällen x an?

(1) Fünf Freunde gehen ins Kino. Sie kaufen Karten und anschließend für 17 € Popcorn. Insgesamt bezahlen sie 57 €.

(2) Frau May kauft 5 Flaschen Wein und 17 Flaschen Sekt. Sie bezahlt insgesamt 57 €.

(3) Ein 5 km langer Rundkurs für Crossräder wird x-mal durchfahren. Der Kurs liegt 17 km von Tannendorf entfernt. Es sind 57 Teilnehmer am Start.

(4) Ein Unternehmen soll 57 m^3 Muttererde transportieren. Der große Lkw bringt 17 m^3, der kleine Lkw den Rest mit fünf Fahrten, jeweils voll beladen.

(5) Ein Rechteck ist 5 cm breit, seine Länge unbekannt. Wäre es 17 cm^2 größer, hätte es einen Flächeninhalt von 57 cm^2.

TIPP

Texte in **Terme** übersetzen:

Das Zehnfache einer Zahl:	10x
Der achte Teil einer Zahl:	x : 8
Eine Zahl vermindert um 4:	x – 4
Eine Zahl vermehrt um 5:	x + 5

TIPP

Forme bei Bedarf die **Gleichung** so um, dass die Variable auf einer Seite steht. Notiere hinter der Gleichung, wie die beiden Seiten der Gleichung verändert werden.

1 Löse die Gleichung.

a) $3x - 7 = 35$ b) $9 - 4x = 13$

c) $7(3x - 2) + 1 = 50$

d) $8 - (2x + 6) - 5x = 16$

3 Löse das Zahlenrätsel mithilfe einer Gleichung.

a) Das Neunfache einer Zahl vermindert um 7 ergibt 47.

b) Addiert man zum dritten Teil einer Zahl 17, so erhält man 30.

c) Vermindert man das Achtfache einer Zahl um 9 und addiert 3, so erhält man 26.

1 Berechne.

a) 40 % von 650 €

b) 23 % von 40 m

2 a) Wie viel Prozent sind 374 Personen von 800 Personen?

b) Wie viel Prozent sind 35 € von 1 400 €?

3 a) Von welchem Betrag sind 20 % 100 €?

b) Von welcher Länge sind 45 % 288 m?

4 Berechne die Zinsen.

a) Ein Kapital von 3 200 € wird ein Jahr lang mit 0,5 % verzinst.

b) Ein halbes Jahr lang werden 560 € mit einem Zinssatz von 1,2 % verzinst.

5 Auf einem freien Gelände am Stadtrand, das 16 ha groß ist, wird ein neues Fußballstadion gebaut. Es nimmt 13 % der Gesamtfläche ein. Berechne die Fläche des neuen Stadions in Quadratmetern.

6 Von 827 kontrollierten Fahrzeugen waren 43 mit Mängeln versehen. Wie viel Prozent sind das?

7 Familie Meier zahlt monatlich 550 € Miete. Die Miete soll zum 1. Januar um 3,5 % erhöht werden.

a) Berechne die Mieterhöhung.

b) Gib die ab Januar zu zahlende Miete an.

4 Prozente (von S. 7)

a) Wie viel sind 30 % von 250 €?

b) Wie viel Prozent sind 25 cm von 5 m?

c) Von wie viel Kilogramm sind 5 % genau 10 kg?

d) Ein Kapital von 620 € wird ein Jahr lang mit 4 % verzinst. Berechne die Jahreszinsen.

Zu a)
W ist gesucht.

$30\,\% = \frac{30}{100} = 0{,}30$

$\mathbf{W} = 250\,€ \cdot 0{,}30$

$\quad = \mathbf{75\,€}$

Zu b)
p % ist gesucht.

$\mathbf{p\,\%} = \frac{0{,}25\text{ m}}{5\text{ m}} = 0{,}05$

$\quad = \mathbf{5\,\%}$

Zu c)
G ist gesucht.

$G = \frac{10\text{ kg}}{0{,}05} = \mathbf{200\text{ kg}}$

Zu d)
Z ist gesucht.

$Z = 620\,€ \cdot 0{,}04$

$\quad = \mathbf{24{,}80\,€}$

TIPP

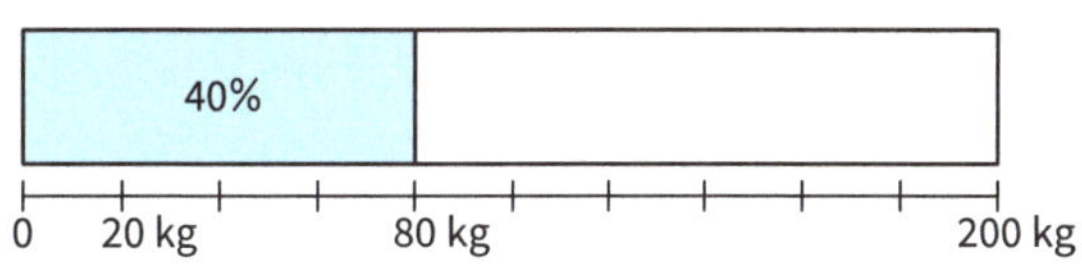

Prozentrechnung:
- Grundwert G
- Prozentwert W
- Prozentsatz p %

40 % von 200 kg sind 80 kg
p % | G | W

Formeln: $\mathbf{W = G \cdot p\,\%}$ $\quad \mathbf{p\,\% = \frac{W}{G}}$ $\quad \mathbf{G = \frac{W}{p\,\%}}$

Zinsrechnung:

Kapital K ↔ Grundwert G

Zinsen Z ↔ Prozentwert W

Zinssatz p % ↔ Prozentsatz p %

$\mathbf{Z = K \cdot p\,\%}$

★ 5 Gleichungssysteme (von S. 7)

a) Löse das Gleichungssystem.
I. $x - 2y = 4$
II. $3x + y = 5$

b) Ein Rechteck hat den Umfang 30 cm, wobei die eine Seite 2 cm länger ist als die andere Seite. Wie lang sind die Seiten?

Zu a)

I. $x - 2y = 4$
II. $3x + y = 5 \quad | \cdot 2$

I. $x - 2y = 4$
II. $6x + 2y = 10$

I. + II. $7x = 14 \quad | : 7$
$\mathbf{x = 2}$

x = 2 in Gleichung I. eingesetzt:
$2 - 2y = 4 \quad | -2$
$-2y = 2 \quad | : (-2)$
$\mathbf{y = -1}$

Lösung: x = 2 und y = −1

Zu b)

x: Breite; y: Länge

I. $2x + 2y = 30$
II. $y = x + 2$

II. in I. eingesetzt:
$2x + 2(x + 2) = 30$
$2x + 2x + 4 = 30 \quad | -4$
$4x = 26 \quad | : 4$
$\mathbf{x = 6{,}5}$

x = 6,5 in Gleichung II. eingesetzt:
$y = 6{,}5 + 2$
$y = 8{,}5$

Die Seiten des Rechtecks betragen **6,5 cm** und **8,5 cm**.

★ 1 Löse das Gleichungssystem.

a) I. $x + 9y = -41$
II. $x - 4y = 24$

b) I. $x + 5y = 17$
II. $2x - 4y = 20$

c) I. $2x - 3y = 8$
II. $5x + 6y = 20$

d) I. $3x + 4y = 1$
II. $6x + 8y = 0$

★ 2 Ein 50-Euro-Schein wird so in 10-Euro-Scheine und 5-Euro-Scheine gewechselt, dass die Anzahl der kleineren Scheine x dreimal so groß ist wie die Anzahl der größeren Scheine y. Wie viele Scheine sind es?

___

★ 3 Ein Korken und eine Flasche kosten zusammen 1,10 €.
Die Flasche ist 1 € teurer als der Korken.
Was kostet der Korken, was die Flasche?

___

★ 4 Bestimme die gesuchten Zahlen.

a) Die Summe zweier Zahlen beträgt 43, ihre Differenz 9.

___

b) Addiere zu einer Zahl 12. Du erhältst das Dreifache einer zweiten Zahl. Das Vierfache der zweiten Zahl vermindert um das Sechsfache der ersten Zahl ergibt 2.

___

Funktionen

1 Ist die Zuordnung proportional? Begründe.

Zuordnung (A)

Anzahl	Preis (in €)
3	1,50
4	2,00
8	4,00

Zuordnung (B)

Zeit (h)	Weg (in m)
2	1 200
3	1 800
5	2 600

Zuordnung (A) ist ______________________, weil

____

Zuordnung (B) ist ______________________, weil

____

2 Vervollständige die Wertetabelle bei a) zur proportionalen Zuordnung und bei b) zur antiproportionalen Zuordnung.

a)

x	1,5	3
y	4,5	

b)

x	7,5	2,5
y	20	

3 Welche Art der Zuordnung liegt vor?

1	Eier werden hartgekocht: *Anzahl Eier → Kochdauer*	
2	5 Minuten wird geradelt: *durchschnittliche Geschwindigkeit → zurückgelegte Strecke*	
3	Vom Kind zum Erwachsenen: *Gewicht eines Menschen → Schuhgröße*	
4	1,5 Liter Eistee wird gerecht verteilt: *Anzahl Kinder → Eistee (in ml) pro Kind*	
5	Justus kauft auf dem Markt ein: *Kilogramm Kartoffeln → Preis*	

4 Eine zylinderförmige Kerze brennt gleichmäßig ab.
Die Tabelle stellt die Zuordnung *Brenndauer (h) → Höhe der Kerze (cm)* dar.

a) Berechne die fehlenden Werte.

Brenndauer (in h)	Höhe der Kerze (in cm)
0	10
1	9,5
2	
3	
6	
8	

6 Zuordnungen (von S. 7)

In welchen Beispielen erkennst du proportionale (p) oder antiproportionale (a) Zuordnungen? Wo liegt keines von beiden (k) vor? Trage in die rechte Spalte jeweils p, a oder k ein.

1	Alex kauft auf dem Wochenmarkt Tomaten: *Menge Tomaten (kg) → Preis (€)*	p
2	Laufwettbewerb auf verschieden langen Strecken: *Länge der Laufstrecke → Laufzeit in Minuten*	k
3	Im Gartenmarkt kann man Grassamen kaufen: *Rasenfläche (m^2) → benötigter Samen (kg)*	p
4	1 Liter Orangensaft wird gleichmäßig verteilt: *Anzahl der Gläser → Füllmenge pro Glas*	a
5	Im August scheint die Sonne am häufigsten: *Anzahl Tage → Summe der Sonnenstunden an diesen Tagen*	k
6	Gegeben sind Rechtecke mit gleichem Flächeninhalt: *Rechtecklänge → Rechteckbreite*	a

1) Verdoppelt sich die Menge an Tomaten in kg, verdoppelt sich auch deren Preis; also **p.**

2) Bei längeren Strecken wird langsamer gelaufen; also **k.**

3) Verdoppelt man die Rasenfläche, benötigt man auch doppelt so viel Samen; also **p.**

4) Verdoppelt man die Anzahl der Gläser, halbiert sich die Füllmenge pro Glas; also **a.**

5) Die Sonnenstunden haben über die Tage hinweg betrachtet keine Regelmäßigkeit; also **k.**

6) Verdoppelt man bei gleichbleibendem Flächeninhalt die Länge, so halbiert sich die Breite; also **a.**

b) Zeichne den Graphen der Zuordnung.

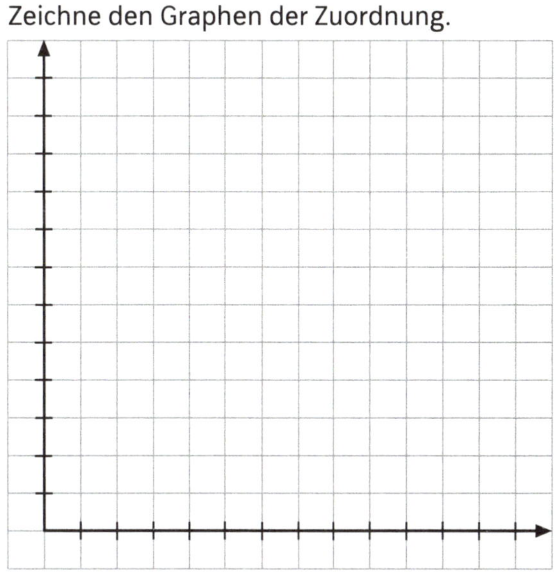

7 Passend dargestellt (von S. 7)

Welcher Graph passt am besten zu welcher Geschichte?

(1) Kurz nach dem Beginn der Segeltour ließ der zuvor kräftige Wind stark nach. Dann nahm die Windstärke nach und nach wieder zu, zum Schluss blies der Wind sogar kräftiger als zu Beginn der Segeltour.
(2) Anfangs war die monatliche Telefonrechnung von Thomas sehr hoch. Inzwischen zahlt er deutlich weniger und jeden Monat in etwa den gleichen Betrag.

(1) Anfangs: kräftiger Wind lässt nach (Graph fällt). Dann: allmähliche Zunahme (Graph steigt langsam an). Zum Schluss: kräftigerer Wind als zu Beginn (Graph steigt höher als je zuvor). Deshalb: Graph **C**.
(2) Anfangs: sehr hohe Rechnung. Dann: niedriger und unverändert (Graph fällt und bleibt auf gleicher Höhe). Deshalb: Graph **D**.

1 Welche Darstellung passt zu dem Sachverhalt? Ordne zu.

A: Wertentwicklung einer Aktie
B: Handytarif mit Grundgebühr und sekundengenauer Abrechnung
C: Eintrittspreise ins Schwimmbad gestaffelt nach Aufenthaltsdauer
D: Preis für getankte Bezinmenge

(1) 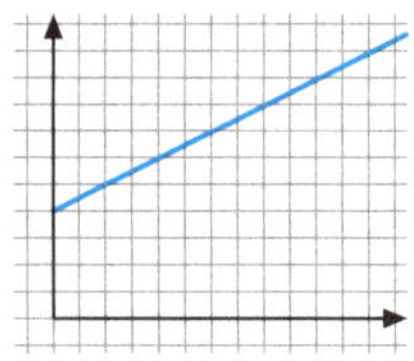 ☐

(2) 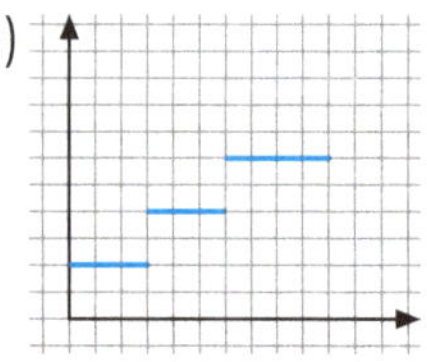 ☐

(3) 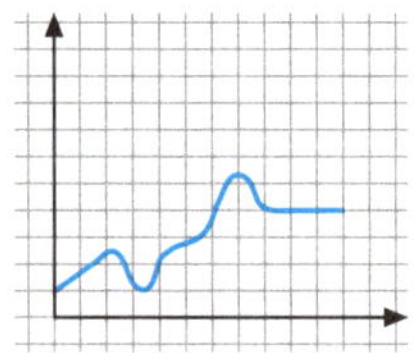 ☐

(4) 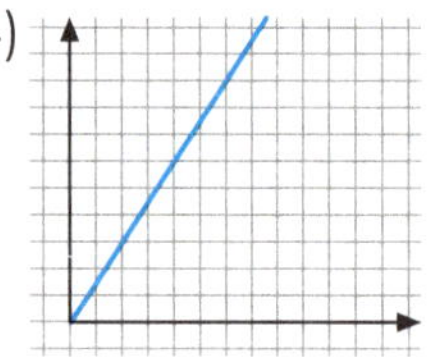 ☐

2 Welcher Graph passt am besten zu welcher Wertetabelle? Ordne zu.

(A)

Weg (in km)	0	1	2	3
Preis (in €)	3,60	6,00	8,40	10,80

(B)

Höhe (in cm)	20	15	12	2
Zeit (in h)	0	5	8	18

(C)

Anzahl	0	2	4	6
Preis (in €)	0	80	160	240

(D)

Anzahl	3	6	12	18
Tage	36	18	9	6

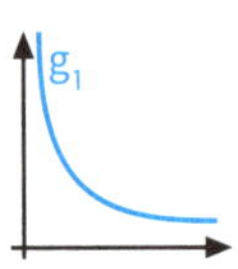

☐

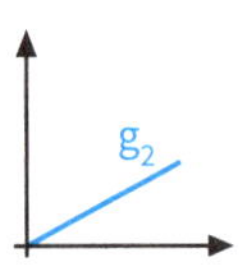

☐

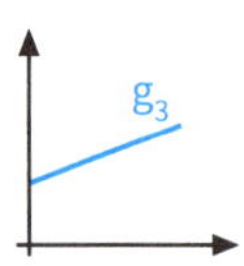

☐

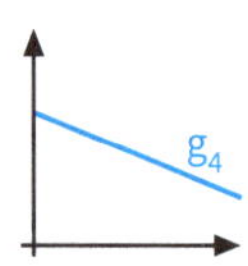

☐

3 In dem Diagramm ist der Weg von Hatice zu ihrer Freundin Elif dargestellt.

a) Wann startet sie? ______________________

b) Wie lange wartet sie an der Ampel?

____

c) In welcher Zeitspanne ist ihre Geschwindigkeit am größten? Begründe.

____

____

____

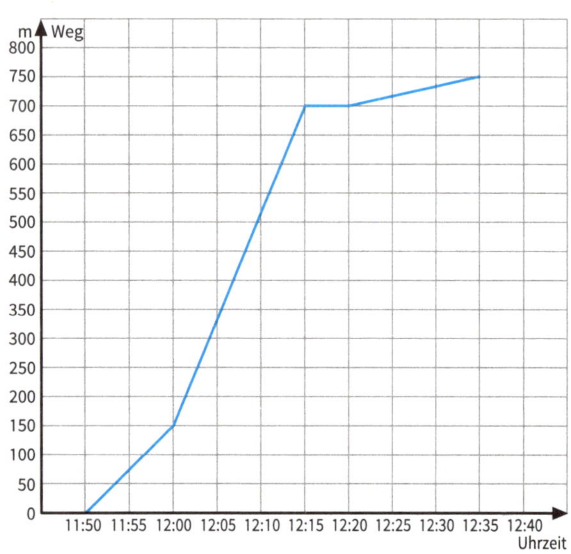

1 Ergänze den fehlenden Preis

a) 3 Äpfel kosten 1,50 €.
   6 Äpfel kosten ______ €.

b) 4 Liter Saft kosten 8,20 €.
   2 Liter Saft kosten ______ €.

c) 10 kg Mehl kosten 12,40 €.
   20 kg Mehl kosten ______ €.

d) 12 Brötchen kosten 7,20 €.
   3 Brötchen kosten ______ €.

8 Radfahren (von S. 8)

Mareike fährt mit gleichbleibender Geschwindigkeit Rad und legt in 10 Minuten eine Strecke von 2500 m zurück. Wie viel Kilometer schafft sie in einer Stunde? Notiere deine Rechnung.

Da Mareike mit gleichbleibender Geschwindigkeit Rad fährt, legt sie z. B. in der doppelten Zeit die doppelte Strecke zurück. Die Zuordnung *Zeit* → *Weg* ist also proportional.

(1) Lösung mit Dreisatz

: 10	10 min	2 500 m	: 10
· 60	1 min	250 m	· 60
	60 min	**15 000 m**	

(2) Lösung mit Zweisatz

· 6	10 min	2 500 m	· 6
	60 min	**15 000 m**	

In einer Stunde legt Mareike **15 km** zurück.

2 Friederike möchte Tomatensuppe für 6 Personen nach dem rechts abgebildeten Rezept kochen.

a) Friederike berechnet die benötigte Tomatenmenge. Vervollständige ihre Rechnung.

☐	4 Personen	2000 g	☐
☐	1 Person	500 g	☐
	6 Personen		

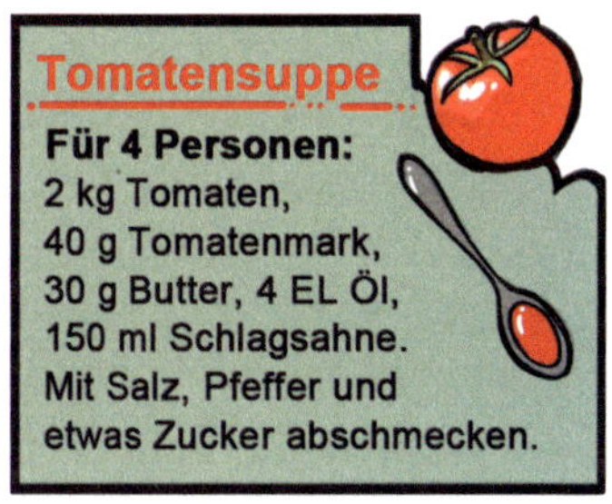

b) Berechne auf die gleiche Weise alle anderen Zutatenmengen für 6 Personen.

3 Ergänze die fehlenden Werte der proportionalen Zuordnungen.

a)

3 kg	36 €
1 kg	
5 kg	

b)

24 *l*	72 €
1 *l*	
7 *l*	

c)

40 Stück	18 €
1 Stück	
9 Stück	

d)

200 g	4,20 €
40 g	

4 Paul und Ivo joggen mit gleichmäßiger Geschwindigkeit um den nahegelegenen Waldsee. In 18 min legen sie 3 km zurück. Die Länge des Rundwegs beträgt 7 km.
Wie viel Zeit benötigen sie für den Rundweg?

5 Das Sportcenter Megafit vermietet Badmintonplätze für 3,50 € für 30 Minuten. Die Sportoase verlangt 5,50 € Platzmiete für 45 Minuten. Welches Angebot ist günstiger, wenn man 90 Minuten spielen möchte?

9 Graphen und Gleichungen (von S. 8)

Ordne den Graphen g_1, g_2, g_3 und g_4 die zugehörige Funktionsgleichung zu.

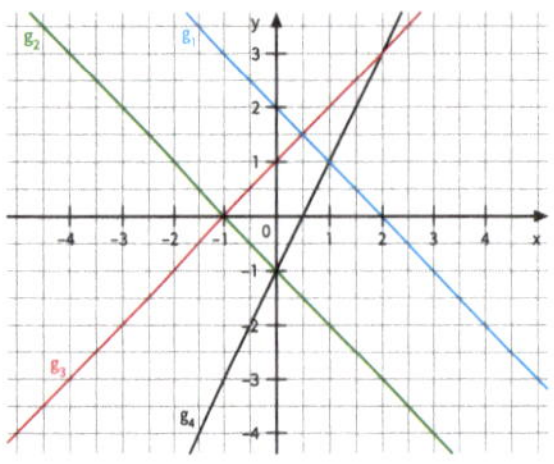

y = x − 1   y = 2x − 1   y = 2x + 2   y = x + 1   y = −x − 1   y = −x + 2

Bei Geradengleichungen der Form y = mx + n gibt m die Steigung an. Wenn m positiv ist, steigt die Gerade, wenn m negativ ist, fällt sie. n gibt den Schnittpunkt (0 | n) mit der y-Achse an.
g_1 schneidet die y-Achse im Punkt (0 | 2), also: n = +2. Steigung: m = −1.
Funktionsgleichung von **g_1: y = −x + 2.**
g_2 schneidet die y-Achse in (0 | −1), also ist n = −1. Steigung m = −1.
Funktionsgleichung von **g_2: y = −x − 1.**
Bei **g_3** ist n = +1, die Steigung beträgt m = +1.
Funktionsgleichung von **g_3: y = x + 1.**
Bei **g_4** ist n = −1, die Steigung beträgt m = +2.
Funktionsgleichung von **g_4: y = 2x − 1.**

1 Bestimme die zum Graphen gehörende Funktionsgleichung.

a)

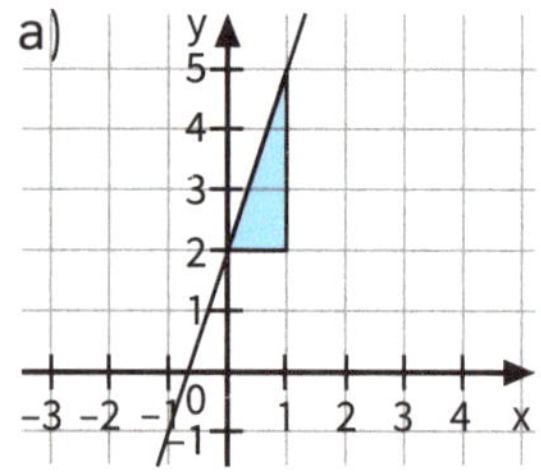

y = ____________

b)

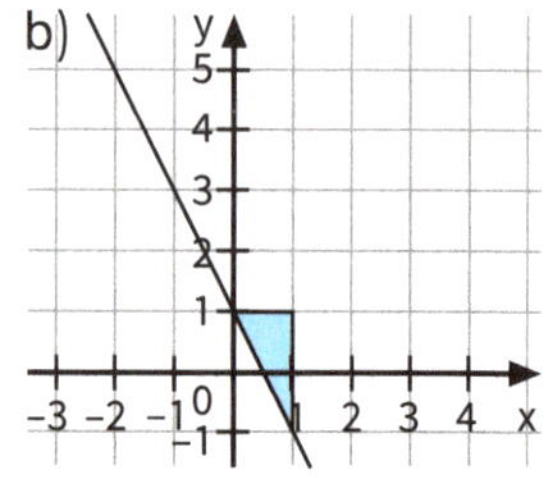

y = ____________

c)

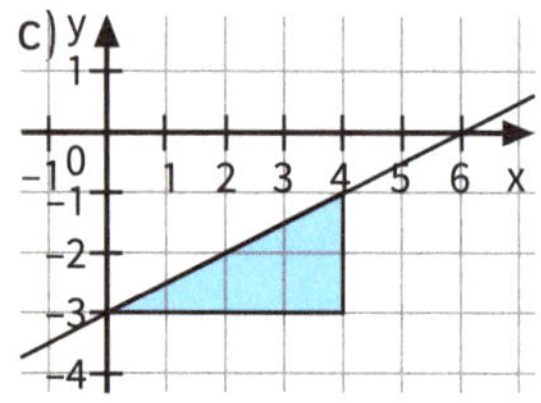

y = ____________

d)

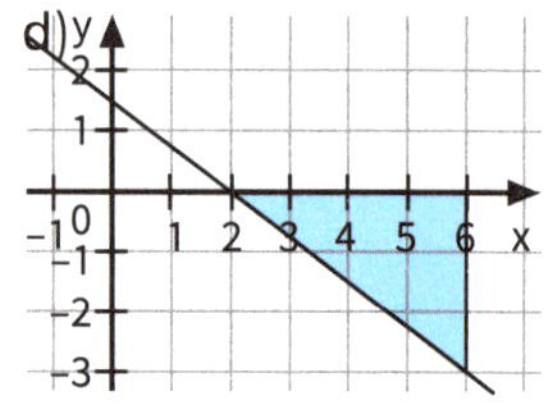

y = ____________

2 Zeichne in ein Koordinatensystem die Graphen zu den Funktionen

$y = \frac{1}{4}x + 3$ und $y = -x + 3$.

Gib die Koordinaten des Schnittpunkts S an.

S = (_____ | _____)

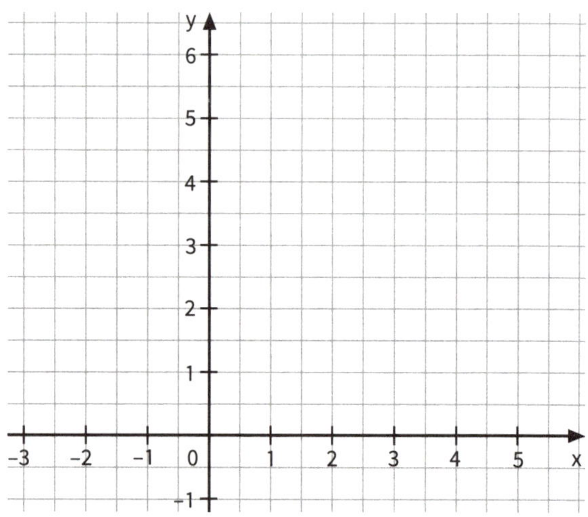

3 Die lineare Funktion f verläuft durch die Punkte A(−2 | 5) und B(3 | 2,5).

a) Zeichne den Graphen der Funktion in das Koordinatensystem rechts.

b) Gib die Funktionsgleichung an.

y = ____________

4 a) Ordne jeder Geraden g_1, g_2 und g_3 die passende Funktionsgleichung zu.

y = 2x + 1   y = x + 2   y = x − 2   y = −x + 1   y = 2x − 1

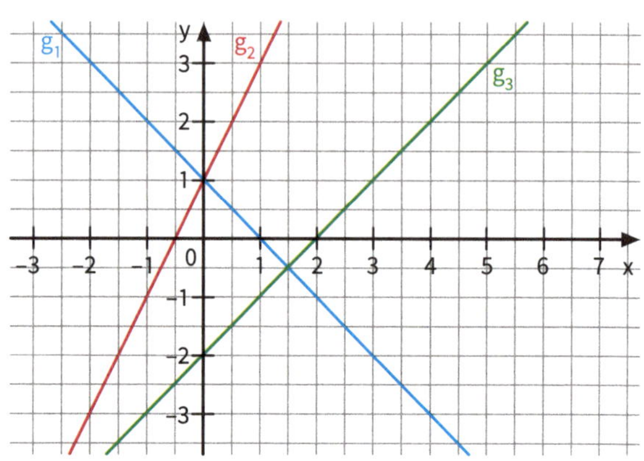

b) Zeichne die Geraden zu den beiden übrigen Funktionen in das Koordinatensystem.

1 Welcher Graph passt zu der Sachsituation?

(A) Eine Taxifahrt kostet pro Kilometer 2 €. Unabhängig von der Fahrtstrecke wird eine Grundgebühr von 4 € verlangt.

(B) 1 kg Äpfel kostet 2 €.

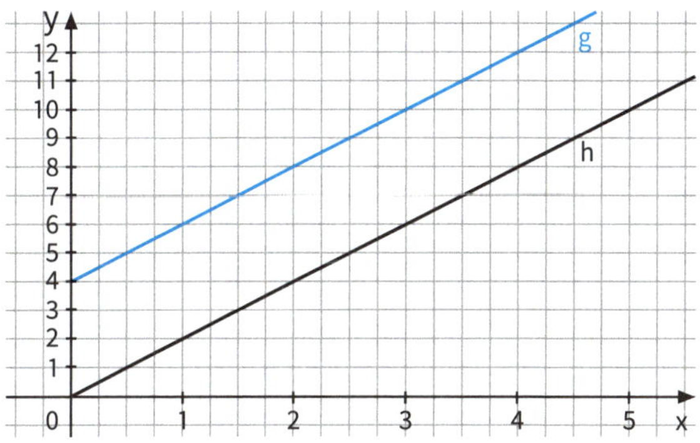

Situation A: ________ Situation B: ________

2 Die im Koordinatensystem dargestellte Funktion gibt den Zusammenhang zwischen der Futtermenge und der Zeit an.

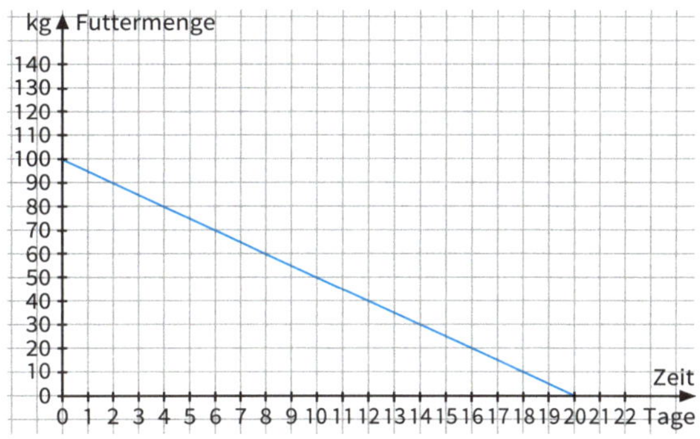

a) Wie viel Kilogramm Futter sind zu Beginn vorhanden?

____

b) Nach wie vielen Tagen ist die Futtermenge aufgebraucht?

____

c) Bestimme die Funktionsgleichung.

____

3 Zeichne die Graphen der linearen Funktionen $y = -3x + 4$ und $y = 4x - 3$ in ein Koordinatensystem.
Gib die Koordinaten des Schnittpunkts der beiden Graphen an. S (___|___)

10 Lineare Funktion – Füllmenge (von S. 8)

Die im Koordinatensystem dargestellte Funktion stellt den Zusammenhang zwischen der Füllmenge in einem Bewässerungstank und der Zeit dar.

a) Wie viel Liter Wasser sind am Anfang im Tank?
b) Bestimme, um wie viel Liter pro Minute die Wassermenge abnimmt.
c) Gib die Funktionsgleichung an.

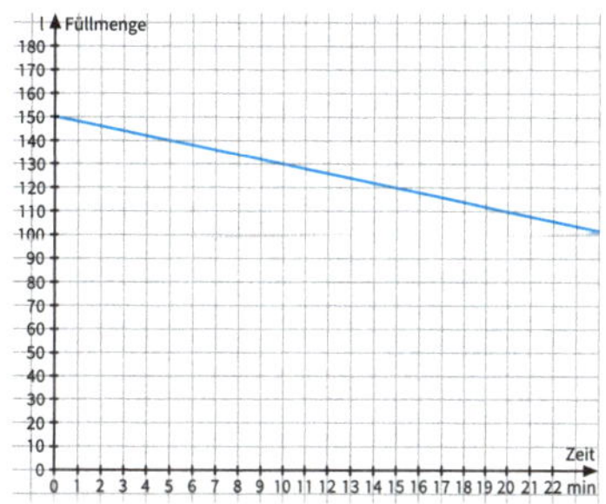

Zu a)
Der Graph schneidet die y-Achse an der Stelle 150. Am Anfang sind **150 *l*** im Tank.

Zu b)
Wir suchen uns zwei Punkte, deren Koordinaten gut ablesbar sind, z. B. A (0 | 150) und B (15 | 120).
Aus den Koordinaten lesen wir ab:
In 15 Minuten nimmt die Füllmenge um 30 *l* ab.
In 1 Minute nimmt sie dann um **2 *l*** (= 30 l | : 15) ab.

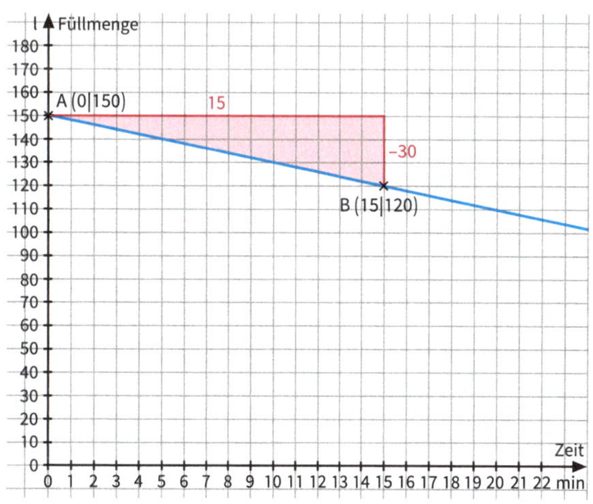

Zu c)
Bei der allgemeinen Funktionsgleichung $y = mx + n$ gibt m die Steigung des Graphen an und n den y-Achsenabschnitt.
In diesem Beispiel ist $n = 150$.
Da der Graph fällt, ist $m = -\frac{30}{15} = -2$.
Die Funktionsgleichung lautet also:
$\mathbf{y = -2x + 150}$

Geometrie

11 Flächeninhalt und Umfang/Rechteck (von S. 8)

Ein Rechteck ist 8 cm lang und 6 cm breit.

a) Wie groß ist sein Flächeninhalt? Kreuze an.

☐ 14 cm ☐ $14\ cm^2$ ☐ 28 cm

☐ $28\ cm^2$ ☐ $48\ cm^2$ ☐ 48 cm

b) Wie groß ist sein Umfang?

Zu a)

Für den Flächeninhalt A eines Rechtecks gilt:

$A = a \cdot b$ (Länge · Breite)

$A = 8\ cm \cdot 6\ cm =$ **$48\ cm^2$**

Mit der Einheit „cm“ werden Längen gemessen, aber keine Flächeninhalte angegeben. Deshalb kommen nur die drei Felder mit der Einheit cm^2 in Frage. Angekreuzt wird $48\ cm^2$.

Zu b)

$u = 8\ cm + 6\ cm + 8\ cm + 6\ cm$

$u = 28\ cm$

Hinweis: Der Umfang ist die Summe von Seitenlängen und wird daher immer in Längeneinheiten (wie cm oder m) angegeben.

1 Ein Rechteck ist 7 cm breit und 3 cm länger als breit. Berechne Flächeninhalt und Umfang dieses Rechtecks.

A = ____________ u = ____________

2 Ein Rechteck hat einen Umfang von 24 cm. Wie breit und wie lang könnte es sein? Gib verschiedene Möglichkeiten an.

Breite	Länge
2 cm	10 cm
4 cm	

3 Berechne für die abgebildete Fläche den Flächeninhalt und den Umfang.

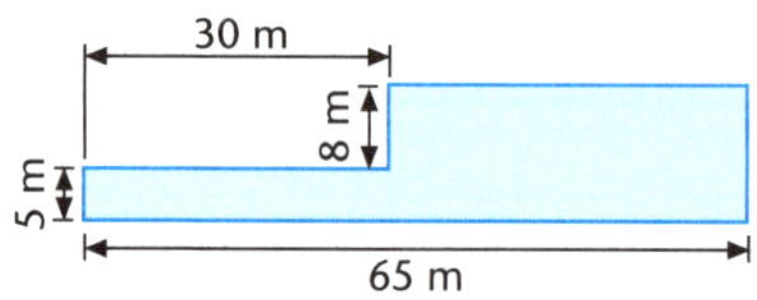

A = ____________ u = ____________

4 Ein Baugrundstück ist rechteckig und hat die Maße 32 m x 24 m.

a) Wie viel Quadratmeter ist es groß?

A = ____________

b) Wie teuer ist das Grundstück, wenn es pro Quadratmeter 75 € kostet?

____________ €

5 Abgebildet ist ein Sportplatz, der komplett bis zu einer Höhe von 2 m eingezäunt werden soll.
An drei Stellen im Zaun sind ein Meter breite Türen eingelassen.
Außerdem soll der Platz einen neuen Belag bekommen.

a) Wie viel Meter Zaun werden benötigt?

____

b) Wie viel Quadratmeter müssen neu belegt werden?

____

1 Berechne x.

a)

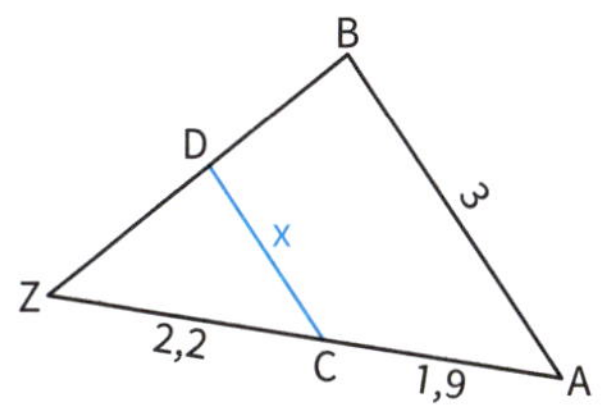

$\frac{x}{3} = \frac{2,2}{}$

x = ______

b)

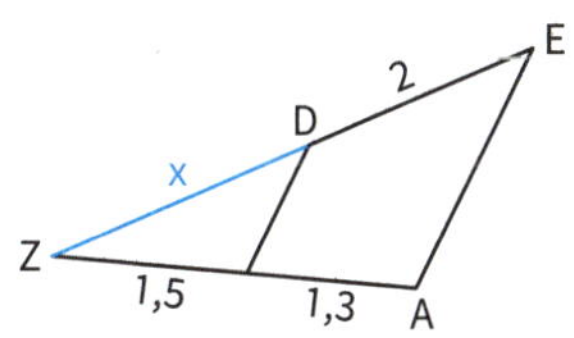

$\frac{x}{2} =$ ______

x = ______

12 Buchstaben-Design (von S. 9)

Jette ist Designerin und entwirft unter anderem neue Schriftarten für den Computer. Sie beginnt mit dem Entwurf des Buchstabens A (siehe Abbildung rechts). Berechne, wie lang der Querstrich in der Mitte des Buchstabens A ist.

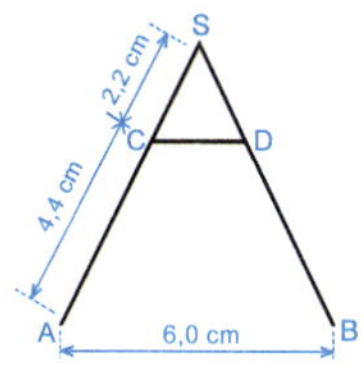

Gesucht ist die Länge des Querstrichs, also von $\overline{CD}$. Da $\overline{CD}$ parallel zu $\overline{AB}$ ist, kann man den Strahlensatz anwenden.

Es gilt: $\frac{\overline{CD}}{\overline{AB}} = \frac{\overline{SC}}{\overline{SA}}$ $\qquad \frac{\overline{CD}}{6,0\text{ cm}} = \frac{2,2\text{ cm}}{6,6\text{ cm}}$

$\overline{CD} = \frac{2,2\text{ cm}}{6,6\text{ cm}} \cdot 6,0\text{ cm}$

$\overline{CD} \approx$ **2,0 cm**

2 Mit einer Säge wird parallel zur Seite $\overline{AB}$ im Abstand von 40 cm ein Stück vom dreieckigen Brett abgeschnitten.

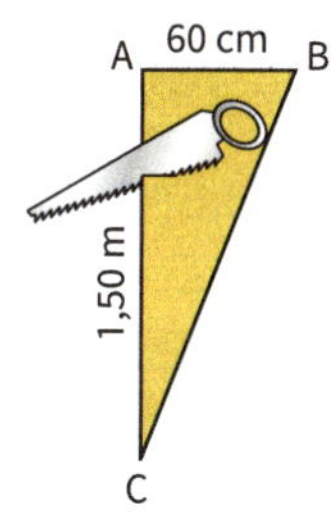

a) Berechne die Länge x der Schittkante.

$\frac{x}{60} =$ ______

b) Welchen Flächeninhalt hat das verbleibende Dreieck, welchen das abgeschnittene Stück?

______

★ **3** Es gilt: $\overline{XY}$ ist parallel zu $\overline{VW}$ und $\frac{1}{3}\,\overline{UX} = \overline{UV}$.
Welche der folgenden Gleichungen ist richtig? Begründe deine Antwort.

☐ $\frac{1}{3}\,\overline{VW} = \overline{XY}$ ☐ $\overline{VW} = 3 \cdot \overline{XY}$ ☐ $\overline{VW} \cdot \overline{XY} = \frac{1}{3}$ ☐ $3 \cdot \overline{VW} = \overline{XY}$

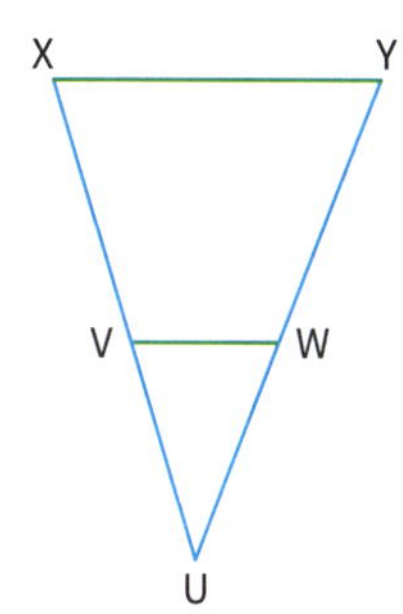

4 Hanna ist 1,50 m groß und wirft einen 1,20 m langen Schatten. Der neben ihr laufende Sebastian hat zum gleichen Zeitpunkt einen Schatten von 1,45 m.
Wie groß ist Sebastian?

13 Zylinder (von S. 9)

Der abgebildete Zylinder ist aus Stahl. Ein Kubikzentimeter wiegt 7,8 g.

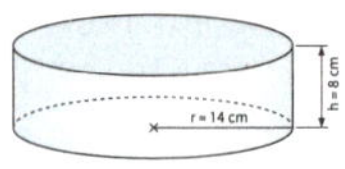

a) Berechne den Oberflächeninhalt und das Volumen des Zylinders.

b) Berechne die Masse des Zylinders in kg.

Zylinder Oberfläche des Zylinders

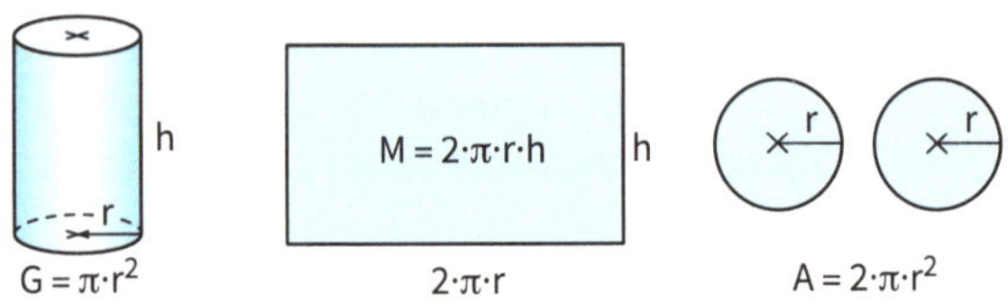

Zu a)

$O = 2 \cdot \pi \cdot r^2 + 2 \cdot \pi \cdot r \cdot h$

$O = 2 \cdot \pi \cdot (14\text{ cm})^2 + 2 \cdot \pi \cdot 14\text{ cm} \cdot 8\text{ cm}$

$O = 2 \cdot \pi \cdot 196\text{ cm}^2 + 2 \cdot \pi \cdot 112\text{ cm}^2$

$\mathbf{O \approx 1\,935\text{ cm}^2}$

$1\,000\text{ cm}^3 = 1\text{ dm}^3$
$1\text{ dm}^3 = 1\ l$

$V = \pi \cdot r^2 \cdot h$

$V = \pi \cdot (14\text{ cm})^2 \cdot 8\text{ cm}$

$V \approx 4\,926\text{ cm}^3$ *oder* $\mathbf{V \approx 4{,}926\ l}$

Zu b)

Masse des Zylinders:

$4\,926\text{ cm}^3 \cdot 7{,}8\,\frac{\text{g}}{\text{cm}^3} \approx 38\,400\text{ g} = \mathbf{38{,}4\text{ kg}}$

1 Berechne aus der gegebenen Größe die fehlenden Größen des Kreises. (Radius r, Durchmesser d, Umfang u, Flächeninhalt A)

a) r = 4,5 cm b) d = 12,6 cm c) u = 20,1 cm

2 Die Abbildung zeigt das Netz eines Zylinders.

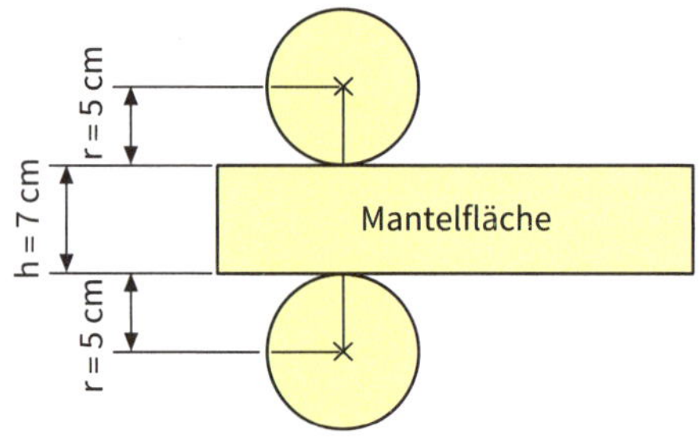

a) Berechne den Inhalt der Mantelfläche M.

M = ____________________

b) Bestimme den Oberflächeninhalt.

O = ____________________

TIPP

Eine Seite der Mantelfläche ist genauso lang wie der Umfang der kreisförmigen Grundfläche, also $2\pi \cdot r$.

3 Berechne vom abgebildeten Zylinder

a) den Flächeninhalt des Mantels,

b) den Oberflächeninhalt,

c) das Volumen in Litern.

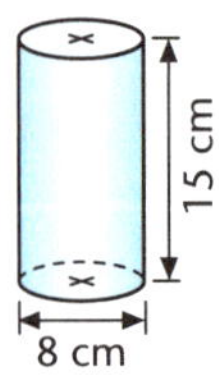

a) M = ____________________

b) O = ____________________

c) V = ____________________

4 Eine Dose Suppe hat einen Durchmesser von 10,4 cm und eine Höhe von 12 cm. Auf der Banderole (Etikett auf der Dose) ist ein Inhalt von 1 000 ml angegeben.

a) Überprüfe, ob diese Angabe zutrifft.

b) Berechne, wie viel Quadratmeter Papier man zur Herstellung von 50 000 Banderolen braucht.

5 Abgebildet ist der Mantel eines 8 cm hohen Zylinders.

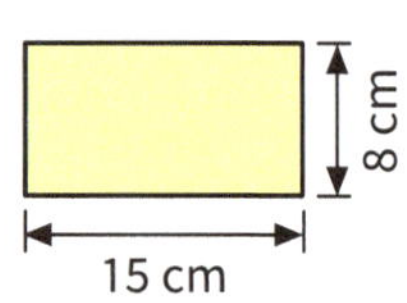

a) Welchen Durchmesser hat die Grundfläche des Zylinders?

d = ____________________

b) Wie groß ist das Volumen des Zylinders?

V = ____________________

c) Ein Kubikzentimeter des Zylinders wiegt 8,9 g. Berechne seine Masse.

Masse des Zylinders: ____________________

1 Berechne das Volumen des abgebildeten Quaders.

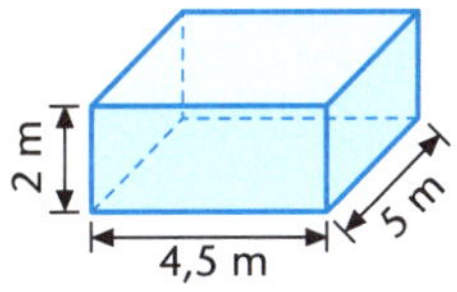

14 Schiffscontainer (von S. 9)

Ein Schiffscontainer hat die Innenmaße 12,03 m x 2,35 m x 2,39 m und wird voll beladen.

Wie viel Kubikmeter beträgt das Fassungsvermögen dieses Containers?

Der Schiffscontainer hat die Form eines Quaders. Bei der Frage nach dem Fassungsvermögen wird das Volumen (der Rauminhalt) gesucht.

$V = a \cdot b \cdot c$ (Länge · Breite · Höhe)

$V = 12{,}03\ \text{m} \cdot 2{,}35\ \text{m} \cdot 2{,}39\ \text{m}$

$\mathbf{V \approx 67{,}57\ m^3}$

2 Ein quaderförmiges Aquarium hat die Bodenmaße 8 dm x 4,5 dm und ist 60 cm hoch. Es ist bis 5 cm unter dem Rand gefüllt.
Wie viel Liter Wasser befinden sich in diesem Aquarium?

3 Ein Schwimmbecken ist 25 m lang und verfügt über acht Bahnen von je 1,50 m Breite. Es ist an allen Stellen gleich tief und fasst 750 m³ Wasser. Ermittle, wie tief das Becken ist.

4 Eine Firma stellt Geschenkkartons in verschiedenen Größen her. Zu einem Set gehören drei Kartons mit den nebenstehenden Maßen.

Karton groß: 23 cm x 17 cm x 10,1 cm
Karton mittel: 15 cm x 11 cm x 7,3 cm
Karton klein: 7 cm x 5 cm x 4,5 cm

a) Berechne die Volumina der drei Kartons.

$V_{groß}$ = ______________________________

V_{mittel} = ______________________________

V_{klein} = ______________________________

b) Wie viele der kleinen Kartons passen in den großen Karton?

__________ Kartons

TIPP
Fertige eine Skizze an.

5 Ein Quader ist doppelt so lang wie breit und dreimal so hoch wie breit. Sein Volumen beträgt 48 cm³.
Wie breit ist der Quader?

Breite = __________ cm

15 Winkelbestimmung (von S. 9)

Wie groß sind die fehlenden Winkel?

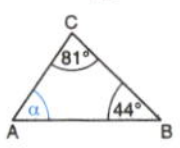

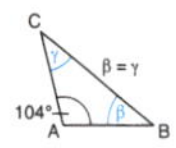

Die Summe der Innenwinkel in einem Dreieck beträgt 180°.

$\alpha = 180° - 81° - 44°$
$\alpha = 180° - 125°$
$\boldsymbol{\alpha = 55°}$

$\beta + \gamma = 180° - 104°$
$\beta + \gamma = 76°$
$\gamma = 76° : 2 = 38°$
$\boldsymbol{\beta = \gamma = 38°}$

1 Wie groß ist der Winkel ∢ AMC?

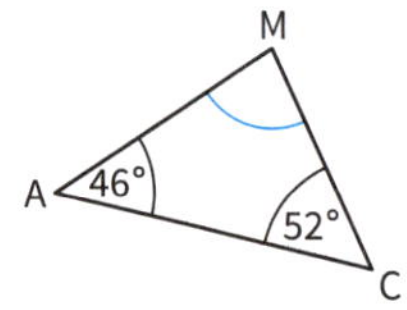

∢ AMC = ______________

2 Berechne die fehlende Winkelgrößen.

a)

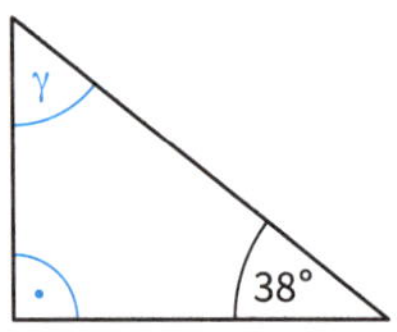

rechtwinklig

b)

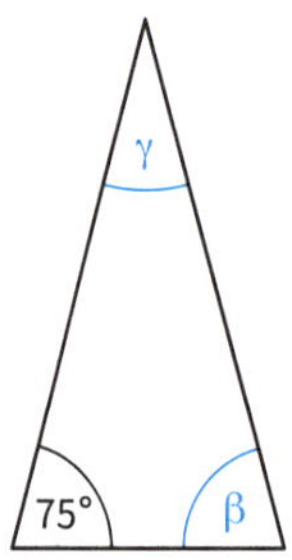

gleichschenklig

3 Wie groß sind die Winkel des Dreiecks?

β ist 20° größer als α
γ ist 26° größer als β

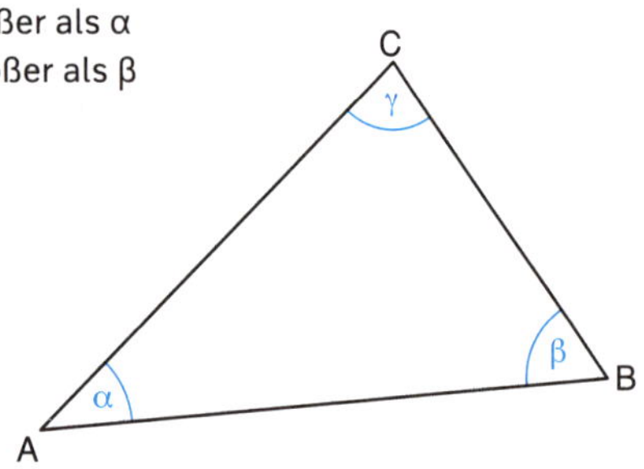

4 Bestimme die Innenwinkel des Parallelogramms.

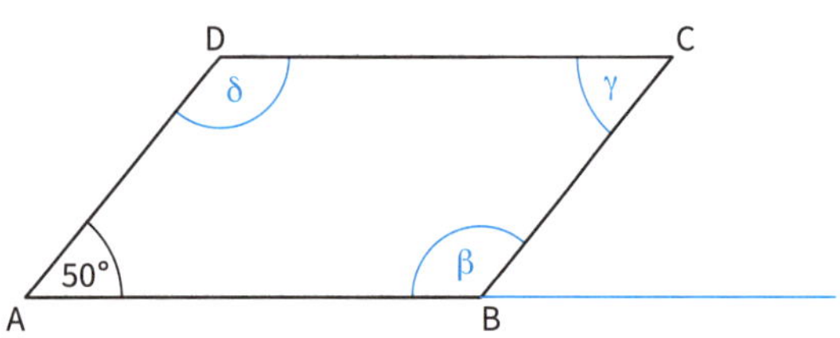

5 Von einem Viereck sind die Winkel α = 60°, β = 114° und γ = 105 ° bekannt. Berechne den Winkel δ.

δ = ______________________

1

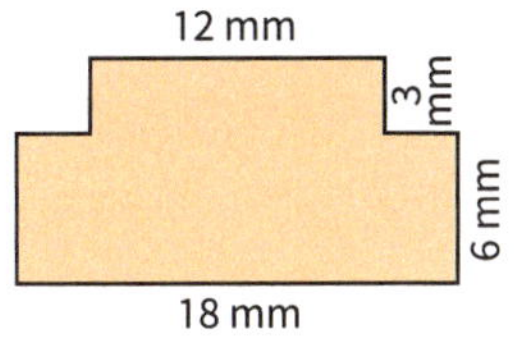

a) Berechne den Flächeninhalt der Figur durch geschicktes Zerlegen.

b) Berechne den Flächeninhalt der Figur durch Ergänzen.

2 Gib an, um welche Figur es sich jeweils handelt. Bestimme Flächeninhalt und Umfang der Figur.

a)

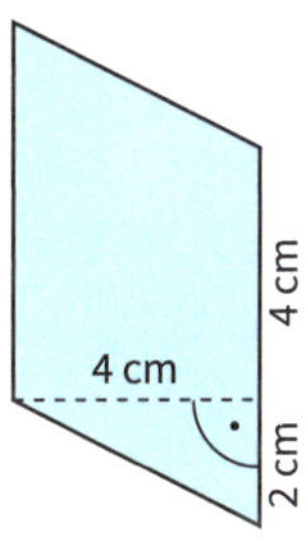

Figur: ______

A = ______

u = ______

16 Flächenberechnung (von S. 10)

Bestimme den Flächeninhalt und den Umfang der Figur. Notiere deine Rechnung.

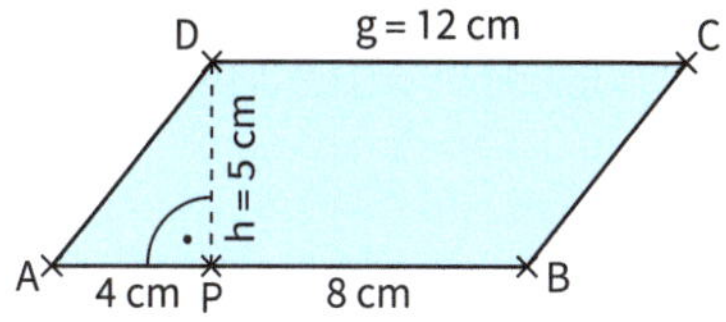

Bei der abgebildeten Fläche handelt es sich um ein Parallelogramm. Der Flächeninhalt A eines Parallelogramms lässt sich mit folgender Formel berechnen:

$A = g \cdot h$

Für $g = 4\text{ cm} + 8\text{ cm} = 12\text{ cm}$ und $h = 5\text{ cm}$ ergibt sich so:

A $= 12\text{ cm} \cdot 5\text{ cm} =$ **60 cm²**

Für den Umfang muss noch die Länge der Seite $\overline{AD}$ berechnet werden. Das Dreieck APD ist rechtwinklig, und damit gilt der Satz des Pythagoras. Die Katheten sind 4 cm und 5 cm lang. Für die Hypotenuse $\overline{AD}$ ergibt sich:

$\overline{AD} = \sqrt{(4\text{ cm})^2 + (5\text{ cm})^2}$

$AD = \sqrt{41\text{ cm}^2}$

$AD \approx 6{,}4\text{ cm}$

Damit gilt für den Umfang u:

u $\approx 2 \cdot 12\text{ cm} + 2 \cdot 6{,}4\text{ cm} =$ **36,8 cm**

b)

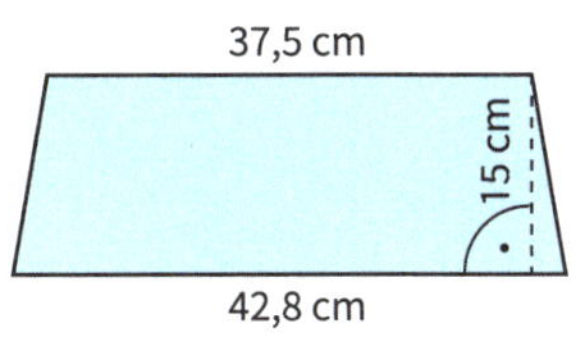

c)

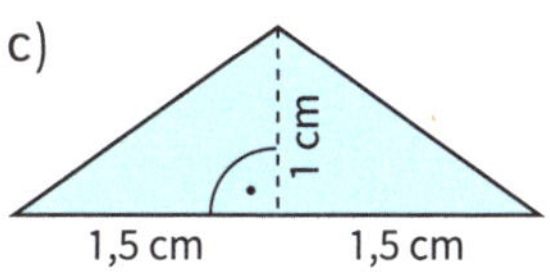

d)

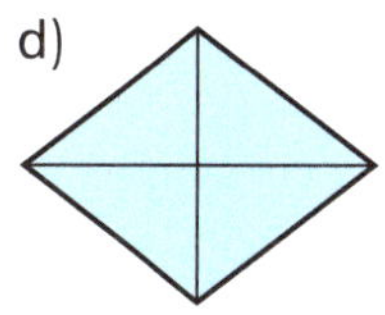

Die Diagonalen sind 8 m und 6 m lang.

Figur: ______

Figur: ______

Figur: ______

17 Dreieck im Koordinatensystem (von S. 10)

a) Gib die Koordinaten der Punkte P, Q und R an.
b) Welchen Flächeninhalt hat das Dreieck PQR?
c) Trage den Punkt S (9 | 6) in das Koordinatensystem ein. Wie heißt die Figur PQSR?
d) Bestimme den Umfang des Vierecks PQSR.

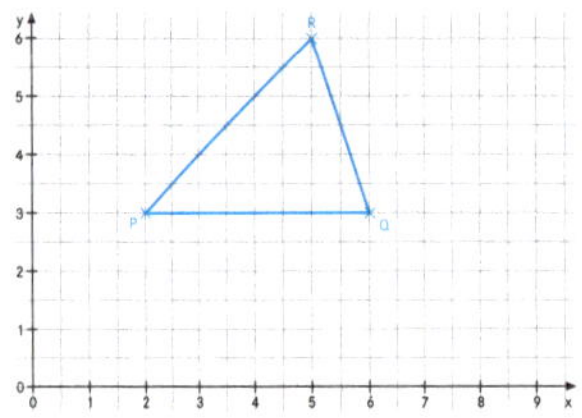

Zu a)
P (2 | 3); Q (6 | 3); R (5 | 6)

Zu b)

$A = \frac{g \cdot h}{2} \rightarrow A = \frac{4\text{ cm} \cdot 3\text{ cm}}{2} \rightarrow \mathbf{A = 6\text{ cm}^2}$

Zu c)
Das Viereck PQSR ist ein **Parallelogramm**.

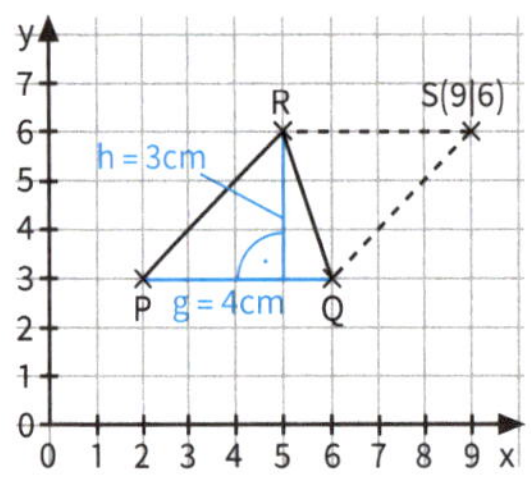

Zu d)
Für die Länge von $\overline{PR}$ gilt nach dem Satz des Pythagoras:

$\overline{PR} = \sqrt{(3\text{ cm})^2 + (3\text{ cm})^2} = \sqrt{18}\text{ cm} \approx 4{,}2\text{ cm}$

$u \approx 2 \cdot 4\text{ cm} + 2 \cdot 4{,}2\text{ cm}$
$\mathbf{u \approx 16{,}4\text{ cm}}$

1 Trage das Dreieck ABC mit A (1|5), B (1|1) und C (6|5) in das unten abgebildete Koordinatensystem mit der Einheit 1 cm ein.

a) Bestimme den Flächeninhalt des Dreiecks.

$A_\Delta =$ ________

b) Trage den Punkt D (–4|1) in das Koordinatensystem ein und ergänze die Strecken $\overline{AD}$ und $\overline{BD}$.

c) Wie nennt man das Viereck ADBC und welchen Flächeninhalt hat es?

Name: ______________________

Flächeninhalt: ______________________

2 Zeichne mit einer anderen Farbe die Punkte A (–4|2), B (7|2) und C (6|6) in das Koordinatensystem unten ein, verbinde sie zu einem Dreieck und markiere den Mittelpunkt M der Seite $\overline{AC}$.

a) Welchen Umfang hat das Dreieck ABC? Miss benötigte Längen.

____

b) Welche Koordinaten hat der Punkt M?

____

c) Bestimme die Flächeninhalte der Dreiecke (1) ABC, (2) ABM, (3) BCM.

____

Zu **1** und **2**

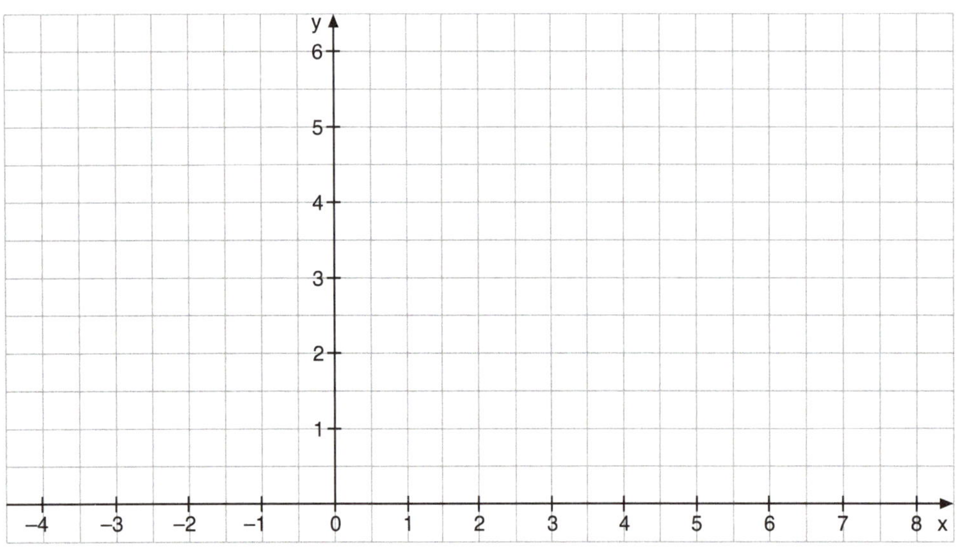

Daten und Zufall

1 Gib jeweils die Spannweite, den Median (Zentralwert) und das arithmetische Mittel der Stichprobe an.

a) 84,30 €; 65,80 €; 111,40 €; 99,70 €; 107,20 €

Spannweite: ________ Median: ________

arithmetisches Mittel: ______________

b) 4,50 m; 4,20 m; 5,10 m; 4,80 m; 5,30 m; 4,60 m

Spannweite: ________ Median: ________

arithmetisches Mittel: ______________

2 Ein Fahrstuhl darf maximal 12 Personen befördern. Es steigen 12 Personen mit den angegebenen Gewichten ein.

78,5 kg	96,0 kg	81,4 kg	54,5 kg
67,5 kg	93,4 kg	72,2 kg	56,8 kg
98,6 kg	78,2 kg	73,8 kg	84,3 kg

Bei der Angabe „max. 12 Personen" wurde davon ausgegangen, dass eine Person durchschnittlich 80 kg wiegt.
Ist das hier so?

____

____

____

3 Sechs Freunde haben an einem Marathonlauf teilgenommen.
Ihre Laufzeiten waren:

4 h 10 min; 5 h 20 min; 5 h 35 min; 5 h 45 min; 5 h 55 min; 6 h 15 min.

Der Gewinner benötigte 2 h 54 min.
Ergänze die Liste der Laufzeiten um die Bestzeit und vier weitere Zeiten, sodass der Median der Daten 4 h 10 min beträgt.

Ergänzungen:

____

18 Tablet (von S. 10)

Im Internet wird ein Tablet zu folgenden Preisen angeboten:

256 € 252 € 320 € 269 € 279 €

a) Gib den Median (Zentralwert), die Spannweite und das arithmetische Mittel der Preise an.

b) Im Internet taucht noch ein sechstes Angebot auf für 269 €. Vergleiche den Median und das arithmetische Mittel dieser sechs Angebote mit den Werten aus Teilaufgabe a).

Zu a)
Zuerst werden die Daten der Größe nach geordnet:
252 €; 256 €; **269 €;** 279 €; 320 €
Bei einer ungeraden Anzahl von Daten ist der Median der Wert in der Mitte. Bei einer geraden Anzahl von Daten stehen in der Mitte zwei Werte. Als Median gibt man das arithmetische Mittel dieser beiden Werte an.

Median: 269 €

Die Spannweite ist die Differenz zwischen dem größten und kleinsten Preis.

Spannweite: 320 € – 252 € = **68 €**

Beim arithmetischen Mittel werden alle Preise addiert und die Summe durch die Anzahl der Daten dividiert.

arithmetisches Mittel:
(252 € + 256 € + 269 € + 279 € + 320 €) : 5
= 1 376 € : 5 = **275,20 €**

Zu b)
252 €; 256 €; **269 €; 269 €;** 279 €; 320 €

Der **Median** ändert sich nicht, weil die beiden Werte in der Mitte gleich groß sind.
Das **arithmetische Mittel** wird aber etwas kleiner:

(252 € + 256 € + 2 · 269 € + 279 € + 320 €) : 6
= 1 645 € : 6
≈ **274,17 €**

19 Werbung (von S. 11)

Aus dem Diagramm kannst du für die wichtigsten Medien ableen, welche Einnahmen durch Werbung mit ihnen erzielt wurden.

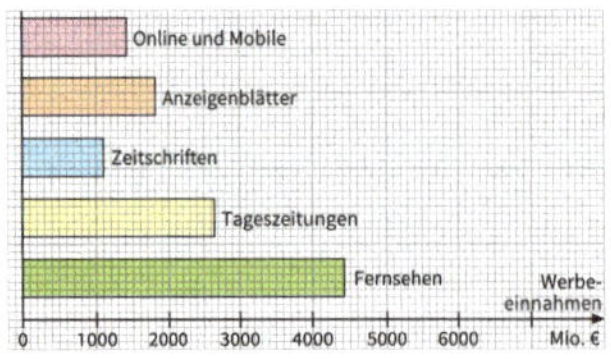

a) Trage die drei Medien mit den größten Einnahmen in der richtigen Rangfolge in die Tabelle ein.

b) Insgesamt betrugen die Einnahmen durch Werbung in allen Medien 15 200 Millionen €.
Welchen Anteil dieser Einnahmen hat das Fernsehen erzielt?

c) Die folgende Tabelle zeigt die Anteile der Werbeeinnahmen für die im Diagramm genannten Medien. Daneben wurden auch noch Werbeeinnahmen in anderen (sonstigen) Medien erzielt. Ergänze die Tabelle und stelle die Anteile in einem Streifendiagramm dar.

Zu a)
Rang 1: Fernsehen: ≈ 4 400 Mio. €
Rang 2: Tageszeitungen: ≈ 2 650 Mio. €
Rang 3: Anzeigenblätter: ≈ 1 800 Mio. €

Zu b)
Anteil des Fernsehens: $\frac{4\,400}{15\,200} \approx 0{,}29 = \mathbf{29\,\%}$

Dieser Wert wird in die Tabelle unter c) übertragen.

Zu c)
Den Anteil der Werbeeinnahmen der sonstigen Medien erhält man, wenn man die Anteile der fünf genannten Medien von 100 % abzieht.
$100\,\% - (29\,\% + 17\,\% + 7\,\% + 12\,\% + 9\,\%) =$
$100\,\% - 74\,\% = 26\,\%$

Streifendiagramm (5 cm lang):

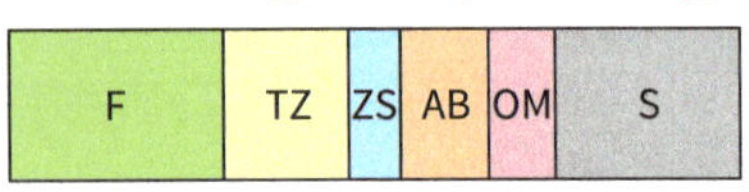

Längen im vorgegebenen Streifendiagramm:

F: 2,9 cm	AB: 1,2 cm
TZ: 1,7 cm	OM: 0,9 cm
ZS: 0,7 cm	S: 2,6 cm

Streifendiagramm:

1 Ein Online-Händler hat dargestellt, wie sich der Umsatz auf verschiedene Bereiche verteilt:

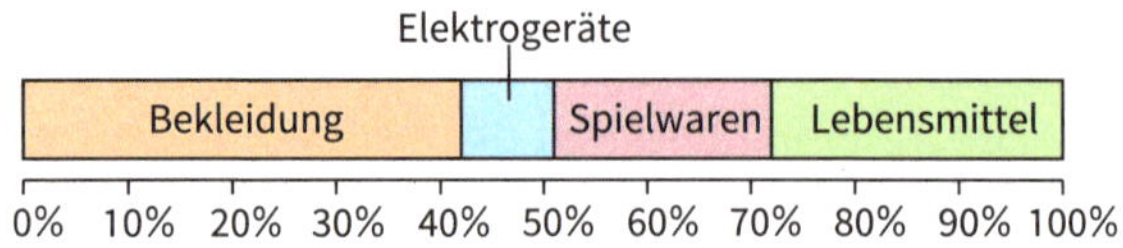

a) Bestimme, wie viel Prozent des Umsatzes er in den vier Bereichen etwa gemacht hat.

Bekleidung: _____ % Elektrogeräte: _____ %

Spielwaren: _____ % Lebensmittel: _____ %

b) Insgesamt hat der Händler 128,6 Mio. Euro Umsatz gemacht. Wie verteilt sich diese Summe auf die vier Bereiche?

Bekleidung: ________ Mio. €

Spielwaren: ________ Mio. €

Elektrogeräte: ________ Mio. €

Lebensmittel: ________ Mio. €

2 In einer Schule wurde eine Umfrage durchgeführt, wie Schülerinnen und Schüler in die Schule kommen:

öffentlicher Nahverkehr	391
Fahrrad, Roller etc.	254
Auto der Eltern	214
zu Fuß	99

Erstelle ein Säulendiagramm.

3 2019 verbrauchte jeder Einwohner in Deutschland im Durchschnitt 126 Liter Trinkwasser. Davon entfielen 45 Liter auf ‚Baden/Duschen', 34 Liter auf die ‚Toilettenspülung' und 15 Liter auf ‚Wäsche waschen'. Der Rest wird zum Trinken, Kochen usw. verbraucht. Fülle die Tabelle aus und stelle die Informationen in einem Streifendiagramm dar.

	Verbrauch (in *l*)	Anteil (in %)
Baden/Duschen		
Toilette		
Wäsche		
Sonstiges (Rest)		

1 Ein Würfel wird geworfen.

a) Gib zu folgenden Ereignissen die günstigen Ergebnisse an und berechne jeweils die Wahrscheinlichkeit des Ereignisses.

A: *Die Augenzahl ist gerade.*
Günstige Ergebnisse: ________________

Wahrscheinlichkeit: ________________

B: *Die Augenzahl ist größer als 4.*
Günstige Ergebnisse: ________________

Wahrscheinlichkeit: ________________

C: *Die Augenzahl ist durch 2 und durch 3 teilbar.*
Günstige Ergebnisse: ________________

Wahrscheinlichkeit: ________________

b) Beschreibe ein weiteres Ereignis mit der Wahrscheinlichkeit $\frac{2}{6}$.

____

____

20 Hausaufgaben (von S. 11)

In Annikas Klasse sind 9 Jungen und 15 Mädchen. Die Lehrerin lost zu Beginn der Mathematikstunde aus, wer die Hausaufgaben vorträgt.

a) Mit welcher Wahrscheinlichkeit wird Annika ausgelost?

b) Wie wahrscheinlich ist es, dass ein Junge ausgelost wird?

Wahrscheinlichkeit, wenn alle Ergebnisse eines Zufallsexperiments gleich wahrscheinlich sind:

$P = \frac{\text{Anzahl der günstigen Ergebnisse}}{\text{Anzahl der möglichen Ergebnisse}}$.

Zu a)

Es gibt 24 Schülerinnen und Schüler in der Klasse und ein günstiges Ergebnis (Annika). Also ist $\mathbf{P = \frac{1}{24}}$.

Zu b)

Es gibt 24 Möglichkeiten, einen Schüler oder eine Schülerin auszulosen. Da in der Klasse 9 Jungen sind, gibt es 9 günstige Ergebnisse. Also ist $\mathbf{P} = \frac{9}{24} = \frac{3}{8} = 0{,}375 = \mathbf{37{,}5\,\%}$.

2 Färbe die Kugeln im Behälter rechts so, dass beim verdeckten Ziehen die angegebenen Wahrscheinlichkeiten zutreffen.

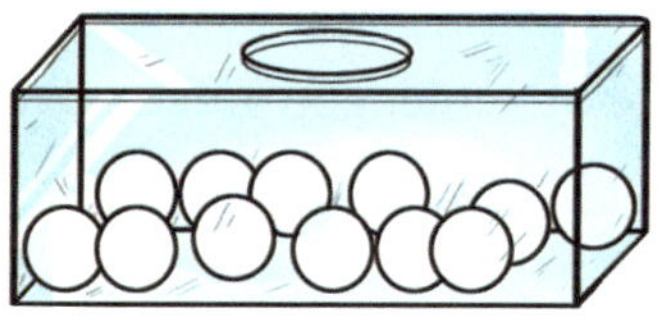

$P\text{ (rot)} = \frac{1}{6}$
$P\text{ (blau)} = \frac{1}{3}$
$P\text{ (grün)} = \frac{1}{2}$

3 Aus dem Behälter rechts zieht Till mit verbundenen Augen eine Kugel.

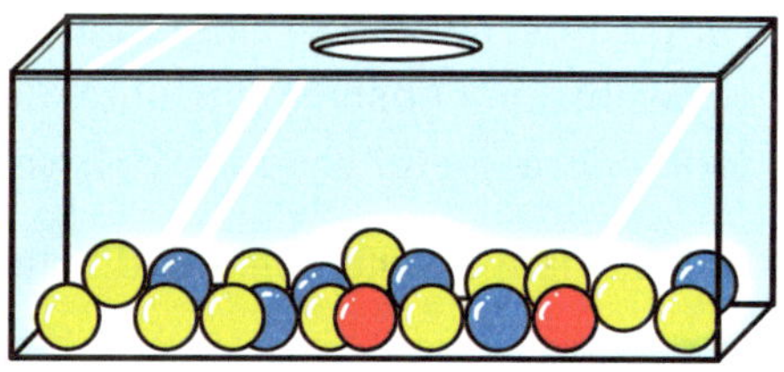

a) Mit welcher Wahrscheinlichkeit zieht er eine blaue Kugel?

P (blaue Kugel) = ________________

b) Mit welcher Wahrscheinlichkeit zieht er keine rote Kugel?

P (keine rote Kugel) = ________________

4 Das Glücksrad rechts soll drei farbige Felder mit den angegebenen Mittelpunktswinkeln haben.

Farbe	Winkel	Wahrscheinlichkeit
rot	90°	
gelb	144°	
blau		

Vervollständige die Tabelle und das Glücksrad.

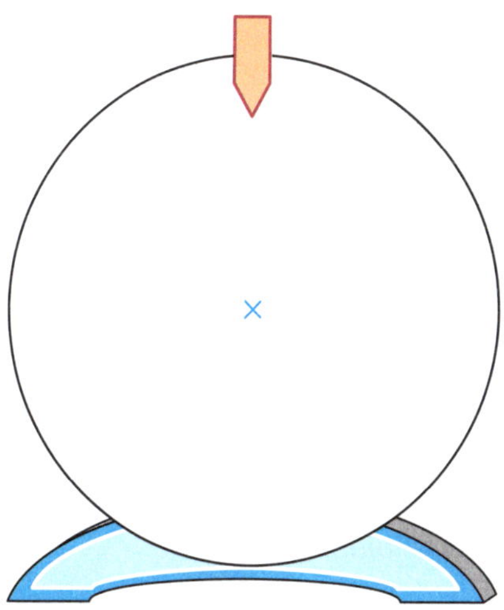

Abschlusstest

Im Abschlusstest zu den Basisaufgaben kannst du zeigen, wie viel du bereits im Vergleich zum Eingangstest dazugelernt hast. Die Aufgaben des Abschlusstests sind nicht thematisch sortiert.
Die Lösungen dieser Aufgaben findest du im Lösungsheft.

1 Rechnen und Ordnen

a) Rechne und kontrolliere deine Ergebnisse mit den Kontrollzahlen.

(1) $(2 + 3 \cdot 4) : 28 =$ ________ (2) $2{,}4 - 3{,}2 =$ ________ (3) $5^2 : 100 =$ ________

(4) $-\frac{1}{8} + \frac{1}{4} - \frac{1}{2} =$ ________ (5) $1{,}5 - \frac{3}{4} =$ ________ (6) $\frac{60 : 4 - 3}{1 + 2 + 3 + 4} =$ ________

$0{,}25$ $0{,}75$ $0{,}5$ $1\frac{1}{5}$ $-0{,}8$ $-\frac{1}{2}$ $1\frac{3}{5}$ $-\frac{3}{8}$

b) Ordne die Kontrollzahlen von a) auf der Zahlengeraden an. Schreibe sie in die Kästchen.

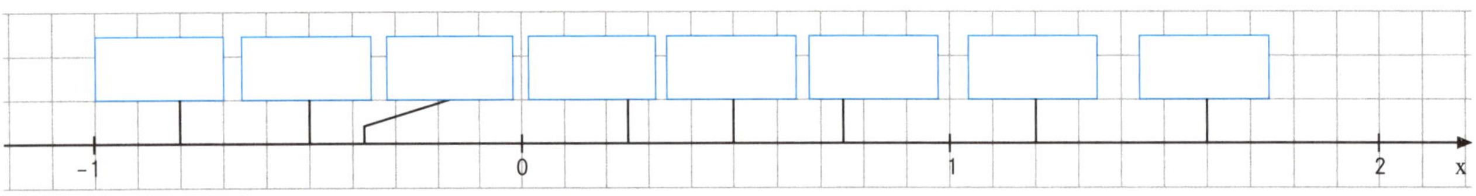

2 Quadrat und Rechteck

Der Flächeninhalt eines Quadrats beträgt 36 cm².

a) Bestimme den Umfang. u = ________

b) Gib die Seitenlängen von zwei Rechtecken an, die auch einen Flächeninhalt von 36 cm² haben.

(1) a = ________ b = ________ (2) a = ________ b = ________

3 Abschlussfahrt

Für die Abschlussfahrt einer Jahrgangsstufe 10 stehen Venedig, Paris, Prag oder London als Ziele zur Auswahl. Eine Abstimmung unter den 80 Schülerinnen und Schülern der Jahrgangsstufe ergab: Jeder Vierte ist für Venedig, 20 % sind für Paris. Nach London wollen dreimal so viele wie nach Prag.

a) Wie viele Schülerinnen und Schüler sind für die einzelnen Ziele?

Venedig: ________ Paris: ________ London: ________ Prag: ________

b) Gib die Anteile (relativen Häufigkeiten) für die einzelnen Ziele in Prozent an. Runde auf volle Prozent.

	Anteil (in %)
Venedig	
Paris	
London	
Prag	

c) Stelle die relativen Häufigkeiten in einem Streifendiagramm dar.

Streifendiagramm:

4 Punkte

Durch welche Punkte verläuft die Gerade mit der Gleichung $y = -x + 3$?
Kreuze an.

☐ (0 | 0)	☐ (1 | 3)	☐ (9 | −6)	☐ (3 | 0)
☐ (−6 | −10)	☐ (0 | 3)	☐ (5 | 5)	☐ (9 | 12)

5 Wochenendfahrt

Herr Fuchs fährt regelmäßig die gleiche Strecke von einer Großbaustelle nach Hause. Die Tabellenkalkulation stellt den Zusammenhang zwischen seiner Fahrzeit und seiner Durchschnittsgeschwindigkeit dar.

	A	B
1	Fahrzeit (in Std.)	Durchschnitts-geschwindigkeit (in $\frac{km}{h}$)
2	2	150
3	4	75
4	8	
5		100

a) Wie lange ist Herr Fuchs bei einer Durchschnittsgeschwindigkeit von 75 $\frac{km}{h}$ unterwegs? ____________________

b) Ergänze die Werte in den Zellen B4 und A5.

c) Um die Tabelle zu erstellen, wurde in Zelle B2 die Formel =300/A2 eingegeben. Gib die entsprechenden Formeln für die Zellen B3 und B4 an.

B3: ________________ B4: ________________

6 Zuordnungen

In welchen Beispielen erkennst du proportionale (p) oder antiproportionale (a) Zuordnungen? Wo liegt keines von beiden (k) vor? Trage in die rechte Spalte jeweils p, a oder k ein.

1	Malerarbeiten: *Wandfläche (m^2) → benötigte Farbe (l)*	
2	Handballspiel: *Spieldauer in Minuten → Anzahl der Tore*	
3	Sparbuch bei der Bank: *Geldbetrag (€) → Jahreszinsen (€)*	
4	Füllen eines leeren Beckens: *Anzahl leistungsgleicher Wasserpumpen → Füllzeit*	
5	Wind an der Nordseeküste: *Windgeschwindigkeit → Anzahl der umgerissenen Bäume*	

7 Dreieck im Koordinatensystem

a) Zeichne das Dreieck A(1 | 1), B(10 | 1) und C(10 | 5) in das gegebene Koordinatensystem.

b) Bestimme den Umfang des Dreiecks.

u = ____________________

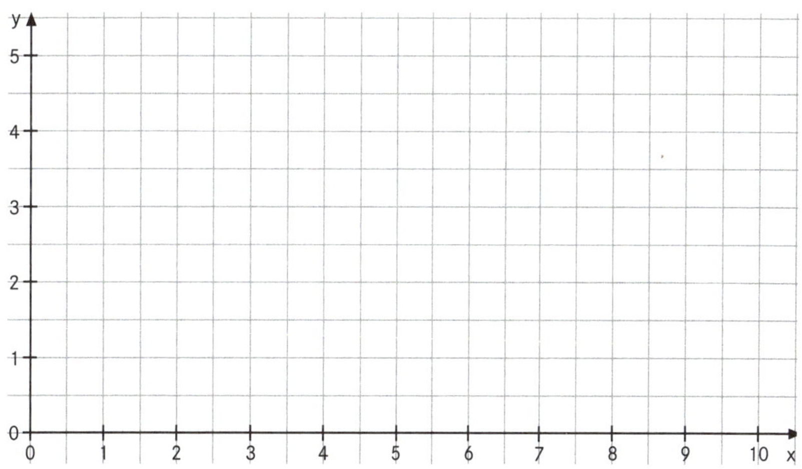

8 Mensch ärgere Dich nicht

Emil und Jette spielen das Brettspiel „Mensch ärgere Dich nicht". Emil hat einen blauen Stein kurz vor den vier Zielfeldern, auf denen der Stein nicht mehr rausgeworfen werden kann.

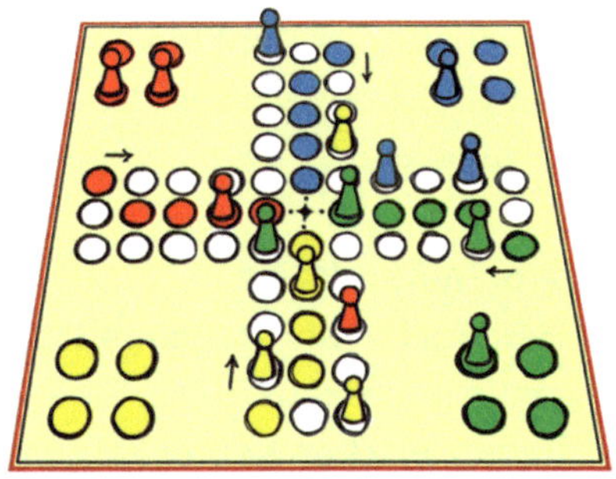

a) Mit welcher Wahrscheinlichkeit kann Emil beim nächsten Wurf seinen Stein direkt auf das oberste Zielfeld stellen?

____

____

b) Mit welcher Wahrscheinlichkeit kann Emil den Stein auf ein sicheres Zielfeld stellen?

____

9 Kinobesucher

In der ersten Woche nach der Premiere eines neuen Science Fiction Films sind in einem Kino folgende Besucherzahlen notiert worden:

Donnerstag	Freitag	Samstag	Sonntag	Montag	Dienstag	Mittwoch
625	745	820	655	423	388	495

a) Gib für diese erste Woche das arithmetische Mittel der Besucherzahlen pro Tag an.

____

____

b) Stimmt das: „Der Median (Zentralwert) der Besucherzahlen beträgt 655"? Begründe.

____

____

10 Größen ordnen

a) Suche alle Flächen-Angaben heraus.

$200\ mm^2$	$10\ l$ (Liter)	$1\ m^3$	2,5 m
$0{,}1\ m^2$	300 cm	$1\,000\ cm^3$	$20\ cm^2$

____

b) Ordne die Flächen-Angaben. Beginne mit der kleinsten Angabe.

____

11 Gleichungen und Graphen

Ordne den Funktionsgleichungen die zugehörigen Graphen g_1, g_2 und g_3 zu.

	$y = 2x$
	$y = -2x - 1$
	$y = -x$

	$y = x + 4$
	$y = 4x + 1$
	$y = -x + 4$

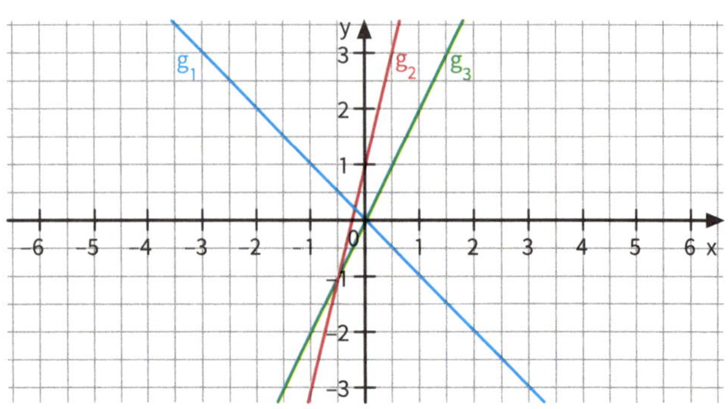

12 Netz eines Körpers

Abgebildet ist das Netz eines Körpers.

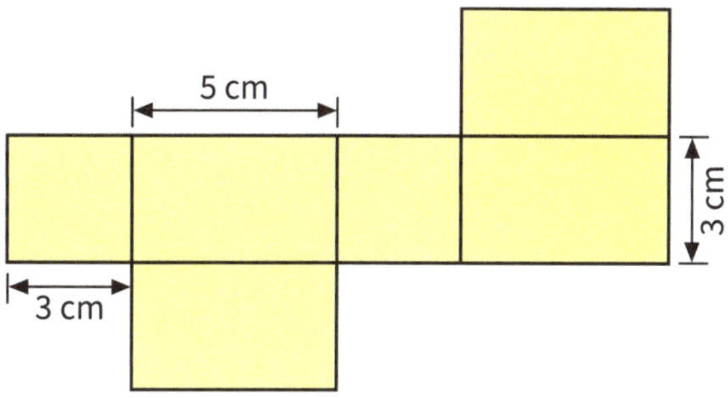

a) Wie heißt der Körper? ______________________

b) Berechne das Volumen des Körpers.

____

c) Ein solcher Körper wird massiv aus Aluminium hergestellt. Ein Kubikzentimeter wiegt 2,7 g. Wie schwer ist der Körper?

____

13 Winkelberechnung im Dreieck

Wie groß sind die Winkel α und β?

α = ________

β = ________

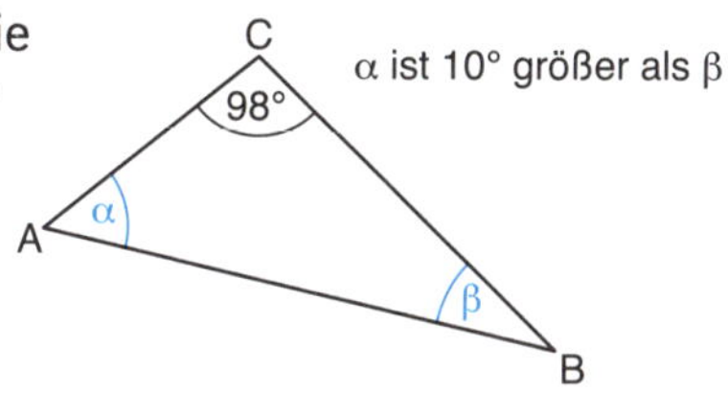

14 Fass

Wie viel Liter passen in das abgebildete Wasserfass?

TIPP

1 l = 1 000 cm³

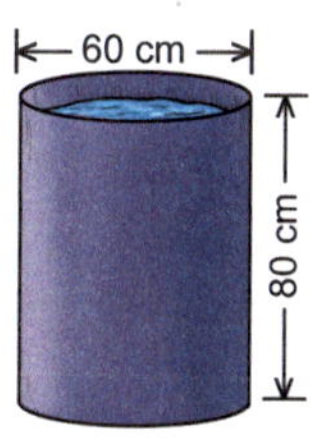

____

15 Größen bestimmen

Kreuze an, welche Maßangabe stimmen könnte.

TIPP

Schätze zuerst die Maße.

Ladevolumen eines Lasters

☐ 5 m³ ☐ 500 000 dm³

☐ 50 000 l ☐ 500 cm³

Länge eines Springseils

☐ 250 000 mm ☐ 25 dm

☐ 2 500 cm ☐ 0,025 km

Fläche eines Handballfeldes

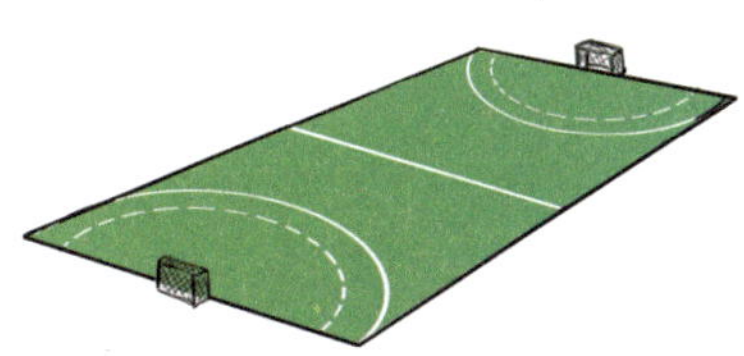

☐ 80 000 cm² ☐ 8 000 dm²

☐ 800 m² ☐ 0,8 km²

16 Gleichung

Arbeite mit der Gleichung $y = 20 - 5 \cdot (x - 6)$.

a) Welchen Wert hat y für $x = 7$?

$y =$ ______________________

b) Für welchen x-Wert ist $y = 0$?

x-Wert: ______________________

17 50 % einer Zahl

Welche Terme (Rechenausdrücke) geben genau 50 % einer beliebigen Zahl a an? Kreuze **alle** richtigen Terme an.

(1) $\frac{a}{50}$ ☐

(2) $\frac{50}{100}a$ ☐

(3) 0,5a ☐

(4) a : 2 ☐

(5) $\frac{1}{2}a$ ☐

(6) $\frac{5a}{10}$ ☐

TIPP: Setze für a verschiedene Zahlen ein.

18 Prozente

a) Wie viel sind 40 % von 130 €?

____

b) Von wie viel Kilogramm sind 4 % genau 12 kg?

____

c) Wie viel Prozent sind 24 cm von 6 m?

____

d) Berechne 3 % Zinsen von 760 € Spareinlage.

____

19 Schatten

Die Schatten von Turm und Mensch enden an derselben Stelle. Wie hoch ist der Turm?

Höhe: ______________________

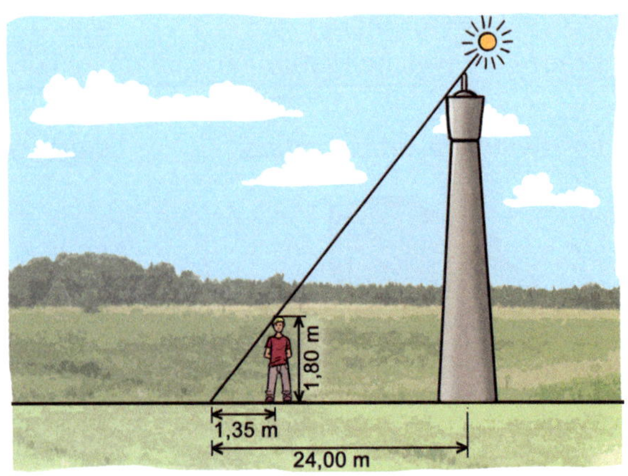

20 Pfannkuchen selbst gemacht

Lars und Mia möchten Pfannkuchen zubereiten. Beim Blick in den Kühlschrank stellen sie fest, dass nur noch ein kleines Stück Butter (125 g) vorhanden ist. Sie stellen die restlichen Zutaten entsprechend zusammen. Wie viel Zucker und wie viele Eier müssen sie verwenden?

Zucker: ______________ Eier: ____________

Pfannkuchen lecker und süß

200 g Butter mit 400 g Zucker und 4 Pck. Vanillezucker vermengen.
16 Eigelbe hinzufügen und schaumig rühren.
800 ml Milch hinzugeben.
800 g Mehl und 4 TL Backpulver darüber sieben und gut durchrühren.
Zum Schluss Eiweiß steif schlagen und unterheben. Jetzt ist alles fertig für die Pfanne.

21 400-m-Lauf

Die Zeichnung stellt den Innenbereich eines Leichtathletikstadions dar. Rundherum sind die Laufbahnen angelegt.

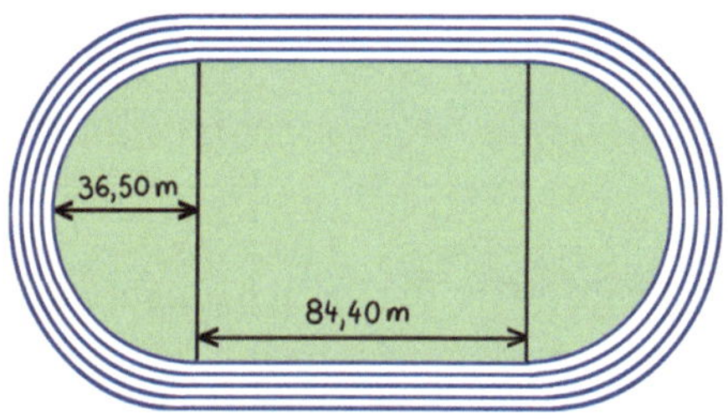

a) Berechne die Gesamtfläche des Innenbereichs.

____

★ b) Weise nach, dass eine Läuferin, die mit 30 cm Abstand von der Innenkante läuft, genau 400 m zurücklegt.

22 Veränderungen

Welche Darstellung passt am besten zum Sachverhalt (1), welche zum Sachverhalt (2)?

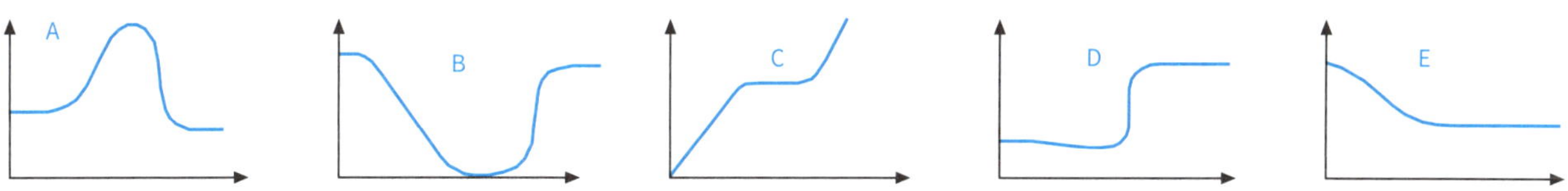

(1) Durch gesunde Ernährung und Sport gelang es einem Patienten zunächst, sein Gewicht zu reduzieren. Inzwischen nimmt er nicht mehr ab, aber auch nicht zu. Graph ___________

(2) Kurz nach Eröffnung eines Theaters nahm die Besucherzahl gleichmäßig ab, eine Zeitlang kam nicht eine einzige Person in die Vorstellung. Inzwischen erreichen die Besucherzahlen durch ein erfolgreiches Musical fast die Höhe wie zur Eröffnung. Graph ___________

Teil B Komplexe Aufgaben

Eingangstest

Bearbeite den Eingangstest zu den komplexen Aufgaben, um deinen Kenntnisstand besser einschätzen zu können. Die Aufgaben des Eingangstests zu den komplexen Aufgaben sind nicht thematisch sortiert. Ausführliche Lösungen zu jeder Aufgabe findest du hier im Arbeitsbuch (Kurzlösungen im Lösungsheft). Die Seite steht jeweils in Klammern hinter dem Namen der Aufgabe. Dort sind auch weitere Übungsaufgaben zu dem jeweiligen Thema.

1 **Abtransport von Boden** **(Lösung Seite 50)**

Das abgebildete Grundstück ist rechteckig. Leider ist der Boden verschmutzt und muss 50 cm tief entfernt werden. Eine Firma erhält den Auftrag dazu. Sie hat einen Lkw, der 12 t transportieren kann. Ein Kubikmeter Boden wiegt 1 650 kg.

a) Wie oft muss der Lkw fahren?

b) Das Ausheben des Bodens können zwei Bagger in vier Tagen erledigen. Ab dem zweiten Tag wird ein dritter Bagger eingesetzt. Wie lange dauert das Ausheben des Bodens insgesamt?

2 **Geänderte Preise** **(Lösung Seite 51)**

a) Die Ladenmiete von 2 500 € wird im nächsten Jahr um 8 % erhöht. Berechne die neue Miete.

b) Ein Laptop kostet 640 €. Im Ausverkauf wird der Preis um 25 % gesenkt. Berechne den neuen Preis.

3 **Straßenbahnfahrplan** **(Lösung Seite 52)**

Der grafische Fahrplan gibt Auskunft über die Fahrt einer Straßenbahn vom Bahnhof (Bhf.) bis zum Tierpark mit den Zwischenhalten Rosentor, Nordheide und Stadion.

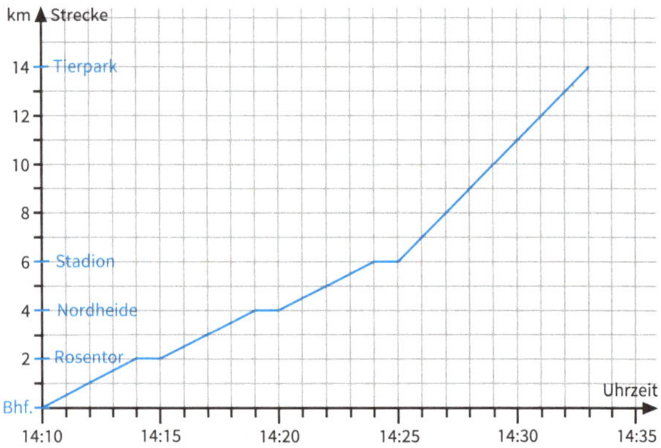

a) Gib die Entfernung zwischen den Haltestellen Bahnhof und Tierpark an.

____

b) Bestimme mithilfe der Grafik die Durchschnittsgeschwindigkeiten zwischen den Haltestellen.

____

c) Vervollständige mithilfe der Grafik den Fahrplan mit Ankunfts- und Abfahrtzeiten.

Haltestelle	Bahnhof	Rosentor		Nordheide		Stadion		Tierpark
	ab	an	ab	an	ab	an	ab	an
Uhrzeit	____	____	____	____	____	____	____	____

4 **Fahrradurlaub** **(Lösung Seite 53)**

Die nebenstehende Grafik zeigt, wie sich der Verbrauch eines Autos ändert, wenn man einen Dach- oder Heckträger (mit Fahrrädern) montiert.

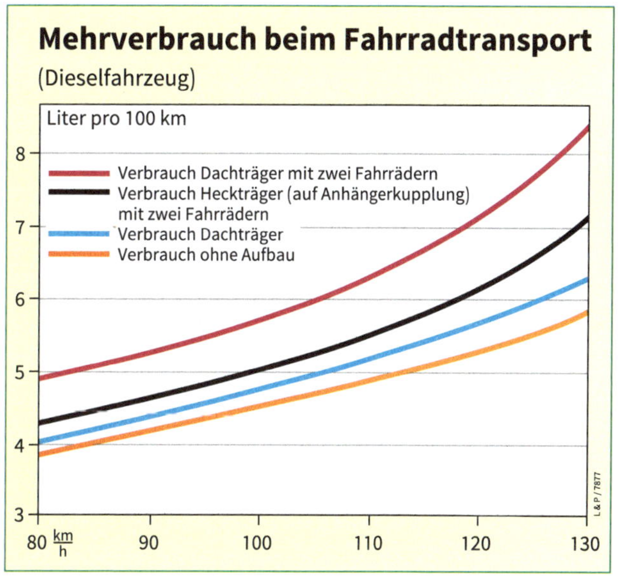

a) Wie viel verbraucht ein Auto ohne Aufbau, das 85 $\frac{km}{h}$ schnell fährt?

____

____

____

b) An einem Auto ist ein Dachträger mit zwei Fahrrädern montiert. Um wie viel Prozent steigt der Verbrauch, wenn es statt 80 $\frac{km}{h}$ nun 130 $\frac{km}{h}$ schnell fährt?

____

____

c) Lennard behauptet: Bei 80 $\frac{km}{h}$ ist der Verbrauch eines Autos mit Dachträger und zwei Fahrrädern ungefähr doppelt so hoch wie bei einem Auto ohne Aufbau. Erkläre, warum das nicht stimmt.

____

____

____

____

5 **Jugend-Triathlon** **(Lösung Seite 54)**

Jan absolvierte beim Jugend-Triathlon die Schwimmstrecke in 9 min 45 s. Für die Radrennstrecke benötigte er 19 min 30 s, für den abschließenden 3-km-Lauf brauchte er 14 min 5 s.

Jugend-Triathlon

Schwimmen	300 m	Laufen	3 km
Radfahren	10 km	Start:	9:00 Uhr

a) Wie lange brauchte Jan für alle drei Sportarten zusammen?

b) Mit welcher Geschwindigkeit fuhr Jan die Radrennstrecke? Kreuze den Wert an, der diese Geschwindigkeit am besten angibt.

15 $\frac{km}{h}$ ☐ 25 $\frac{km}{h}$ ☐ 35 $\frac{km}{h}$ ☐

20 $\frac{km}{h}$ ☐ 30 $\frac{km}{h}$ ☐ 40 $\frac{km}{h}$ ☐

6 Konservendosen (**Lösung Seite 55**)

Sechs Konservendosen werden von einem Plastikband umfasst.
Jede Dose hat einen Radius von 4 cm.
Zu berechnen ist die Länge b des Plastikbandes.

I. So löst Karim die Aufgabe:
Ich rechne den Umfang des Rechtecks aus:
$b = 2 \cdot \text{Länge} + 2 \cdot \text{Breite}$; also $b = 2 \cdot 24\text{ cm} + 2 \cdot 16\text{ cm}$

II. So löst Anke die Aufgabe:
Ich rechne von jeder Dose den Umfang aus:
$u = \pi \cdot d$, also $u \approx 3{,}14 \cdot 8\text{ cm}$; dann ist $b = 6 \cdot u$

III. So löst Mia die Aufgabe:
Ich fange oben in der Mitte an und gehe rechts herum:
$b = 4\text{ cm} + 4\text{ cm} + \frac{1}{4}u + 4\text{ cm} + 4\text{ cm} + \frac{1}{4}u + 4\text{ cm} + \ldots$

a) Beende die Rechnungen von Karim, Anke und Mia.

b) Alle Ergebnisse sind verschieden. Es kann aber nur eins richtig sein. Ist der richtige Lösungsweg dabei? Begründe.

____

____

7 Statistik (**Lösung Seite 56**)

Im Diagramm sind die Besucherzahlen der Dauerausstellung „Gesunde Ernährung“ dargestellt. Die Darstellung erweckt den Eindruck, dass sich die Besucherzahlen halbiert haben.

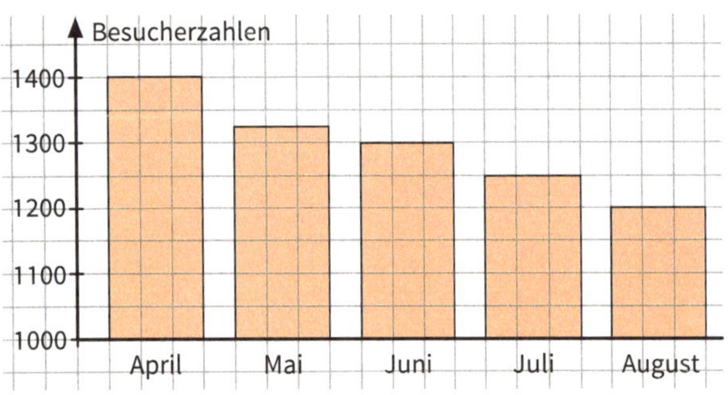

a) Stimmt das? Begründe.

b) Zeichne ein Säulendiagramm, das keinen falschen Eindruck vermittelt.

8 Agenturmeldung (**Lösung Seite 57**)

> Laut einer Umfrage besitzt fast jede neunte Frau (87,4 %) eine weiße Bluse.

Die Meldung ist fehlerhaft. Begründe und korrigiere den Text.

____

____

____

____

9 **Erdgaskosten** (**Lösung Seite 58**)

Familie Firat hat die Wahl zwischen zwei Tarifen für die Erdgaslieferung:

Tarif I	Grundpreis pro Monat 10 € Arbeitspreis 7 ct pro kWh
Tarif II	Grundpreis pro Monat 25 € Arbeitspreis 4 ct pro kWh

a) Berechne für beide Tarife die Kosten für einen monatlichen Verbrauch von 1 000 kWh.

b) Stelle beide Tarife bis zu einem Monatsverbrauch von 1 000 kWh grafisch dar.

c) Familie Firat verbraucht durchschnittlich 600 kWh pro Monat. Welchen Tarif sollte sie wählen?

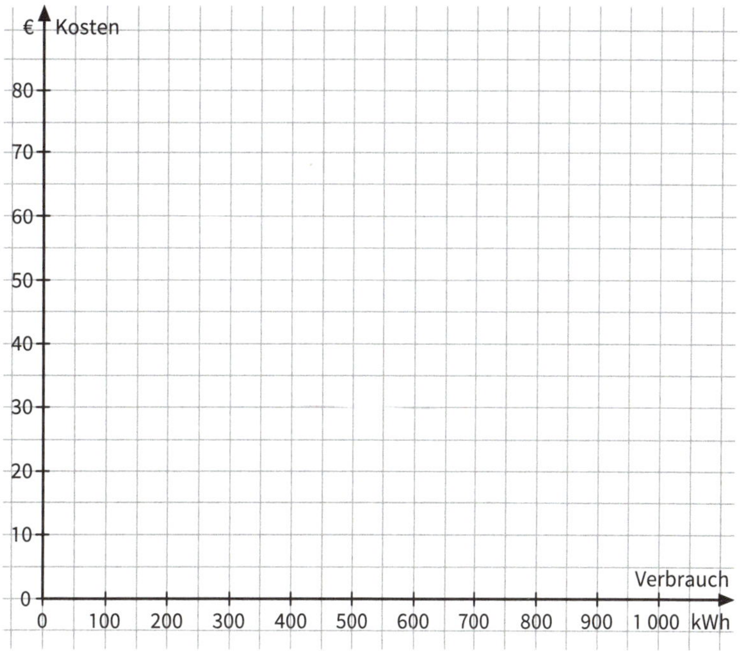

d) Bei welchem Monatsverbrauch sind beide Tarife gleich teuer?

10 **Elfmeter** (**Lösung Seite 59**)

Fußballweltmeisterschaft 2014 in Brasilien: Im ersten Spiel gegen Portugal verwandelte Thomas Müller einen Elfmeter zum 1 : 0. Der Ball traf ganz flach unmittelbar neben dem Pfosten ins Tor. Ein Fußballtor ist 7,32 m breit und 2,44 m hoch. Der Ball hat einen Durchmesser von 20 cm. Welche Strecke legt der Ball vom Elfmeterpunkt bis zur Torlinie zurück?

TIPP

Eine Skizze mit den angegebenen Maßen kann dir helfen.

11 Kontakte (**Lösung Seite 60**)

688 Jugendliche zwischen 10 und 18 Jahren wurden befragt, welche Möglichkeiten sie nutzen, um mit ihren Freunden in Kontakt zu bleiben. Die Grafik zeigt das Ergebnis der Umfrage.

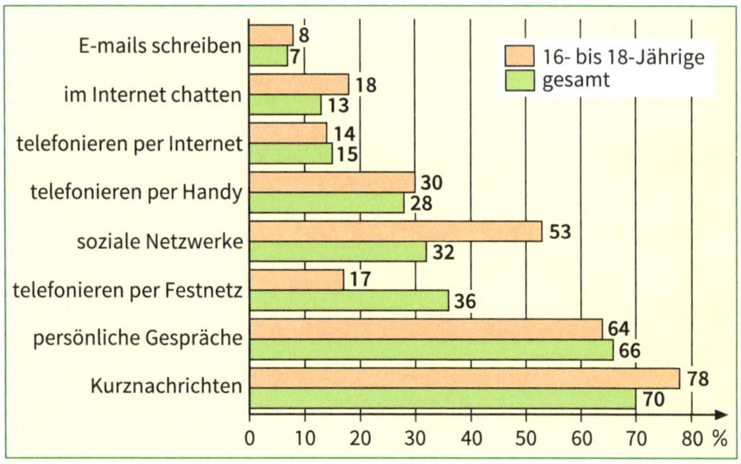

a) Wie viel Prozent der 16- bis 18-Jährigen nutzen das Handy, um zu telefonieren?

b) Bei welchen beiden Kontakt-Möglichkeiten unterscheidet sich das Nutzungsverhalten der 16- bis 18-Jährigen am stärksten von dem aller befragten Jugendlichen?

c) Wie viele aller 688 befragten Jugendlichen schicken sich Kurznachrichten?

12 Pkw-Antriebe und Kosten (**Lösung Seite 61**)

Fahrzeughersteller bieten ihre Modelle mit alternativen Antrieben an.

Modell	Antrieb	Kosten pro 100 km
Eco B	Benzinmotor	7,80 €
Eco D	Dieselmotor	5,82 €
Eco H	Hybridmotor	5,33 €
Eco E	Elektromotor	2,93 €

a) Berechne, wie weit man mit den verschiedenen Antrieben für 10 € kommt. Stelle die Ergebnisse in einem geeigneten Diagramm dar.

b) Im Preis von einem Liter Super (1,30 €) ist eine Energiesteuer von 65,45 ct enthalten. Berechne den Anteil in Prozent.

c) Berechne die Kostenersparnis bei einer Fahrleistung von 100 000 km für einen Hybridmotor gegenüber einem Benzinmotor.

★ **13** **Werkstück** **(Lösung Seite 62)**

Der abgebildete Körper ist aus Stahl. 1 cm³ wiegt 7,9 g.

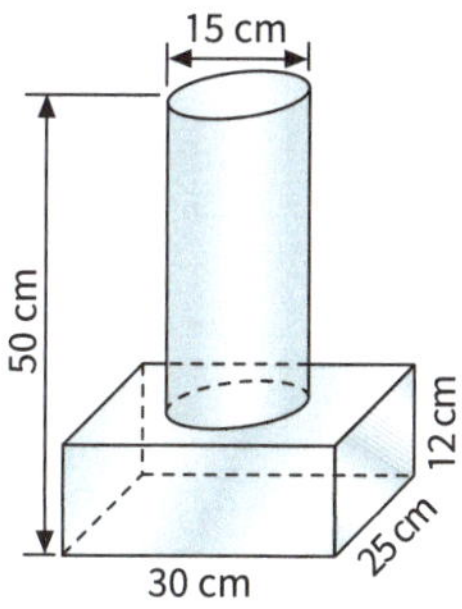

a) Wie viel Kilogramm wiegt er? Runde auf ganze kg.

____

b) Der Körper wird ringsum lackiert. Für einen Quadratmeter braucht man eine kleine Dose Farbe. Kommt man mit einer halben kleinen Dose Farbe aus?

____

14 **Stundenlohn** **(Lösung Seite 63)**

Herr Adrian, Herr Kemaly und Frau Meis haben denselben Stundenlohn. Für eine Person wurde hier ein falscher Lohn berechnet.

a) Welchen Stundenlohn erhielt Herr Adrian?

____

b) Bei wem wurde ein falscher Lohn berechnet? Begründe mit einer Rechnung.

____

c) Wie viel Lohn erhalten alle drei Personen zusammen, wenn jede 40 Stunden arbeitet?

____

15 **Würfel** **(Lösung Seite 64)**

(1)

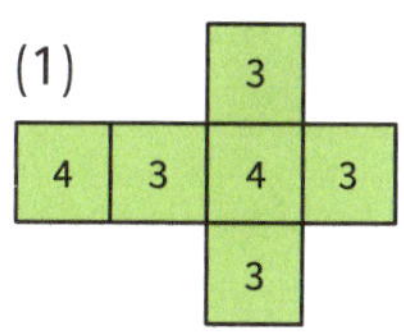

(2)

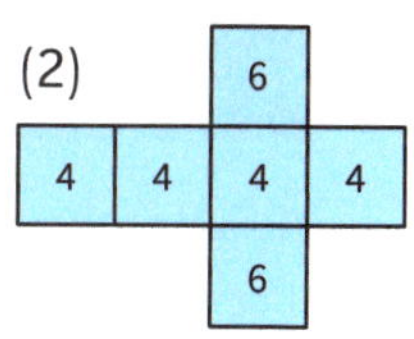

(1) Wie groß ist die Wahrscheinlichkeit, mit dem Würfel (1) eine Vier zu würfeln?

____

(2) Wie groß ist die Wahrscheinlichkeit, mit Würfel (2) eine Vier zu würfeln?

____

(3) Mit einem der beiden Würfel wurde 500-mal gewürfelt und dabei 350-mal die Vier erzielt. Mit welchem der beiden Würfel wurde deiner Meinung nach vermutlich gewürfelt? Begründe.

____

____

16 **Behälter mit Kugeln** (**Lösung Seite 65**)

Aus einem Behälter mit 5 blauen und 4 roten Kugeln werden verdeckt nacheinander zwei Kugeln gezogen, wobei die zuerst gezogene Kugel nicht wieder zurückgelegt wird.

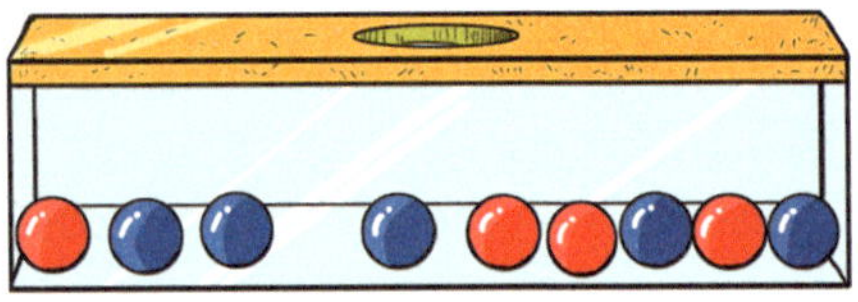

a) Zeichne ein Baumdiagramm und bestimme die Wahrscheinlichkeiten:

(1) P (rot; blau) = ____________________

(2) P (blau; blau) = ____________________

(3) P (rot; rot) = ____________________

b) Wie groß ist die Wahrscheinlichkeit, verschiedene Farben zu ziehen?

____

17 **Fußballduell** (**Lösung Seite 66**)

Die abgebildete Grafik vergleicht, wie viel Euro in Deutschland in der Bundesliga und wie viel Euro in England in der Premier League durch internationale und nationale Medienerlöse eingenommen wurden.

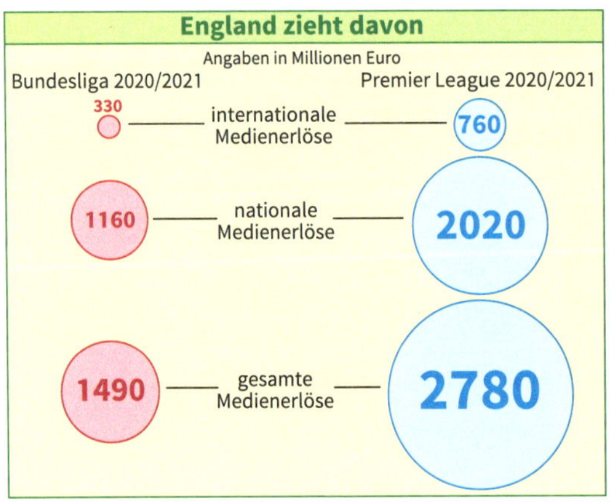

a) Betrachte die Medienerlöse in Deutschland. Berechne den Anteil der nationalen Erlöse an den gesamten Medienerlösen in Prozent.

____

b) Um das Wievielfache müssten die internationalen Medienerlöse in Deutschland steigen, damit sie ungefähr so groß wären wie in England?

____

c) Christiano Ronaldo ist einer der Spitzenverdiener der englischen Liga. Er soll etwa 1,1 % der gesamten Medienerlöse in England als Jahresgehalt bekommen. Berechne den Jahresverdienst von Ronaldo.

____

★ 18 Zahlenrätsel (Lösung Seite 67)

(1) Subtrahierst du vom Dreifachen einer Zahl 7, erhältst du 23 mehr als die Zahl selbst.	(2) Subtrahierst du von 23 das 7-Fache einer Zahl, erhältst du das 3-Fache von 3.	(3) Subtrahierst du vom 7-Fachen einer Zahl das 3-Fache dieser Zahl, erhältst du 3 weniger als 23.

a) Welches Zahlenrätsel gehört zur Gleichung $3x - 7 = x + 23$?

____

b) Löse die Gleichung $3x - 7 = x + 23$. $x =$ ____________

c) Notiere zu den beiden anderen Zahlenrätseln die passende Gleichung.

______________ ______________

★ 19 Smartphone-Nutzung (Lösung Seite 68)

Die Schülerinnen und Schüler aller 10. Klassen einer Schule wurden befragt, wie oft sie ihr Smartphone am Tag vor der Befragung zum Telefonieren, Nachrichten verschicken oder Surfen ungefähr benutzt haben. Das Ergebnis wurde in einem Boxplot dargestellt.

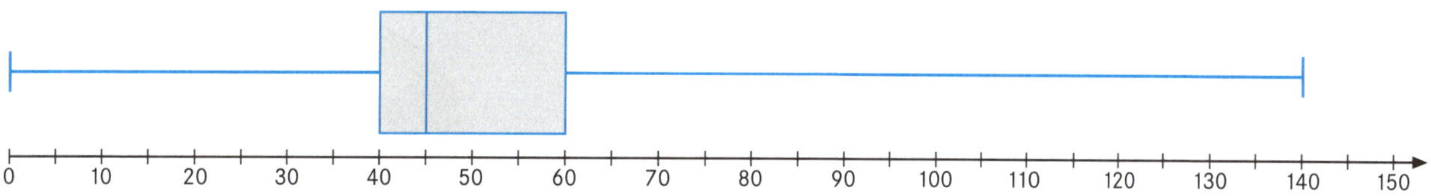

a) Entnimm dem Boxplot folgende Werte:

Spannweite: ______ Median (Zentralwert): ______ unteres Quartil: ______ oberes Quartil: ______

b) Felix behauptet: „Die meisten Schülerinnen und Schüler haben mehr als 60-mal mit dem Smartphone telefoniert, Nachrichten verschickt oder gesurft.“ Nimm Stellung.

____

____

20 Fläche Niedersachsen (Lösung Seite 69)

Der Kartenausschnitt zeigt das Bundesland Niedersachsen. Bestimme näherungsweise die Größe der Fläche von Niedersachsen. Benutze den Maßstab der Karte. Begründe dein Vorgehen.

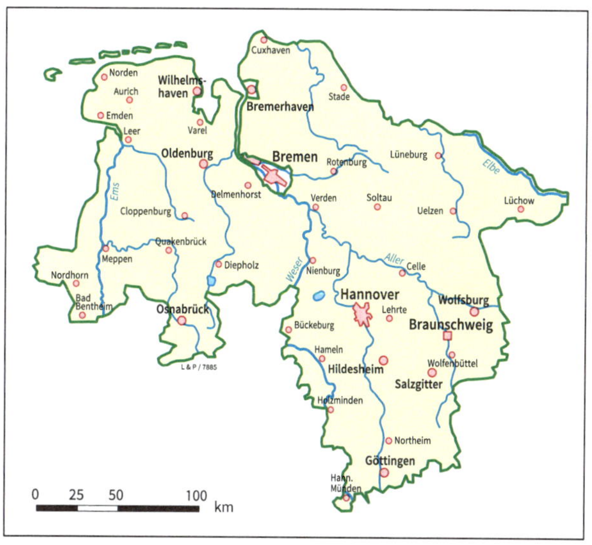

21 **Fahrradreparatur** **(Lösung Seite 70)**

Perinur will ihr Fahrrad reparieren und mit einem Nabendynamo ausstatten lassen. Ein Fahrradhändler bietet im Internet ein Tabellenblatt an, um die Kosten zu kalkulieren.

a) Berechne die fehlenden Zahlenwerte und trage sie in die Tabelle ein.

b) Bestätige rechnerisch, dass die Mehrwertsteuer 33,82 € beträgt.

	A	B	C	D
1	**Fahrradreparatur**			
2				
3	**Posten**	**Menge**	**Einzelpreis**	**Gesamtpreis**
4	Schalt-/Bremszug	3	8,00 €	
5	Nabendynamo	1	54,00 €	
6	Arbeitsstunden	2,5	40,00 €	
7		Zwischensumme		**178,00 €**
8		MwSt.	19%	33,82 €
9		Rechnungsbetrag		**211,82 €**
10				

c) Gib eine Formel an, mit der in der Zelle D7 die Zwischensumme berechnet werden kann. ______________________

22 **Glücksrad** **(Lösung Seite 71)**

Auf einem Schulfest kann man am Stand von Annas Klasse für einen Einsatz von 1 € einmal das abgebildete Glücksrad drehen. Bleibt es auf *blau* stehen, gewinnt man einen Trostpreis im Wert von 0,40 € und auf *schwarz* einen Sachpreis von 6 €.

a) Bestimme die Wahrscheinlichkeit für

(1) blau: ______________________

(2) schwarz: ______________________

b) Mit welchem Gewinn kann Annas Klasse rechnen, wenn 480-mal gespielt wird?

Gewinn: ______________________

23 **Angebote** **(Lösung Seite 72)**

Frau Kurt kann für zwei Jahre einen Lottogewinn von 100 000,– € anlegen. Sie hat drei Angebote:

(A) A-Bank: 1. Jahr 1 %, 2. Jahr 2 % Zinsen

(B) B-Bank: 1. Jahr 1,2 %, 2. Jahr 1,8 % Zinsen

(C) C-Bank: 1. Jahr 1,5 %, 2. Jahr 1,5 % Zinsen

a) Wie viel Geld hätte Frau Kurt bei der A-Bank nach zwei Jahren?

____

b) Welche Bank hat das beste Angebot für Frau Kurt? Begründe.

____

24 **Haus mit Satteldach (Lösung Seite 73)**

Der Zeichnung kannst du die Außenmaße eines Einfamilienhauses entnehmen.

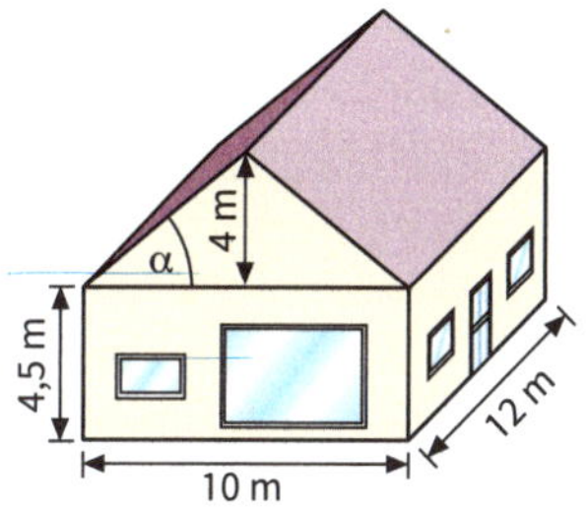

a) Berechne das Volumen des Hauses (umbauter Raum).

____

b) Wie groß ist die gesamte Dachfläche?

____

c) Bestimme den Neigungswinkel α des Dachs
(1) anhand einer maßstabsgetreuen Zeichnung,
★ (2) mit einer Rechnung.

25 **Fehler (Lösung Seite 74)**

Ahmed, Bernd und Clemens haben beim Lösen von Gleichungen Fehler gemacht. Markiere die Fehler und löse die Gleichungen richtig.

(1)
$$10 - 5x = 2x + 24 \quad |-10$$
$$5x = 2x + 24 \quad |-2x$$
$$3x = 24 \quad |:3$$
$$x = 8$$

(2)
$$6y - 33 = y + 7 \quad |+33$$
$$6y = y + 40 \quad |-y$$
$$5y = 40 \quad |-5$$
$$y = 35$$

(3)
$$8x - 15 = 3x + 35 \quad |-15$$
$$8x = 3x + 20 \quad |-3x$$
$$5x = 20 \quad |:5$$
$$x = 4$$

26 **Riesenmaschine (Lösung Seite 75)**

Das Fahrzeug wird auf der Landwirtschaftsmesse von jung und alt bestaunt.

a) Wie hoch muss der Fahrer klettern, um seine Fahrerkabine zu erreichen?

b) Wie oft hat sich ein Rad gedreht, wenn das Fahrzeug einen Kilometer zurückgelegt hat?

Lösungen zum Eingangstest und Übungsaufgaben

Auf den folgenden Seiten findest du die ausführlichen Lösungen zu den komplexen Aufgaben des Eingangstests und passende Übungsaufgaben. Kontrolliere deine Ergebnisse und bearbeite auf jeden Fall die Aufgaben, in denen du noch nicht sicher bist. Die Lösungen der Übungsaufgaben findest du im Lösungsheft.

1 Abtransport von Boden (von S. 40)

Das abgebildete Grundstück ist rechteckig. Leider ist der Boden verschmutzt und er muss 50 cm tief entfernt werden. Eine Firma erhält den Auftrag dazu. Sie hat einen Lkw, der 12 t transportieren kann. Ein Kubikmeter Boden wiegt 1 650 kg.

a) Wie oft muss der Lkw fahren?

b) Das Ausheben des Bodens können zwei Bagger in vier Tagen erledigen. Ab dem zweiten Tag wird ein dritter Bagger eingesetzt. Wie lange dauert das Ausheben des Bodens insgesamt?

Zu a)

(1) *Volumen des Bodens bestimmen*

Das Volumen des verschmutzten Bodens entspricht dem Volumen eines Quaders mit folgenden Maßen:

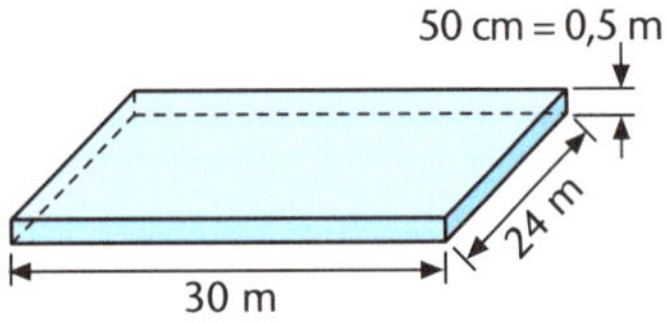

V = 30 m · 24 m · 0,5 m = **360 m³**

(2) *Masse des Bodens berechnen*

Ein Kubikmeter Boden wiegt 1 650 kg.
Dann wiegen 360 Kubikmeter Boden
360 · 1 650 kg = 594 000 kg = **594 t**

(3) *Anzahl der benötigten Fahrten bestimmen*

Der Lkw der Firma kann pro Fahrt 12 t befördern.
Nebenrechnung: 594 t : 12 t = 49,5
Richtig ist daher: Der Lkw benötigt **50 Fahrten,** bei der letzten Fahrt ist er nicht komplett gefüllt.

Zu b)

Wir wissen: Zwei Bagger erledigen das Ausheben des Bodens in vier Tagen. Insgesamt werden für diese Arbeit also 2 · 4 = 8 Baggertage benötigt. Am ersten Tag werden zwei Baggertage geleistet. Die restlichen sechs Baggertage leisten drei Bagger dann in 6 : 3, also zwei weiteren Tagen. Richtig ist daher: Insgesamt dauert das Ausheben **drei Tage.**

1 Svenja und Silke sind begeisterte Kart-Fahrerinnen. Svenja zahlt für sechs Runden 10,50 €, Silke zahlt 14 €.
Wie viele Runden ist Silke gefahren?

2 Zwei Pumpen gleicher Leistung füllen ein Schwimmbecken in 10 Stunden. In welcher Zeit können 5 dieser Pumpen das Becken füllen?

3 Jede Seite des quadratischen Sandkastens ist 120 cm lang. Der Kasten soll 30 cm hoch mit Sand befüllt werden.

a) Wie viel Kubikmeter Sand werden benötigt?

b) Der Baumarkt bietet Sand in 25-*l*-Säcken an. Wie viele Säcke müssen gekauft werden?

4 Für eine Schallschutzmauer entlang eines Autobahnabschnittes sollen 11 Pfosten in einem Abstand von 2,10 m aufgestellt werden.
Der Bauleiter ordnet an, den Abstand auf 1,50 m zu verringern.
Wie viele Pfosten werden jetzt gebraucht?

5 Vier Müllfahrzeuge benötigen 6 h, um 840 Hausmülltonnen aus einem Neubaugebiet zu leeren. Jede Hausmülltonne enthält durchschnittlich 19 kg Abfall. Nach einer Stunde wird ein weiteres Müllfahrzeug eingesetzt. In welcher Zeit sind jetzt alle Hausmülltonnen im Neubaugebiet geleert?

6 Zum Schulabschluss planen drei Schulklassen eine gemeinsame Planwagenfahrt. Jeder Planwagen bietet Platz für 12 Personen. 88 Schülerinnen und Schüler wollen teilnehmen.

a) Wie viele Planwagen müssen für die Fahrt gemietet werden?

b) Für die Fahrt muss jede Person 6 € zahlen. Wie hoch wären die Kosten pro Person, wenn jeder Planwagen voll besetzt wäre?

1 Um wie viel Euro erhöht sich der alte Preis? Berechne auch den neuen Preis.

a) alter Preis: 450 €
Preiserhöhung: 4 %

b) alter Preis: 3800 €
Preiserhöhung: 12 %

c) alter Preis: 900 €
Preiserhöhung: 25 %

d) alter Preis: 8500 €
Preiserhöhung: 100 %

2 Um wie viel Euro wird der alte Preis gesenkt? Berechne auch den neuen Preis.

a) alter Preis: 900 €
Preissenkung: 5 %

b) alter Preis: 1800 €
Preissenkung: 20 %

c) alter Preis: 6400 €
Preissenkung: 50 %

3 Auf den Warenpreis von 82,20 € werden noch 19 % Mehrwertsteuer aufgeschlagen. Berechne den Endpreis und runde auf Cent.

4

Stimmen die neuen Preise?

2 Geänderte Preise (von S. 40)

a) Die Ladenmiete von 2500 € wird im nächsten Jahr um 8 % erhöht. Berechne die neue Miete.
b) Ein Laptop kostet 640 €. Im Ausverkauf wird der Preis um 25 % gesenkt. Berechne den neuen Preis.

Zu a)
Lösungsweg 1:
100 % ≙ 2500 € |: 100
1 % ≙ 25 € |· 8
8 % ≙ 200 €

neue Ladenmiete:
2500 € + 200 € = **2700 €**

Lösungsweg 2:
Die Miete wird um 8 % erhöht, die neue Miete beträgt damit 108 % der alten Miete.
2500 € · 1,08 = **2700 €**

Zu b)
Lösungsweg 1:
100 % ≙ 640 € |: 4
25 % ≙ 160 €

neuer Preis:
640 € – 160 € = **480 €**

Lösungsweg 2:
Der Preis wird um 25 % gesenkt, der neue Preis beträgt also 75 % des alten Preises.
640 € · 0,75 = **480 €**

5 Ein Preis wird um den vorgegebenen Bruchteil reduziert. Wie viel Prozent des alten Preises sind noch zu zahlen?

a) $\frac{1}{2}$ b) $\frac{1}{4}$ c) $\frac{3}{10}$ d) $\frac{2}{5}$

6 Im Sportgeschäft „EasySport“ kostet ein Ski 250 €. Zu Beginn der Saison erhöht der Inhaber den Preis um 20 %. Nach vier Monaten wird der geänderte Preis des Skis um 20 % gesenkt.
Mara meint, dass sie nicht rechnen muss, da der Ski nun wieder 250 € kostet.
Hat Mara recht?
Begründe deine Antwort mit einer Rechnung.

7 Eine Maschine wird in eine Holzkiste verpackt. Die Holzkiste mit der Maschine hat ein Bruttogewicht von 7,2 t. Der Anteil der Verpackung beträgt 23 %.
Wie schwer ist die Maschine?
Wie viel wiegt die Verpackung?

3 Straßenbahnfahrplan (von S. 40)

Der grafische Fahrplan gibt Auskunft über die Fahrt einer Straßenbahn vom Bahnhof (Bhf.) bis zum Tierpark mit den Zwischenhalten Rosentor, Nordheide und Stadion.

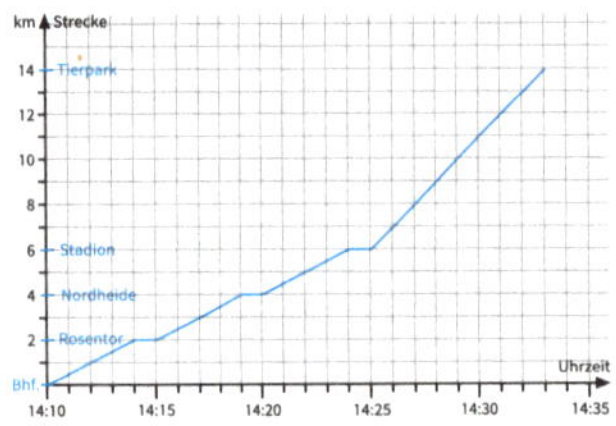

a) Bestimme die Entfernung zwischen den Haltestellen Bahnhof und Tierpark.
b) Bestimme mithilfe der Grafik die Durchschnittsgeschwindigkeiten zwischen den Haltestellen.
c) Vervollständige mithilfe der Grafik den Fahrplan mit Ankunfts- und Abfahrtzeiten.

Zu a)
Die Entfernung zwischen den Haltestellen Bahnhof und Tierpark lässt sich aus dem Weg-Zeit-Diagramm ablesen. Sie **beträgt 14 km.**

Zu b)

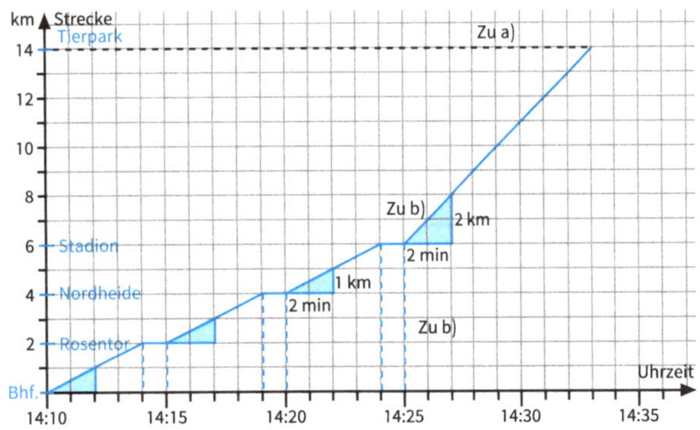

Je schneller die Straßenbahn fährt, desto steiler steigt der Graph an. Drei der vier Steigungsdreiecke sind kongruent, d. h., vom Bahnhof bis Stadion fährt die Straßenbahn zwischen den Haltestellen mit gleicher Durchschnittsgeschwindigkeit ($\frac{1\,\text{km}}{2\,\text{min}}$, **also 30 $\frac{\text{km}}{\text{h}}$**). Vom Stadion bis zum Tierpark fährt sie schneller ($\frac{2\,\text{km}}{2\,\text{min}}$, **also 60 $\frac{\text{km}}{\text{h}}$**).

Zu c)

Haltestelle	**Uhrzeit**	
Bahnhof	ab	**14:10**
Rosentor	an	**14:14**
	ab	**14:15**
Nordheide	an	**14:19**
	ab	**14:20**
Stadion	an	**14:24**
	ab	**14:25**
Tierpark	an	**14:33**

1 Inas Klasse unternimmt am Wandertag eine Radtour. Ina fährt um 8:00 Uhr von zu Hause los, um pünktlich um 9:00 Uhr den vereinbarten Treffpunkt zu erreichen.
Ihre Fahrt ist in dem unten abgebildeten Koordinatensystem dargestellt.

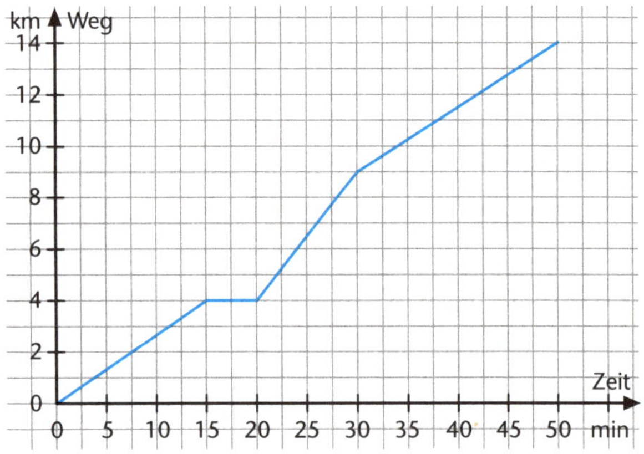

Beurteile anhand dieser Darstellung, ob die folgenden Aussagen zutreffen können.

Nach einer Viertelstunde hat Ina bereits 5 km zurückgelegt.	☐ Ja	☐ Nein
Zwischendurch macht Ina eine Rast von fünf Minuten.	☐ Ja	☐ Nein
Anfangs fährt Ina am schnellsten.	☐ Ja	☐ Nein

2 Eine 8 km lange Wanderung führt die Klasse von Paul auf das Nebelhorn.

Anfangs geht es nur leicht bergauf, und die Gruppe kommt gut voran. Dann fordert ein Klettersteig (K) die Kondition heraus. Gut, dass am Ende des Steigs eine Hütte (H) zur Rast einlädt. Von hier aus führt ein fast ebener Weg zum Gipfelkreuz (G).

a) Paul hat begonnen, einen zu der Bergwanderung passenden Graphen im Koordinatensystem zu skizzieren. Setze den Graphen fort.

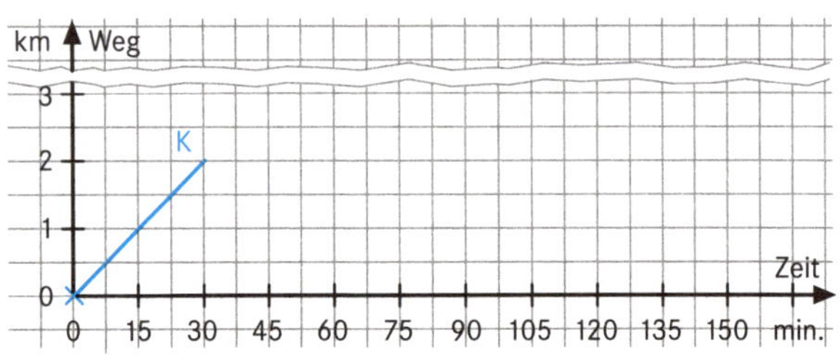

b) Trage auch H und G am Graphen ein.

1 Die Grafik zeigt die Entwicklung der Aktie der Firma UV in den Monaten Januar bis Juni.

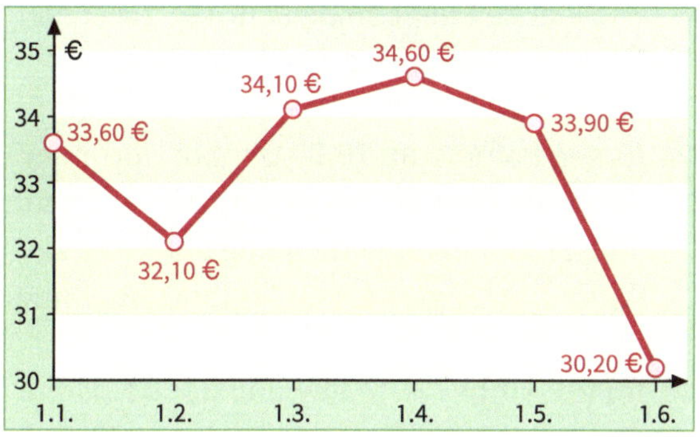

a) Um wie viel Prozent hat die Aktie der Firma UV vom 1.5. bis 1.6. verloren?

b) Im letzen Jahr hatte die Aktie der Firma durchschnittlich einen Wert von 33,65 €. Hat sie diesen Durchschnittswert auch in den dargestellten sechs Monaten erreicht?

c) Die Grafik vermittelt den Eindruck, als sei die Aktie der Firma UV vom 1.5. bis 1.6. so abgestürzt, dass sie fast nichts mehr wert ist. Wodurch entsteht dieser Eindruck?

d) Zeichne ein Säulendiagramm, das die Entwicklung des Aktienkurses vom 1.1. bis 1.6. realistisch darstellt.

2 Die Klasse 10a führte eine Befragung zur Computernutzung in zwei 9. Klassen durch.

	9a	davon befragt	9b	davon befragt
Mädchen	14	11	16	14
Jungen	16	13	16	12

a) Wie viel Prozent der Schülerinnen und Schüler aus der Klasse 9a haben an der Umfrage teilgenommen?

b) Stelle für die Klasse 9b in einem Säulendiagramm die Anzahl der Jungen und Mädchen in der Klasse und die Anteile der Mädchen und Jungen, die befragt wurden, dar.

c) Von den Befragten nutzten den Computer 38 % für Emails, 92 % zum Chatten, 77 % zum Spielen und 52 % für Internetrecherchen. Ist es sinnvoller, diese Umfrageergebnisse in einem Kreisdiagramm oder in einem Säulendiagramm darzustellen? Begründe deine Antwort.

4 Fahrradurlaub (von S. 41)

Die Grafik zeigt, wie sich der Verbrauch eines Autos ändert, wenn man einen Dach- oder Heckträger (mit Fahrrädern) montiert.

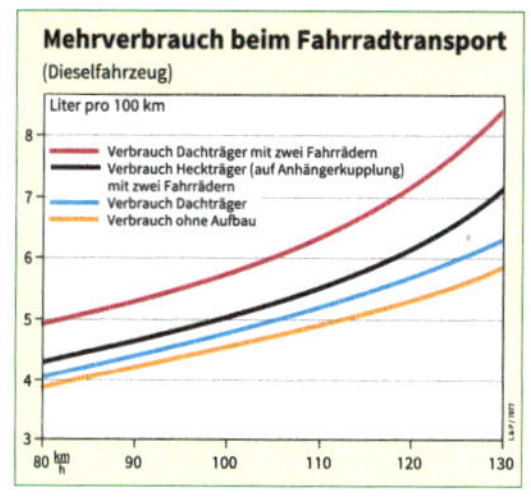

a) Wie viel verbraucht ein Auto ohne Aufbau, das 85 $\frac{km}{h}$ schnell fährt?

b) An einem Auto ist ein Dachträger mit zwei Fahrrädern montiert. Um wie viel Prozent steigt der Verbrauch, wenn es statt 80 $\frac{km}{h}$ nun 130 $\frac{km}{h}$ schnell fährt?

c) Lennard behauptet: Bei 80 $\frac{km}{h}$ ist der Verbrauch eines Autos mit Dachträger und zwei Fahrrädern ungefähr doppelt so hoch wie bei einem Auto ohne Aufbau. Erkläre, warum das nicht stimmt.

Zu a)
Hierbei muss man senkrecht zur x-Achse beim Wert 85 (in der Mitte von 80 und 90) nach oben gehen und dort den zugehörigen y-Wert des untersten Graphen ablesen. Es ergibt sich ein Verbrauch von **ca. 4 Liter pro 100 km.**

Zu b)
Ein Auto, das einen Dachträger mit zwei Fahrrädern montiert hat, verbraucht bei 80 $\frac{km}{h}$ ungefähr 4,9 Liter pro 100 km. Bei einer Geschwindigkeit von 130 $\frac{km}{h}$ verbraucht es ungefähr 8,4 Liter pro 100 km. Mit dem Dreisatz kann man nun den prozentualen Anstieg bestimmen:

4,9 Liter ≙ 100 %) : 4,9
1,0 Liter ≙ 20,41 %) · 8,4 (≈ 100 % : 4,9)
8,4 Liter ≙ 171,44 % (≈ 20,41 % · 8,4)

Der Verbrauch steigt um **ungefähr 71 %.**

Alternativer Lösungsweg:
Mehrverbrauch: $8{,}4\,l - 4{,}89\,l = 3{,}5\,l$

$3{,}5\,l$ von $4{,}9\,l = \frac{3{,}5\,l}{4{,}9\,l} \approx 0{,}71 = 71\,\%$

Zu c)
Lennards Aussage stimmt nicht, weil zwar bei 80 $\frac{km}{h}$ die Distanz des einen Graphen (Auto mit Dachgepäckträger und zwei Fahrrädern) zur x-Achse doppelt so groß ist wie die Entfernung des anderen Graphen (Auto ohne Aufbau). Man muss aber beachten, dass die y-Achse nicht bei 0 beginnt. Entsprechend muss man die Werte von 4 Liter bzw. 5 Liter pro 100 km vergleichen. 5 Liter ist nicht das Doppelte von 4 Litern.

5 Jugend-Triathlon (von S. 41)

Jan absolvierte beim Jugend-Triathlon die Schwimmstrecke in 9 min 45 s. Für die Radrennstrecke benötigte er 19 min 30 s, für den abschließenden 3-km-Lauf brauchte er 14 min und 5 s.

Jugend-Triathlon

Schwimmen	300 m
Radfahren	10 km
Laufen	3 km
Start:	9:00 Uhr

a) Wie lange brauchte Jan für alle drei Sportarten zusammen?

b) Mit welcher Geschwindigkeit fuhr Jan die Radrennstrecke? Kreuze den Wert an, der diese Geschwindigkeit am besten angibt.

15 $\frac{km}{h}$ ☐ 25 $\frac{km}{h}$ ☐ 35 $\frac{km}{h}$ ☐

20 $\frac{km}{h}$ ☐ 30 $\frac{km}{h}$ ☐ 40 $\frac{km}{h}$ ☐

Zu a)

Wir kennen die Zeitspannen, die Jan für die einzelnen Sportarten benötigte:

Sportart	Jans Zeiten
300 m Schwimmen	9 min 45 s
10 km Rad fahren	19 min 30 s
3 km Laufen	14 min 5 s

Jetzt addieren wir die Zeitangaben getrennt nach den angegebenen Einheiten:

9 min + 19 min + 14 min = 42 min

45 s + 30 s + 5 s = 80 s

80 s entsprechen 1 min 20 s.

Die Gesamtzeit ergibt sich aus:

42 min + 1 min 20 s = **43 min 20 s**

Jan benötigte für alle drei Sportarten zusammen **43 min 20 s.**

Zu b)

Geschwindigkeiten in $\frac{km}{h}$ geben an, wie viel km in einer Stunde zurückgelegt werden.

Wir wissen:

Jan absolvierte die 10 km lange Radrennstrecke in 19 min und 30 s.

Er benötigte also für eine Strecke von 10 km ungefähr 20 min.

Berechnung derGeschwindigkeit:

20 min → 10 km

60 min → 30 km

Jan fuhr die Radrennstrecke also mit einer Geschwindigkeit von etwa **30** $\frac{km}{h}$.

1 Laut Kalender geht am 18. Juni die Sonne um 5:15 Uhr auf und um 21:38 Uhr unter.
Wie viel Zeit liegt an diesem Tag zwischen Sonnenaufgang und Sonnenuntergang?

2 Jürgen kommt um 16:07 Uhr am Dortmunder Hauptbahnhof an. Insgesamt war er 1 Stunde und 24 Minuten mit dem Zug unterwegs.
Wann hat Jürgen seine Zugfahrt begonnen?

3 Im November 2014 gewann der deutsche Triathlet Sebastian Kienle den legendären Ironman auf Hawaii. Kienle benötigte 54 Minuten 38 Sekunden für die 3,86 km lange Schwimmstrecke. Die anschließende 180 km lange Radstrecke legte er in 4 h 20 min 46 s zurück. Den letzten Teil des Wettbewerbs, einen Marathonlauf über 42,195 km, bewältigte Kienle in 2 h 54 min 36 s.
Berechne die Gesamtzeit für alle drei Sportarten von Sebastian Kienle.

4 Martinas Flug nach Rom geht um 15:10 Uhr. Für die Fahrt zum Flughafen plant sie 45 Minuten ein. Mindestens eine Stunde vor Abflug der Maschine muss sie am Schalter der Fluggesellschaft einchecken.
Wann muss Martina spätestens aufbrechen, um pünktlich am Check-in-Schalter zu sein?

5 Ein 500 m langer Personenzug durchfährt mit gleichbleibender Geschwindigkeit von 150 $\frac{km}{h}$ den abgebildeten 10 km langen Tunnel.

a) Tim sitzt in der Mitte des Zuges am Fenster. Wie lange dauert für Tim die Fahrt durch den Tunnel?

b) Welche der folgenden Überlegungen von Tim sind richtig? Kreuze an.

☐ (1) Bei doppelter Geschwindigkeit dauert die Tunneldurchfahrt doppelt so lang.

☐ (2) Bei doppelter Geschwindigkeit dauert die Tunneldurchfahrt halb so lang.

☐ (3) Bei 75 $\frac{km}{h}$ dauert die Tunneldurchfahrt doppelt so lang.

1 Die Reifen von Laras Fahrrad haben einen Durchmesser von 26 Zoll. (1 Zoll = 2,54 cm)

a) Welchen Umfang hat ein Reifen?

b) Lara fährt 4,6 km zur Schule. Bestimme, wie oft sich dabei jeder der beiden Reifen dreht.

2

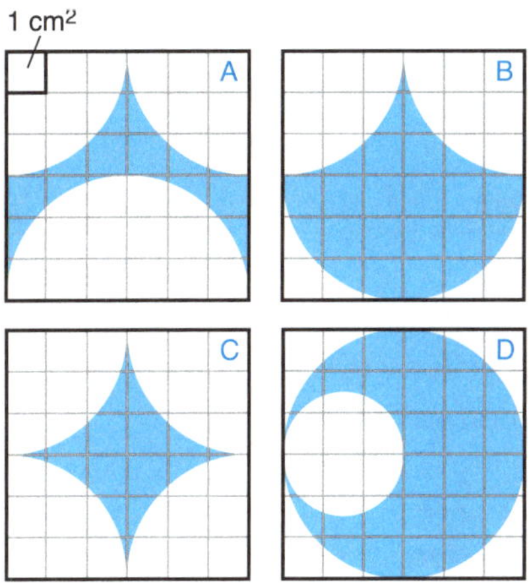

a) Ordne die Umfänge u der blau gefärbten Figuren A, B, C und D der Größe nach. Setze > oder = ein.

u_D ☐ $u_{\_}$ ☐ $u_{\_}$ ☐ $u_{\_}$

b) Bestimme den Flächeninhalt von Figur D. Beschreibe, wie du vorgegangen bist.

3 Der Durchmesser des inneneren Kreises beträgt 9 cm und der des äußeren Kreises 14 cm. Berechne den Flächeninhalt des grün gefärbten Kreisrings.

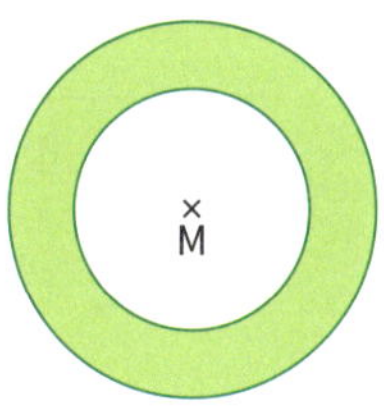

4 Aus einer quadratischen Sperrholzplatte mit einer Fläche von 0,25 m² wird der größtmögliche Kreis ausgeschnitten.

a) Berechne Flächeninhalt und Umfang des Kreises.

b) Wie viel Prozent der ursprünglichen Platte beträgt der entstehende Abfall?

6 Konservendosen (von S. 42)

Sechs Konservendosen werden von einem Plastikband umfasst. Jede Dose hat einen Radius von 4 cm.
Zu berechnen ist die Länge b des Plastikbandes.

a) Beende die Rechnungen von Karim, Anke und Mia.

b) Alle Ergebnisse sind verschieden. Es kann aber nur eins richtig sein. Ist der richtige Lösungsweg dabei? Begründe.

I. So löst Karim die Aufgabe:
Ich rechne den Umfang des Rechtecks aus:
$b = 2 \cdot \text{Länge} + 2 \cdot \text{Breite}$; also $b = 2 \cdot 24\ \text{cm} + 2 \cdot 16\ \text{cm}$

II. So löst Anke die Aufgabe:
Ich rechne von jeder Dose den Umfang aus:
$u = \pi \cdot d$, also $u \approx 3{,}14 \cdot 8\ \text{cm}$; dann ist $b = 6 \cdot u$

III. So löst Mia die Aufgabe:
Ich fange oben in der Mitte an und gehe rechts herum:
$b = 4\ \text{cm} + 4\ \text{cm} + \frac{1}{4}u + 4\ \text{cm} + 4\ \text{cm} + \frac{1}{4}u + 4\ \text{cm} + \ldots$

Zu a)

Karim: $2 \cdot 24\ \text{cm} + 2 \cdot 16\ \text{cm} = \mathbf{80\ cm}$

Anke: $u \approx 3{,}14 \cdot 8\ \text{cm} = 25{,}12\ \text{cm}$
$b \approx 6 \cdot 25{,}12\ \text{cm} = \mathbf{150{,}72\ cm}$

Mia: $b = 4\ \text{cm} + 4\ \text{cm} + \frac{1}{4}u + 4\ \text{cm}$
$+ 4\ \text{cm} + \frac{1}{4}u + 4\ \text{cm} + 4\ \text{cm}$
$+ 4\ \text{cm} + 4\ \text{cm} + \frac{1}{4}u + 4\ \text{cm}$
$+ 4\ \text{cm} + \frac{1}{4}u + 4\ \text{cm} + 4\ \text{cm}$
$b = 4 \cdot \frac{1}{4}u + 12 \cdot 4\ \text{cm}$
$b = u + 48\ \text{cm}$
$b \approx 3{,}14 \cdot 8\ \text{cm} + 48\ \text{cm}$
$b = \mathbf{73{,}12\ cm}$

Zu b)
Karim hat den Umfang des Rechtecks berechnet und die Rundungen nicht berücksichtigt.

Anke hat jede Dose einzeln mit dem Band umfasst.

Mia hat alle Teilstücke richtig addiert. Bei ihr sind die Rundungen berücksichtigt, deshalb ist ihr Ergebnis auch etwas kleiner als das von Karim.

7 Statistik (von S. 42)

Im Diagramm sind die Besucherzahlen der Dauerausstellung „Gesunde Ernährung“ dargestellt. Die Darstellung erweckt den Eindruck, dass sich die Besucherzahlen halbiert haben.

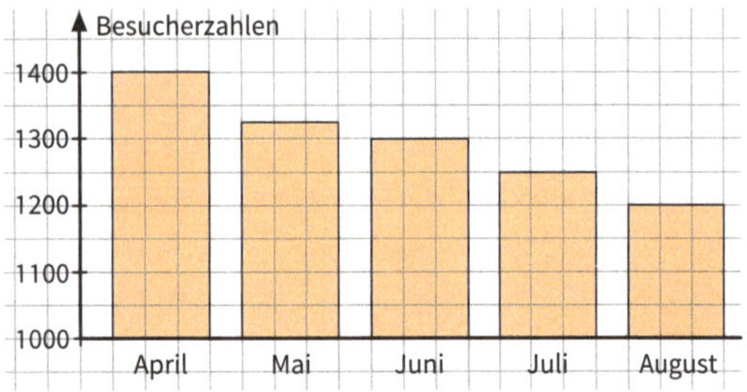

a) Stimmt das? Begründe.
b) Zeichne ein Säulendiagramm, das keinen falschen Eindruck vermittelt.

Zu a)
Die Besucherzahlen haben sich nicht halbiert. Im Diagramm ist die Säule für August zwar nur halb so hoch wie für April. Aber wenn man die Zahlen vergleicht, stellt man fest, dass es im April 1 400 und im August 1 200 Besucher waren. Bei einer Halbierung hätten es im August 700 Besucher sein müssen. Der falsche Eindruck wird dadurch vermittelt, dass die Achse mit den Besucherzahlen nicht bei Null beginnt.

Zu b)

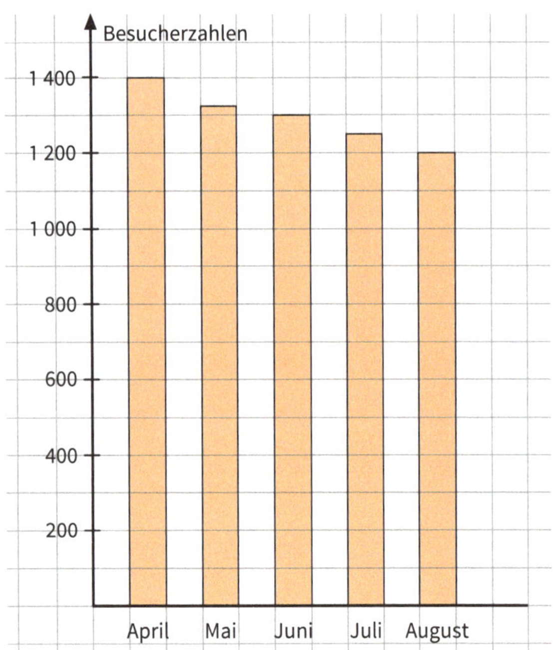

1 Eine Stadt befragt regelmäßig ihre Bürger, ob sie zufrieden sind oder nicht. Verändere das Diagramm so, dass der Anstieg des Anteils zufriedener Bürger deutlicher wird.

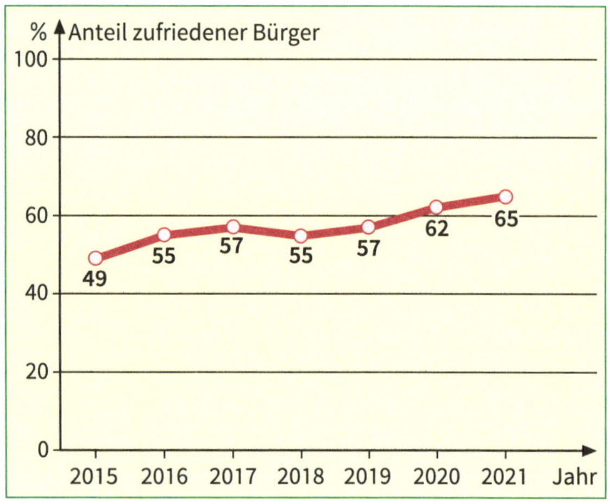

2 Von 2010 bis 2014 wurde erfasst, wie häufig in einer Stadt bestimmte weibliche Vornamen bei Neugeborenen vergeben wurden.

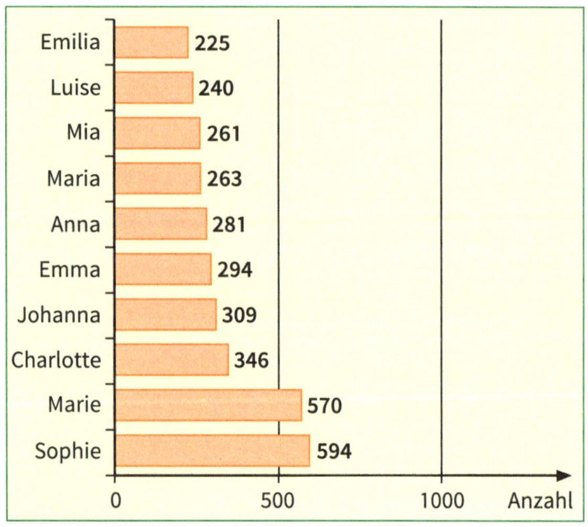

a) Beurteile die Darstellung.

b) Wähle eine bessere Form der Darstellung.

3 Im Jahr 2015 ist der Preis für Rohkaffee um ein Viertel gesunken. Gibt die abgebildete Grafik A oder B diesen Sachverhalt korrekt wieder? Begründe.

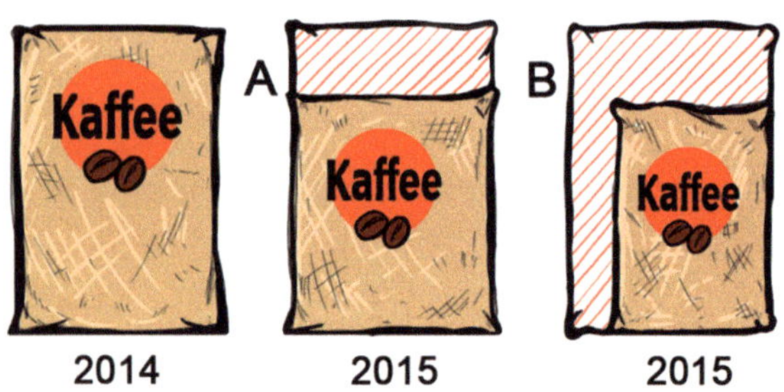

1 Aus dem Mitteilungsblatt des FC Dribbel:

> In der vorletzten Saison gewann unsere 1. C-Jugend-Mannschaft jedes dritte Spiel. Die letzte Saison fiel dagegen deutlich besser aus. Nach jedem sechsten Spiel verließ unsere Mannschaft als Sieger den Platz. Der Vereinsvorsitzende äußerte daher stolz: „Dies ist eine Steigerung um 50 %."

Was sagst du dazu?

2

> Fuhr vor einigen Jahren noch jeder zehnte Autofahrer zu schnell, so ist es heute ‚nur noch' jeder fünfte. Doch auch fünf Prozent sind zu viele, und so wird weiterhin kontrolliert, und die Schnellfahrer haben zu zahlen.

Die Meldung ist fehlerhaft. Begründe.

3 Der Fußballspieler Markus Lukaschewski verhandelt mit seinem Verein über sein Monatsgehalt in der neuen Saison. Der Verein bietet ein Fünftel mehr, Markus Lukaschewski fordert ein Zehntel mehr.

a) Bisher verdiente Lukaschewski 20 000 € im Monat. Berechne das neue Gehalt beim Vereinsangebot und bei Lukaschewskis Forderung.

b) Vergleiche Vereinsangebot und Forderung ohne Kenntnis des bisherigen Gehalts.

4 Till hat sich folgende Liste zu Bruchteilen und Prozentsätzen angefertigt.

$\frac{1}{2} = 2\,\%$	$\frac{1}{4} = 4\,\%$	$\frac{1}{5} = 5\,\%$
$\frac{1}{10} = 10\,\%$	$\frac{1}{20} = 20\,\%$	$\frac{1}{25} = 25\,\%$
$\frac{1}{50} = 50\,\%$	$\frac{1}{100} = 1\,\%$	

a) Ist sie völlig falsch oder befindet sich auch Richtiges darunter?

b) Korrigiere die Liste dadurch, dass du die Prozentsätze richtig zuordnest.

8 Agenturmeldung (von S. 42)

> Laut einer Umfrage besitzt fast jede neunte Frau (87,4 %) eine weiße Bluse.

Die Meldung ist fehlerhaft. Begründe und korrigiere den Text.

Die Meldung ist fehlerhaft, denn „jede neunte Frau" bedeutet:

Bei einer von neun Frauen hängt eine weiße Bluse im Schrank.
Unter 100 Frauen sind dann etwa elf Frauen zu finden, bei denen eine weiße Bluse im Schrank hängt, also 11 von 100 oder 11 %.

Oder kürzer:

1 von 9 $= \frac{1}{9} \approx 0{,}11 = \frac{11}{100} = 11\,\%$

Laut Agenturmeldung ist die weiße Bluse als Kleidungsstück sehr beliebt, nämlich bei 87,4 % der Frauen, d. h. unter 100 Frauen gibt es etwa 87, unter zehn Frauen sind etwa neun zu finden, bei denen eine weiße Bluse im Schrank hängt.

Richtig müsste die Meldung also lauten:
„Laut einer Umfrage besitzen **etwa neun von zehn Frauen (87,4 Prozent)** eine weiße Bluse."

Die Ursache für den Fehler in der Agenturmeldung ist wahrscheinlich so entstanden.
Zunächst hat der Redakteur 87,4 % richtig auf 90 % gerundet. Dann aber hat er diesen Wert mit Worten falsch beschrieben:
90 % bedeutet 90 von 100 bzw. 9 von 10 und nicht 1 von 9.

9 Erdgaskosten (von S. 43)

Familie Firat hat die Wahl zwischen zwei Tarifen für die Erdgaslieferung:

Tarif I Grundpreis pro Monat 10 €
Arbeitspreis 7 ct pro kWh
Tarif II Grundpreis pro Monat 25 €
Arbeitspreis 4 ct pro kWh

a) Berechne für beide Tarife die Kosten für einen monatlichen Verbrauch von 1 000 kWh.
b) Stelle beide Tarife bis zu einem Monatsverbrauch von 1 000 kWh grafisch dar.
c) Familie Firat verbraucht durchschnittlich 600 kWh pro Monat. Welchen Tarif sollte sie wählen?
d) Bei welchem Monatsverbrauch sind beide Tarife gleich teuer, und welcher ist bei geringerem Verbrauch günstiger?

Zu a)
Tarif II: 10 € + 1 000 · 0,07 € = 80 €
Tarif II: 25 € + 1 000 · 0,04 € = 65 €
Bei einem monatlichen Verbrauch von 1 000 kWh sind nach **Tarif I 80 €** und nach **Tarif II 65 €** zu bezahlen.

Zu b)

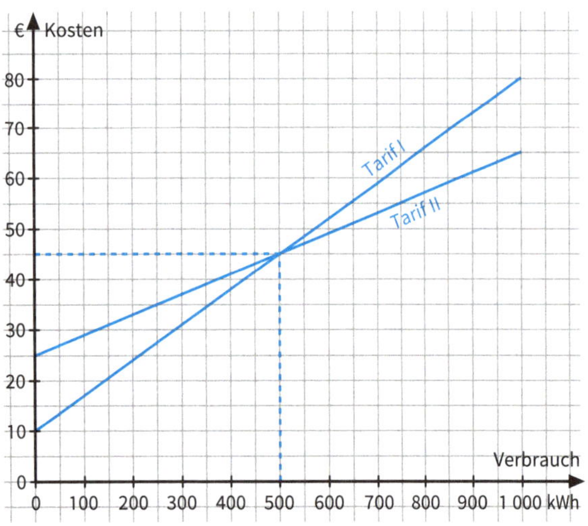

Zu c)
Familie Firat sollte **Tarif II** wählen. Das zeigt die grafische Darstellung und auch die folgende Rechnung:
Tarif II: 10 € + 600 · 0,07 € = 52 €
Tarif II: 25 € + 600 · 0,04 € = 49 €

Zu d)
Bei einem Monatsverbrauch von 500 kWh sind **beide Tarife gleich teuer.** Das zeigt die grafische Darstellung (Schnittpunkt) und auch die folgende Überprüfung durch Rechnung:
Tarif II: 10 € + 500 · 0,07 € = 45 €
Tarif II: 25 € + 500 · 0,04 € = 45 €

1 Familie Buchholz hat einen jährlichen Stromverbrauch zwischen 3 200 kWh und 3 600 kWh. Folgende Angebote stehen zur Auswahl:

(1) Ökoset:
Paketpreis pro Jahr 574,98 € bis 3 600 kWh Verbrauch, jede weitere kWh kostet 21,6 ct.

(2) RSHW:
Grundpreis 5,72 € pro Monat
jede kWh kostet 0,1623 €

a) Übertrage das Achsenkreuz in dein Heft und stelle beide Tarife grafisch dar.

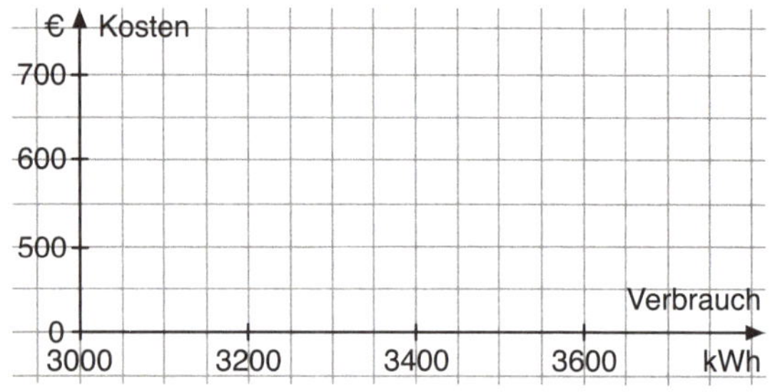

b) Zu welchem Anbieter würdest du raten, wenn der Verbrauch der Familie zwischen 3 200 kWh und 3 600 kWh bleibt? Begründe mit der Grafik zu Teilaufgabe a).

c) Begründe rechnerisch: Welcher Anbieter ist zu empfehlen, wenn der Verbrauch
– bei 3 100 kWh,
– bei 5 800 kWh liegt?

2 In der Tabelle stehen die Wasserpreise aus zwei benachbarten Gemeinden.

Ort	Grundgebühr pro Jahr	Preis pro Kubikmeter
Ahlstadt	90,00 €	2,25 €
Bündhausen	160,00 €	1,85 €

a) Stelle in einer Grafik die Jahreskosten in beiden Orten für einen Wasserverbrauch pro Jahr zwischen 0 m^3 und 300 m^3 dar.

b) Die vierköpfige Familie Lenz verbraucht durchschnittlich 375 *l* Wasser pro Tag und wohnt in Ahlstadt. Welche Jahresrechnung hat sie zu erwarten?

c) Für welchen Jahresverbrauch ist die Jahresrechnung in beiden Gemeinden gleich hoch?
(1) Lies in der Grafik ab.
★ (2) Berechne.

1 Der Anstoßkreis eines Fußballfeldes hat einen Durchmesser von 18,30 m.

a) Wenn sich die 22 Spieler beider Mannschaften innerhalb des Anstoßkreises versammeln würden, wie viel Platz hätte dann jeder Spieler ungefähr?

☐ 3 m² ☐ 5 m² ☐ 8 m² ☐ 12 m²

b) Wenn sich die Spieler beider Mannschaften eines Fußballspiels mit gleichem Abstand voneinander auf dem Anstoßkreis verteilen würden, wie weit stünden dann jeweils benachbarte Spieler voneinander entfernt?

2 Die Grafik zeigt den Querschnitt durch einen Hochwasserdeich. Die Deichkrone ist 7 m breit.

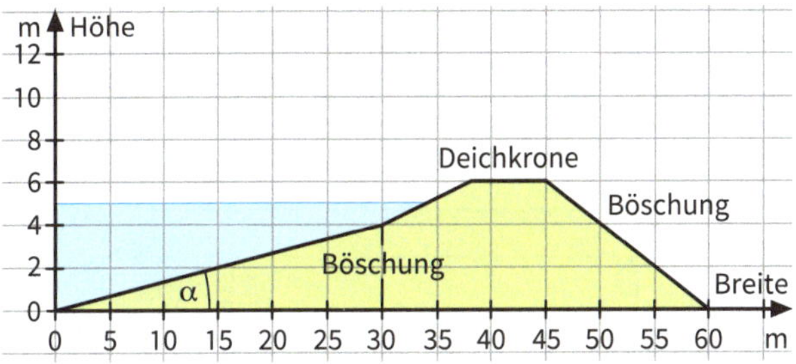

a) Berechne die Längen der Böschungen auf beiden Seiten.

★ b) Berechne den Steigungswinkel α.

3 Die Größe von (rechteckigen) Bildschirmen wird häufig durch die Länge ihrer Diagonalen beschrieben.
In der Werbung für ein Tablet wird die Diagonale mit 25 cm angegeben bei einer Auflösung von 1024 x 768 Bildpunkten.

a) Länge und Breite des Bildschirms verhalten sich wie 4 : 3. Zeige, dass dieses Verhältnis auch für die angegebene Anzahl von Bildpunkten gilt.

b) Berechne die Länge der Diagonalen in einem Rechteck mit den Seitenlängen von 4 cm und 3 cm.

c) Vergleiche die Längen der Diagonalen des Tablet-Bildschirms und des Rechtecks aus Teilaufgabe b).
Wie lang und wie breit muss damit der Tablet-Bildschirm sein?

10 Elfmeter (von S. 43)

Fußballweltmeisterschaft 2014 in Brasilien:
Im ersten Spiel gegen Portugal verwandelte Thomas Müller einen Elfmeter zum 1 : 0.
Der Ball traf ganz flach unmittelbar neben dem Pfosten ins Tor.
Ein Fußballtor ist 7,32 m breit und 2,44 m hoch.
Der Ball hat einen Durchmesser von 20 cm.
Welche Strecke legt der Ball vom Elfmeterpunkt bis zur Torlinie zurück?

Die Hälfte der Torbreite beträgt 3,66 m. Zieht man noch den Radius des Balles ab, so ergeben sich rund 3,56 m.

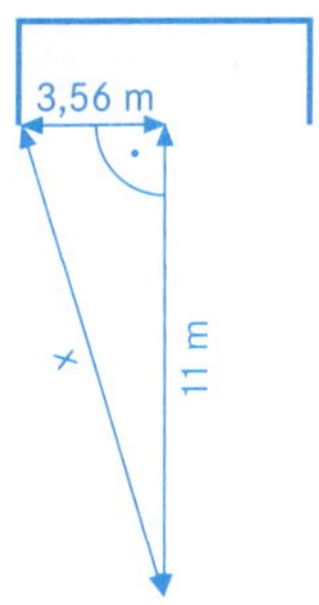

Satz des Pythagoras:

$x^2 = 3{,}56^2 + 11^2$

$x^2 \approx 133{,}67$

$x \approx 11{,}56$

Der Ball legte bis zur Torlinie ungefähr **11,60 m** zurück.

4 Abgebildet sind die Maße von Tor, Torraum und Strafraum eines Fußballfeldes. Das Tor ist 2,44 m hoch.

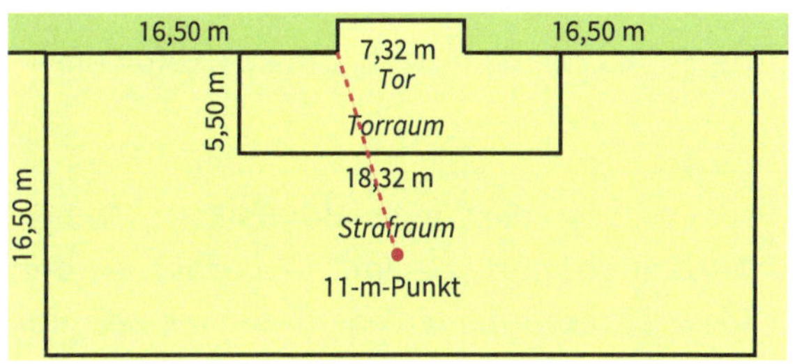

a) Wie groß ist der Strafraum eines Fußballfeldes außerhalb des Torraumes?

b) Vom Elfmeterpunkt wird ein Ball in gerader Linie gegen die obere linke Ecke geschossen, wo Pfosten und Latte zusammentreffen. Welchen Weg legt der Ball zurück?

★ c) Mit welchem Winkel hebt der Ball, dessen Weg in Teilaufgabe b) beschrieben ist, vom Boden ab?

11 Kontakte (von S. 44)

688 Jugendliche zwischen 10 und 18 Jahren wurden befragt, welche Möglichkeiten sie nutzen, um mit ihren Freunden in Kontakt zu bleiben. Die Grafik zeigt das Ergebnis der Umfrage.

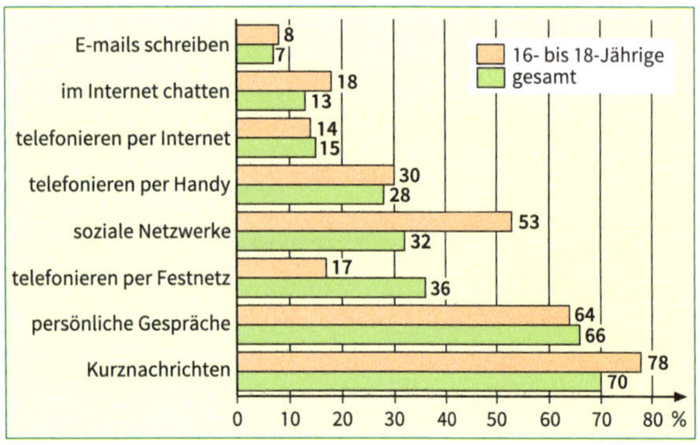

a) Wie viel Prozent der 16- bis 18-Jährigen nutzen das Handy, um zu telefonieren?

b) Bei welchen beiden Kontakt-Möglichkeiten unterscheidet sich das Nutzungsverhalten der 16- bis 18-Jährigen am stärksten von dem aller befragten Jugendlichen?

c) Wie viele aller 688 befragten Jugendlichen schicken sich Kurznachrichten?

Zu a)
Die Umfrageergebnisse der 16- bis 18-Jährigen werden im Diagramm durch die oberen Balken „16- bis 18-Jährige" dargestellt. Am Balken neben „telefonieren per Handy" steht 30. Da alle Angaben Prozentzahlen sind, bedeutet dies, dass **30 %** aller 16- bis 18-Jährigen das Handy nutzen, um zu telefonieren.

Zu b)
Hier müssen die Längen der Balken „16- bis 18-Jährige" und „gesamt" verglichen werden. Die größten Unterschiede treten auf bei **„soziale Netzwerke"** und bei **„telefonieren per Festnetz"**.

Zu c)
Da sich die Frage auf alle befragten Jugendlichen bezieht, muss man die Prozentzahl am Balken „gesamt" ablesen, also 70.
70 % von 688 = 0,7 · 688 = 481,6
Rund **482** der befragten Jugendlichen schicken sich Kurznachrichten.

1 Ein Hamburger enthält 8,3 % Fett, 28 % Kohlenhydrate und 12 % Eiweiß, außerdem noch sonstige Stoffe, wie z. B. Wasser.
Eine Portion Pommes frites enthält 15 % Fett, 37 % Kohlenhydrate und 3,4 % Eiweiß.
Eine Portion Mayonnaise besteht zu 81 % aus Fett, zu 3,7 % aus Kohlenhydraten und zu 1,2 % aus Eiweiß.

a) Stelle die Informationen über „Fett", „Kohlenhydrate" und „Eiweiß" in einem gemeinsamen Balkendiagramm dar.

b) Zeichne für den Hamburger, die Pommes frites und die Mayonnaise jeweils ein Streifendiagramm.

2 In einer Umfrage wurden Internetnutzer befragt, welche Geräte sie für den Zugang nutzen. Das Diagramm zeigt die Ergebnisse der Umfrage (Angaben in Prozent).

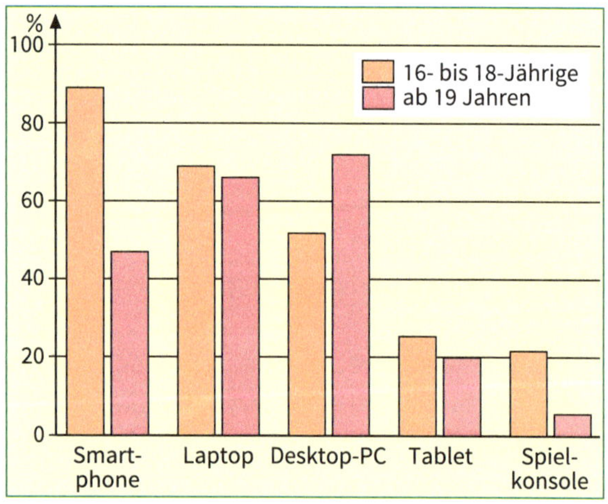

a) Welches ist das bevorzugte Gerät
(1) bei den 16- bis 18-Jährigen
(2) bei den älteren Befragten?
Gib an, wie viel Prozent dieses Gerät jeweils genannt haben.

b) Es wurden 936 Personen ab 19 Jahren befragt.
Berechne, wie viele davon ein Tablet für den Internetzugang nutzen.

c) Erkläre, warum man die Daten der beiden Altersgruppen nicht durch zwei Streifendiagramme darstellen kann.

1 Ein Routenplaner zeigt für die Strecke von Köln nach Dortmund mit dem Auto 95 km an und nennt eine Fahrtzeit von 1 Stunde 30 Minuten. Der Regionalexpress fährt die etwas längere Bahnstrecke mit einer Durchschnittsgeschwindigkeit von 72 $\frac{\text{km}}{\text{h}}$ in der gleichen Zeit. Wie lang ist die Bahnstrecke?

2 Das Schaubild gibt an, wie viel die Bundesbürger für Waren und Dienstleistungen des täglichen Bedarfs ausgeben, wenn 1 000 € zu Grunde liegen.

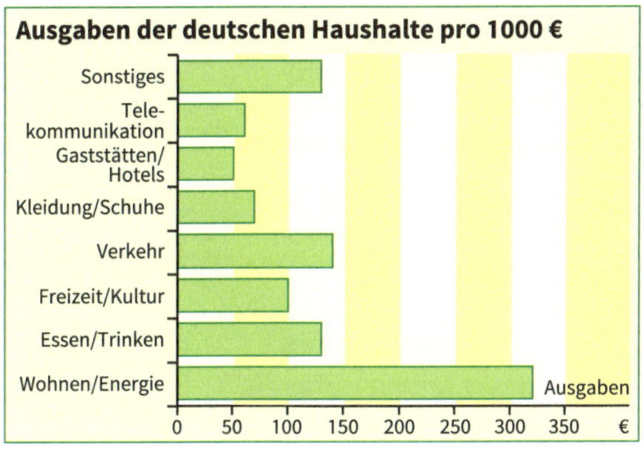

a) Aus dem Schaubild kann folgender Vergleich herausgelesen werden: „Für Wohnen/Energie geben die Bundesbürger etwa dreimal so viel aus wie für Freizeit/Kultur." Stelle mithilfe des Schaubilds mindestens drei weitere Vergleiche an.

b) Familie Wagner hat jährlich rund 30 000 € zur Verfügung. Ihre Ausgaben entsprechen ungefähr den durchschnittlichen Ausgaben deutscher Haushalte. Wie viel Geld würde Familie Wagner nach dem abgebildeten Modell für Wohnen/Energie im Jahr ausgeben, wie viel für Verkehr?

3 Der Regionalexpress R1 legt jedes Jahr fast 3,4 Mio. km zurück. Für die 215 km lange Strecke benötigt er knapp 3 h. Berechne, wie viel Zeit ein einziger Zug mindestens für diese Jahresleistung benötigen würde.

12 Pkw-Antriebe und Kosten (von S. 44)

Modell	Antrieb	Kosten pro 100 km
Eco B	Benzinmotor	7,80 €
Eco D	Dieselmotor	5,82 €
Eco H	Hybridmotor	5,33 €
Eco E	Elektromotor	2,93 €

Fahrzeughersteller bieten ihre Modelle mit alternativen Antrieben an.

a) Berechne, wie weit man mit den verschiedenen Antrieben für 10 € kommt. Stelle die Ergebnisse in einem geeigneten Diagramm dar.

b) Im Preis von einem Liter Super (1,30 €) ist eine Energiesteuer von 65,45 ct enthalten. Berechne den Anteil in Prozent.

c) Berechne die Kostenersparnis bei einer Fahrleistung von 100 000 km für einen Hybridmotor gegenüber einem Benzinmotor.

Zu a)

Benzinmotor: $\frac{10\text{ €}}{7{,}80\text{ €}} = \frac{B}{100\text{ km}} \rightarrow B \approx \mathbf{128\text{ km}}$

$B = \frac{10\text{ €} \cdot 100\text{ km}}{7{,}80\text{ €}} \approx 128{,}21\text{ km}$

Dieselmotor: $\frac{10\text{ €}}{5{,}82\text{ €}} = \frac{D}{100\text{ km}} \rightarrow D \approx \mathbf{172\text{ km}}$

$D = \frac{10\text{ €} \cdot 100\text{ km}}{5{,}82\text{ €}} \approx 171{,}82\text{ km}$

Hybridmotor: $\frac{10\text{ €}}{5{,}33\text{ €}} = \frac{H}{100\text{ km}} \rightarrow H \approx \mathbf{188\text{ km}}$

$H = \frac{10\text{ €} \cdot 100\text{ km}}{5{,}33\text{ €}} \approx 187{,}62\text{ km}$

Elektromotor: $\frac{10\text{ €}}{2{,}93\text{ €}} = \frac{E}{100\text{ km}} \rightarrow E \approx \mathbf{341\text{ km}}$

$E = \frac{10\text{ €} \cdot 100\text{ km}}{2{,}93\text{ €}} \approx 341{,}30\text{ km}$

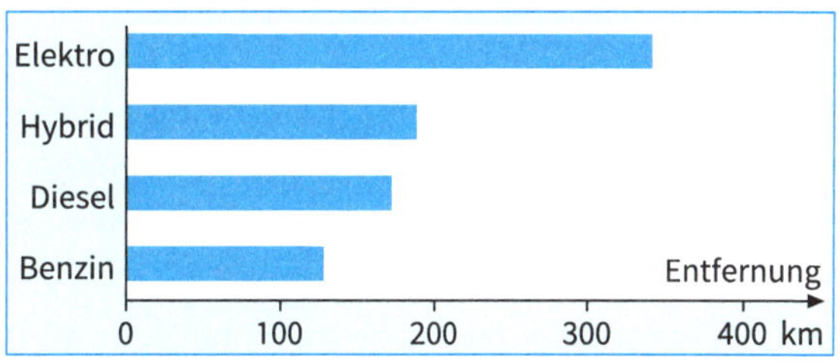

Zu b)

$\frac{0{,}6545\text{ €}}{1{,}30\text{ €}} \approx 0{,}50$

Der Anteil der Energiesteuer beträgt rund **50 %.**

Zu c)

Für die Kosten ergibt sich ein Unterschied von 7,80 € – 5,33 € = 2,47 €. Die Ersparnis gilt für 100 km.

Für 100 000 km ergibt sich deshalb eine Ersparnis von 2,47 € · 1 000 = **2 470 €.**

★ **13 Werkstück (von S. 45)**

Der abgebildete Körper ist aus Stahl. 1 cm^3 wiegt 7,9 g.

a) Wie viel Kilogramm wiegt er? Runde auf ganze kg.

b) Der Körper wird ringsum lackiert. Für einen Quadratmeter braucht man eine kleine Dose Farbe. Kommt man mit einer halben kleinen Dose Farbe aus?

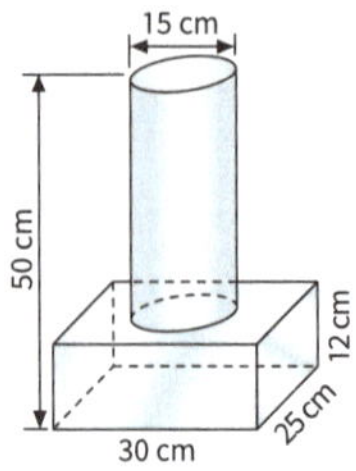

Zu a)

Der Körper besteht aus zwei Teilen, einem Quader und einem Zylinder. Zunächst müssen das Volumen V_Q und V_Z von Quader und Zylinder ausgerechnet werden.

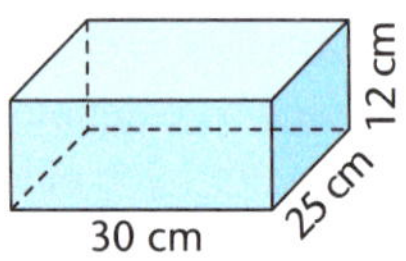

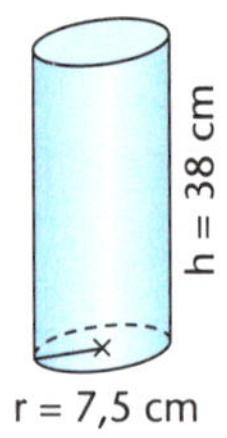

$V_Q = 30\text{ cm} \cdot 25\text{ cm} \cdot 12\text{ cm}$

$V_Q = 9000\text{ cm}^3$

$V_Z = \pi \cdot (7{,}5\text{ cm})^2 \cdot 38\text{ cm} \approx 6715{,}154\text{ cm}^3$

$V = V_Q + V_Z \approx 15715{,}154\text{ cm}^3$

Da jeder Kubikzentimeter 7,9 g wiegt, ergibt sich für die Masse m des Körpers folgende Rechnung:

$m = 15715{,}154 \cdot 7{,}9\text{ g}$

$m \approx 124150\text{ g} = 124{,}15\text{ kg}$

Der Körper wiegt **rund 124 kg**.

Zu b)

Zur Oberfläche des Körpers gehört die gesamte Oberfläche des Quaders und der Mantel des Zylinders (die kreisförmige Deckfläche entfällt, da die gleichgroße Grundfläche des Zylinders abgezogen werden muss).

Zur Beantwortung der Frage muss berechnet werden, ob die zu streichende Fläche größer oder kleiner als ein halber Quadratmeter ist.

$O_Q = 2 \cdot 30\text{ cm} \cdot 25\text{ cm} + 2 \cdot 30\text{ cm} \cdot 12\text{ cm} + 2 \cdot 25\text{ cm} \cdot 12\text{ cm}$

$O_Q = 2820\text{ cm}^2$

$M_Z = 2 \cdot \pi \cdot 7{,}5\text{ cm} \cdot 38\text{ cm} \approx 1790{,}7\text{ cm}^2$

$O = O_Q + M_Z \approx 4610{,}7\text{ cm}^2 \approx 0{,}461\text{ m}^2$

Die Oberfläche ist weniger als $\frac{1}{2}$ m^2 groß, also **reicht eine halbe kleine Dose.**

★ **1** Dieser Holzturm steht als Modell vor dem Eingang zu einer Ausstellung.

a) Jeder Kubikmeter Holz wiegt 0,7 t. Wie schwer ist das Modell insgesamt? Runde auf zehntel Tonne.

b) Das Modell soll einen Schutzanstrich erhalten. Pro Quadratmeter wird ein halber Liter Farbe gebraucht. Wie viel Liter Farbe werden insgesamt benötigt?

Hinweis: Berechne zunächst s.

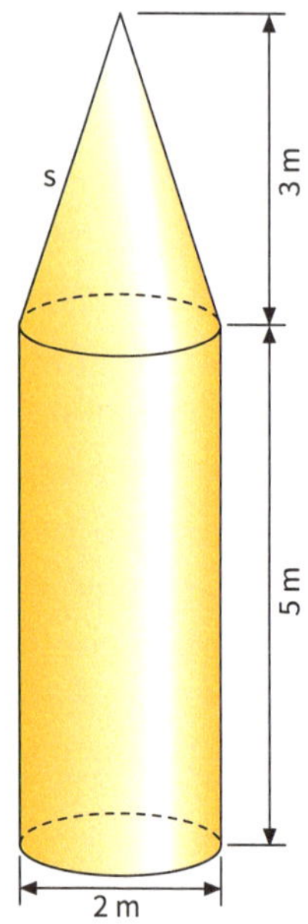

★ **2** Aus dem Quader wurde ein Zylinder ausgebohrt. Der Körper ist aus Aluminium; 1 cm^3 wiegt 2,7 g. Wie viel wiegt der Körper?

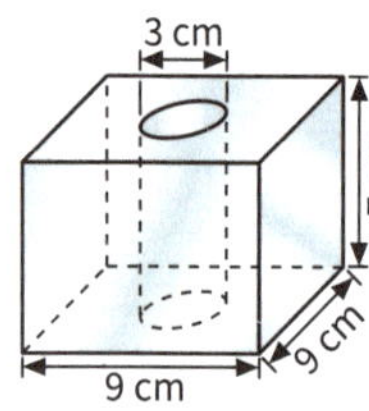

★ **3** Der Körper besteht aus einem Würfel mit aufgesetzter Pyramide. Berechne die Mantelfläche dieses Körpers.

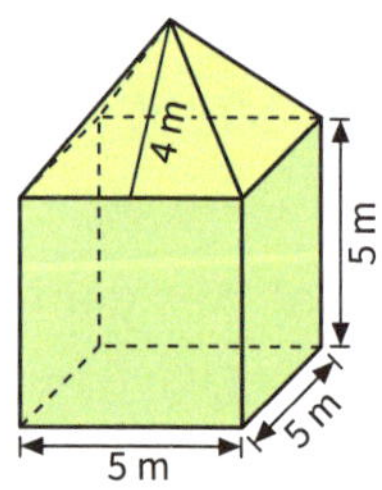

★ **4** Das abgebildete Fass ist 1,50 m lang. Die beiden Deckel links und rechts sind kreisförmig. In der Mitte hat das Fass einen kreisförmigen Querschnitt mit einem Durchmesser von 80 cm.

Welche Inhaltsangabe für dieses Fass trifft ungefähr zu?

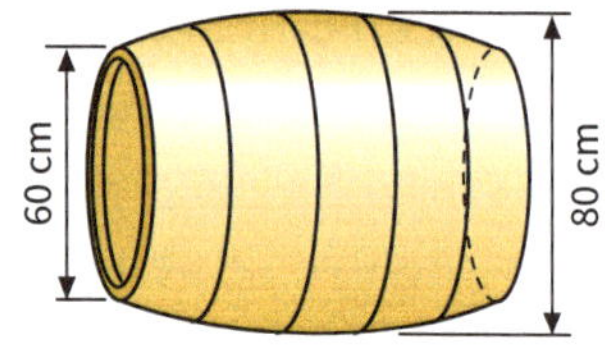

☐ 15 *l* ☐ 120 *l* ☐ 580 *l*

☐ 930 *l* ☐ 1 440 *l* ☐ 2 180 *l*

★ **5** Ein Fußball hat den Durchmesser d = 21,5 cm. Berechne sein Volumen und gib es in Liter an.

1 Am Montag tankt Herr Maier 35 *l* Super und bezahlt 45,50 €. Freitags zahlt er an derselben Tankstelle 58,80 € für 42 *l* Super.

a) War der Preis pro Liter Super am Montag oder Freitag höher?

b) An welchem der beiden Graphen A und B lässt sich der Preis vom Freitag für 10 *l* Superbenzin ablesen?

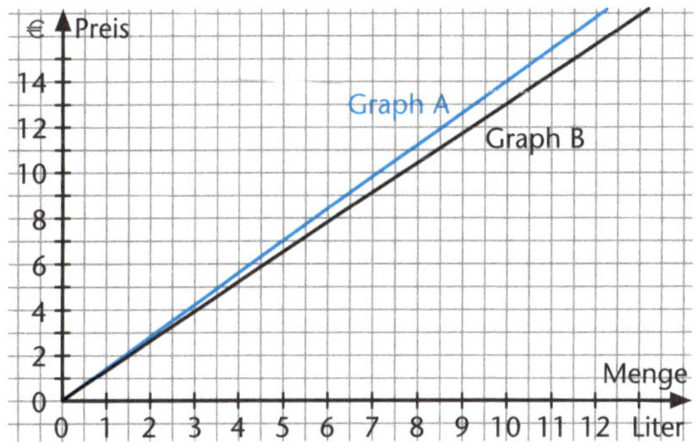

c) Frau Schmidt stellt fest: „Ich habe am Montag und am Freitag die gleiche Menge Super getankt, aber die Rechnungen unterscheiden sich um 1 €."
Wie viel Liter hat Frau Schmidt am Montag und am Freitag getankt?

2 Im Supermarkt wird Erdbeerkonfitüre in Gläsern verschiedener Größe angeboten.

a) Welches Angebot ist am günstigsten?

b) Auf dem Etikett der Konfitüregläser ist vermerkt: 55 g Früchte je 100 g.
Wie viel Gramm Früchte enthält das 300-g-Glas?

3 Welcher Zug fährt am schnellsten? Berechne die Durchschnittsgeschwindigkeit.

Land	Zug	Entfernung (in km)	Fahrzeit (in min)
Japan	Nozomi	378	90
Deutschland	ICE	120	30
Frankreich	TGV-R	176	40

14 Stundenlohn (von S. 45)

Herr Adrian, Herr Kemaly und Frau Meis haben denselben Stundenlohn. Für eine Person wurde hier ein falscher Lohn berechnet.

a) Welchen Stundenlohn erhielt Herr Adrian?
b) Bei wem wurde ein falscher Lohn berechnet? Begründe mit einer Rechnung.
c) Wie viel Lohn erhalten alle drei Personen zusammen, wenn jede 40 Stunden arbeitet?

Zu a)
Herr Adrian erhält für 30 Stunden 465 €. Den Lohn für eine Stunde berechnet man so:

:30	30 h	465 €	:30
	1 h	**15,50 €**	

Sein Stundenlohn beträgt somit **15,50 €**.

Zu b)
Herr Kemaly erhält für 25 Stunden 387,50 €.
Sein Stundenlohn beträgt dann
387,50 € : 25 = **15,50 €**
Der für Frau Meis berechnete Lohn ist fehlerhaft.
Für die Begründung der Lösung gibt es verschiedene Lösungswege:

1. Möglichkeit:
Da Herr Kemaly denselben Stundenlohn wie Herr Adrian hat, muss der Lohn von Frau Meis fehlerhaft sein.

2. Möglichkeit:
Frau Meis arbeitet zwei Stunden mehr als Herr Kemaly, also 25 + 2 = 27 Stunden.
Hierfür erhält sie 410,40 €. Ihr Stundenlohn beträgt dann 410,40 € : 27 = 15,20 € und nicht 15,50 €.

3. Möglichkeit:
Frau Meis arbeitet zwei Stunden mehr als Herr Kemaly. Ihr Lohn müsste also um 2 · 15,50 € = 31 € höher sein als der von Herrn Kemaly.
Aber: 410,40 € – 387,50 € = 22,90 €
Frau Meis erhält 8,10 € zu wenig Lohn.

Zu c)
Alle drei Personen gemeinsam arbeiten 3 · 40 h = 120 h. Bei einem Stundenlohn von 15,50 € ergibt sich ein Gesamtlohn von 120 · 15,50 € = **1 860 €.**

15 Würfel (von S. 45)

(1)

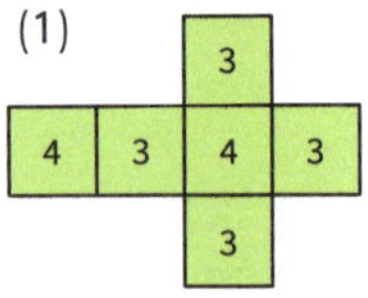

(2)

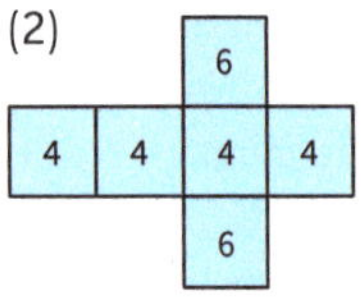

(1) Wie groß ist die Wahrscheinlichkeit, mit dem Würfel (1) eine Vier zu würfeln?
(2) Wie groß ist die Wahrscheinlichkeit, mit Würfel (2) eine Vier zu würfeln?
(3) Mit einem der beiden Würfel wurde 500-mal gewürfelt und dabei 350-mal die Vier erzielt. Mit welchem der beiden Würfel wurde deiner Meinung nach vermutlich gewürfelt? Begründe.

Zu (1)
Von den sechs Feldern der Würfeloberfläche (1) sind zwei mit der Zahl 4 beschriftet, also gilt

Würfel (1): P (4) = $\frac{2}{6} = \frac{1}{3} \approx 33\,\%$

Zu (2)
Von den sechs Feldern der Würfeloberfläche (2) sind vier mit der Zahl 4 beschriftet, also gilt

Würfel (2): P (4) = $\frac{4}{6} = \frac{2}{3} \approx 67\,\%$

Zu (3)
Die relative Häufigkeit (rH) eines bestimmten Ereignisses in 1 000 Würfen ist ein guter Schätzwert für die Wahrscheinlichkeit dieses Ereignisses.

$rH(4) = \frac{350}{500} = 0{,}7 \approx 70\,\%$

Es gilt: Würfel (1): P (4) = $\frac{1}{3}$ und

Würfel (2): P (4) = $\frac{2}{3}$

Da die relative Häufigkeit knapp über $\frac{2}{3}$ liegt, ist mit großer Berechtigung davon auszugehen, dass mit dem **Würfel (2)** gewürfelt wurde. Ganz sicher kann man sich aber nicht sein.

Hinweis: Bei der Wiederholung von Zufallsversuchen können – zwar ganz selten – völlig unerwartete Ergebnisse auftreten.

1 a) Wie groß ist die Wahrscheinlichkeit, mit Würfel (1) eine Vier zu würfeln?

(1)

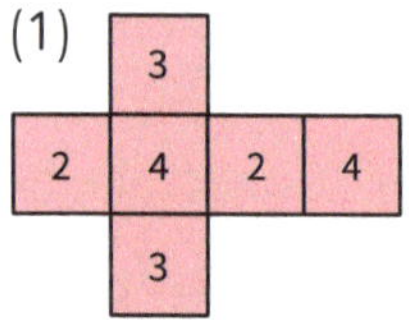

b) Wie groß ist die Wahrscheinlichkeit, mit Würfel (2) eine gerade Zahl zu würfeln?

(2)

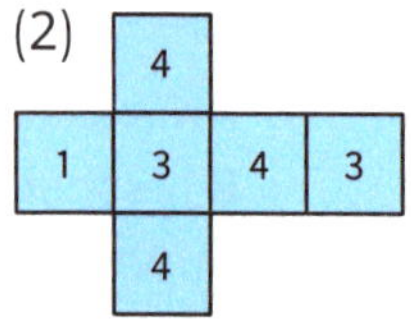

c) Wie groß ist die Wahrscheinlichkeit, mit Würfel (3) keine Sechs zu würfeln?

(3)

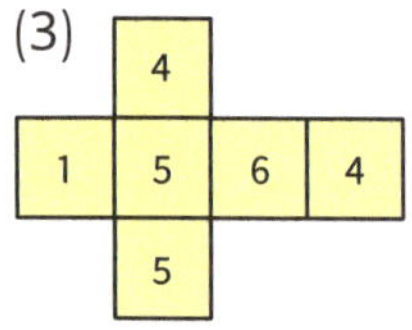

d) Mit einem der Würfel (1), (2) oder (3) wurde 800-mal gewürfelt. Dabei lag 548-mal eine Primzahl oben.
Welcher Würfel war das deiner Meinung nach?

2 Rechts siehst du ein Glücksrad mit den Zahlen 1 bis 4.
Es bleibt auf einer Zahl stehen.

a) Berechne die Wahrscheinlichkeit für folgende Ereignisse:
(1) Die Zahl ist 3.
(2) Die Zahl ist kleiner als 4.
(3) Die Zahl ist gerade.

b) Das Rad wird 100-mal gedreht.
(1) Wie oft erwartest du ungefähr die 1?
(2) Kann es auch sein, dass das Rad dabei gar nicht auf der 1 stehen bleibt?

3 In einem Gefäß sind neun Kugeln mit den Zahlen 1 bis 9. Es wird zufällig eine Kugel gezogen und zurückgelegt.

a) Wie groß ist die Wahrscheinlichkeit, eine Sechs zu ziehen?

b) Wie groß ist die Wahrscheinlichkeit, eine ungerade Zahl zu ziehen?

c) Tom behauptet: „Ich habe bei 20 Versuchen nur gerade Zahlen gezogen.“
Sein Freund Felix meint: „Das geht gar nicht.“ Was meinst du?

1 In einem Gefäß sind 4 blaue und 7 rote Kugeln. Es werden nacheinander verdeckt zwei Kugeln gezogen, wobei die erste Kugel vor der zweiten Ziehung wieder zurückgelegt wird.

a) Zeichne ein Baumdiagramm und berechne die Wahrscheinlichkeiten für
(1) zwei blaue Kugeln;
(2) zwei Kugeln verschiedener Farbe;
(3) zwei Kugeln gleicher Farbe.

b) Wie ändern sich die Wahrscheinlichkeiten aus a), wenn die zuerst gezogene Kugel nicht zurückgelegt wird?

2 Das Glücksrad hat abwechselnd gelbe und blaue Felder gleicher Größe. Es wird zweimal nacheinander gedreht. Wie groß ist die Wahrscheinlichkeit für folgendes Ereignis?

a) Es wird zweimal „blau“ erzielt.

b) Die letzte Drehung führt zu „blau“.

c) Keine Farbe tritt zweimal auf.

d) Die Farbe „gelb“ tritt höchstens einmal auf.

3 Die Klasse 10b hat für das Schulfest einen Stand mit einem Würfelspiel aufgebaut. Im Würfelbecher sind zwei Würfel, die gleichzeitig geworfen werden.
Wie groß ist die Wahrscheinlichkeit zu gewinnen?

16 Behälter mit Kugeln (von S. 46)

Aus einem Behälter mit 5 blauen und 4 roten Kugeln werden verdeckt nacheinander zwei Kugeln gezogen, wobei die zuerst gezogene Kugel nicht wieder zurückgelegt wird.

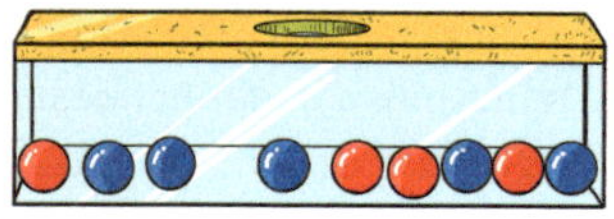

a) Zeichne ein Baumdiagramm und bestimme die Wahrscheinlichkeiten:
(1) P (rot; blau); (2) P (blau; blau) ; (3) P (rot; rot)

b) Wie groß ist die Wahrscheinlichkeit, verschiedene Farben zu ziehen?

Mit einem Baumdiagramm und der Pfadregel kann man die Ergebnisse darstellen und die Wahrscheinlichkeiten berechnen.

Zu a)
b: blau; r: rot

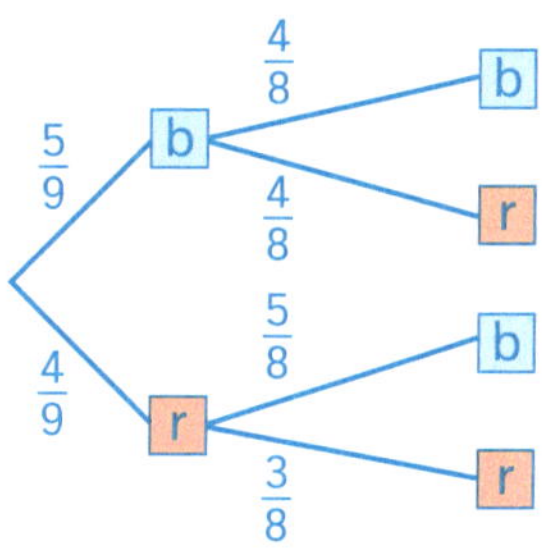

P (b;b) $= \frac{5}{9} \cdot \frac{4}{8} = \mathbf{\frac{5}{18}}$

P (r;b) $= \frac{4}{9} \cdot \frac{5}{8} = \mathbf{\frac{5}{18}}$

P (r;r) $= \frac{4}{9} \cdot \frac{3}{8} = \mathbf{\frac{1}{6}}$

Zu b)
P (verschiedene Farben) = P (b;r) + P (r;b)

$= \frac{5}{9} \cdot \frac{4}{8} + \frac{4}{9} \cdot \frac{5}{8}$

$= \frac{5}{18} + \frac{5}{18}$

$= \frac{10}{18} = \mathbf{\frac{5}{9}}$

4 Die vier Könige eines Skatspiels werden gemischt und verdeckt auf den Tisch gelegt. Du drehst nacheinander zwei der vier Spielkarten um. Wie groß ist die Wahrscheinlichkeit,

a) die beiden schwarzen Könige umzudrehen?

b) einen roten und einen schwarzen König in beliebiger Reihenfolge umzudrehen?

5 Ute zieht aus einem Behälter mit fünf weißen, vier blauen und drei roten Kugeln, die gleich groß und gleich schwer sind, verdeckt zwei Kugeln heraus und legt sie zur Seite. Vor dem dritten Ziehen ist die Wahrscheinlichkeit für „weiß“ und „blau“ gleich – und zwar doppelt so groß wie für „rot“. Welche Farben hatten die Kugeln bei den ersten beiden Ziehungen?

17 Fußballduell (von S. 46)

Die abgebildete Grafik vergleicht, wie viel Euro in Deutschland in der Bundesliga und wie viel Euro in England in der Premier League durch internationale und nationale Medienerlöse eingenommen wurden.

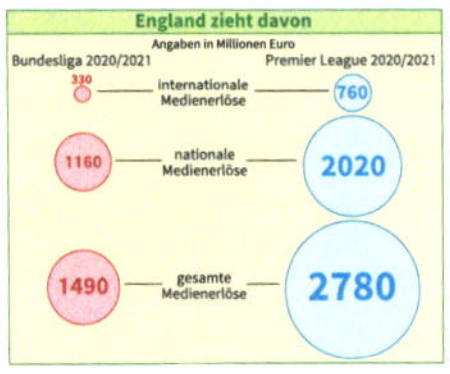

a) Betrachte die Medienerlöse in Deutschland. Berechne den Anteil der nationalen Erlöse an den gesamten Medienerlösen in Prozent.
b) Um das Wievielfache müssten die internationalen Medienerlöse in Deutschland steigen, damit sie ungefähr so groß wären wie in England?
c) Christiano Ronaldo ist einer der Spitzenverdiener der englischen Liga. Er soll etwa 1,1 % der gesamten Medienerlöse in England als Jahresgehalt bekommen. Berechne den Jahresverdienst von Ronaldo.

Zu a)
Gegeben:
gesamte Medienerlöse in Deutschland:
Grundwert: G = 1 490 000 000 €
nationale Medienerlöse in Deutschland:
Prozentwert: W = 1 160 000 000 €
Gesucht: Prozentsatz p %

$$p\,\% = \frac{1\,160\,000\,000\ €}{1\,490\,000\,000\ €} \approx 0{,}78 = \mathbf{78\,\%}$$

Zu b)
internationale Medienerlöse in England:
760 Mio. €
internationale Medienerlöse in Deutschland:
330 Mio. €

$$\frac{760\text{ Mio. }€}{330\text{ Mio. }€} \approx \mathbf{2{,}3}$$

Die Medienerlöse in Deutschland müssten um das 2,3-Fache steigen.

Zu c)
Gegeben:
gesamte Medienerlöse in England:
Grundwert: G = 2 780 000 000 €
Prozentsatz: p % = 1,1 %
W = G · p % = 2 780 000 000 € · 1,1 %
= **30 580 000 €**
Ronaldo verdient etwa 30,58 Mio. € im Jahr.

1 Die Anzahl der Millionenstädte hat sich seit 1960 etwa verfünffacht, von 105 auf mehr als 500 weltweit. In Asien liegen die bevölkerungsreichsten Metropolen der Welt, und sie wachsen besonders stark.
Die Grafik stellt die Veränderung der Einwohnerzahl der drei größten Städte der Welt (in Millionen) dar. Die gesamte Kreisfläche bzw. die fett gedruckte Zahl daneben stehen für das Jahr 2021, die innere Kreisfläche bzw. die Zahl in Klammern für das Jahr 1960.

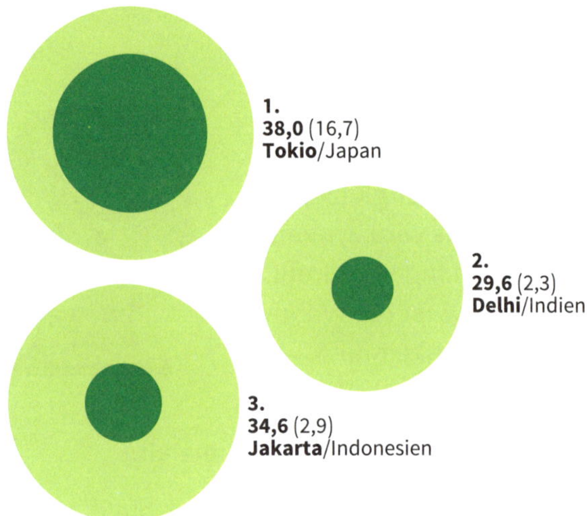

a) Welche Stadt hat die größte Zahl an Einwohnern seit 1960 hinzugewonnen? Berechne den Zuwachs.

b) Bestimme für die Stadt Tokio, um wieviel Prozent die Bevölkerung in der Zeit von 1960 bis 2021 angestiegen ist.

2 Zur Geburt ihres ersten Kindes überlegen die Eltern, 10 Cent in eine Spardose zu werfen und die Höhe des Geldgeschenks bei jedem weiteren Geburtstag zu verdoppeln.
Bestimme mithilfe einer Tabellenkalkulation, wie viel Geld die Eltern am 10. Geburtstag ihres Kindes in die Spardose werfen müssten.

	A	B	C	D	E
1		**Tag der Geburt**			
2	Geburtstag	0	1	2	3
3	Geldgeschenk in Cent	10			

★ **1** Ordne jedem Zahlenrätsel die passende Gleichung zu und bestimme die Lösung.

- Die Differenz aus dem 8-Fachen einer Zahl a und 4 ist 20. ④
- $2a \cdot 2 = 20$ (C)
- $8a - 4 = 20$ (B)
- $8 - 4a = 20$ (D)
- Die Summe aus einer Zahl a und dem 3-Fachen dieser Zahl a ergibt 8. ①
- Multipliziere das 4-Fache einer Zahl a mit 2, so erhältst du 8. ③
- $a + 3a = 8$ (E)
- $4a \cdot 2 = 8$ (A)
- Das Produkt aus dem Doppelten einer Zahl a und 2 ist 20. ②

★ **2** Welche Terme bezeichnen genau die Hälfte einer beliebigen Zahl a? Kreuze an!

☐ $a : 2$	☐ $a - \frac{1}{2}$	☐ $50\,\% \cdot a$
☐ $a - \frac{1}{2}a$	☐ $\frac{50}{100}$	☐ $\frac{a}{2}$

★ **3** Mit Termen lassen sich auch geometrische Sachverhalte beschreiben.
Skizziere das vierte Muster und schreibe einen Term auf, mit dem sich die Anzahl der Stäbe im n-ten Muster berechnen lässt.

a)

Nummer	n = 1	n = 2	n = 3
Muster		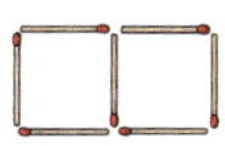	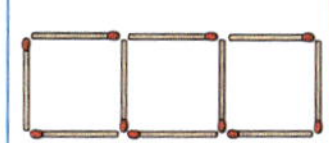
Hölzer	$4 = 1 + 3$	$7 = 1 + 2 \cdot 3$	$10 = 1 + 3 \cdot 3$

b)

Nummer	n = 1	n = 2	n = 3
Muster	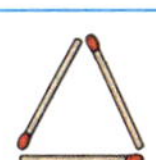	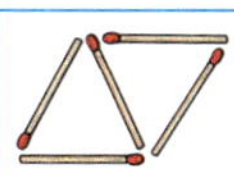	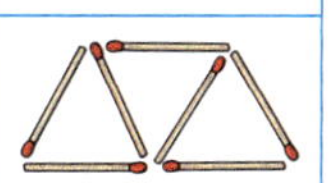
Hölzer	3	$5 = 3 + 2$	$7 = 3 + 2 \cdot 2$

★ **4** a) Schreibe für das Zahlenrätsel eine Gleichung auf und löse sie: „Subtrahiere vom Siebenfachen einer Zahl das Doppelte der Zahl, dann erhältst du 200."

b) Erfinde ein Zahlenrätsel zur Gleichung $3x + 48 = 4x$. Löse auch die Gleichung.

★ **18 Zahlenrätsel** (von S. 47)

(1) Subtrahierst du vom Dreifachen einer Zahl 7, erhältst du 23 mehr als die Zahl selbst.
(2) Subtrahierst du von 23 das 7-Fache einer Zahl, erhältst du das Dreifache von 3.
(3) Subtrahierst du vom 7-Fachen einer Zahl das 3-Fache dieser Zahl, erhältst du 3 weniger als 23.

a) Welches Zahlenrätsel gehört zur Gleichung $3x - 7 = x + 23$?
b) Löse die Gleichung $3x - 7 = x + 23$.
c) Notiere zu den beiden anderen Zahlenrätseln die passende Gleichung.

Zu a)
Um zu überprüfen, welches Zahlenrätsel zu der Gleichung $3x - 7 = x + 23$ gehört, „übersetzen" wir die Terme rechts und links vom Gleichheitszeichen.
„3x" heißt „das 3-Fache einer Zahl"; „3x – 7" heißt „vom 3-Fachen einer Zahl 7 subtrahieren".
„x + 23" heißt „zu einer Zahl 23 addieren" oder „23 mehr als die Zahl".
Vergleichen wir unsere Übersetzungen mit den Texten der Zahlenrätsel, stellen wir fest:
Die Gleichung **3x – 7 = x + 23** gehört zum **Zahlenrätsel (1).**

Zu b)

$$\begin{aligned} 3x - 7 &= x + 23 && |+7 \\ 3x &= x + 30 && |-x \\ 2x &= 30 && |:2 \\ \mathbf{x} &\mathbf{= 15} \end{aligned}$$

Die gesuchte Zahl lautet **15.**

Zu c)
Zahlenrätsel (2):
„Subtrahierst du von 23 das 7-Fache einer Zahl" heißt in der mathematischen Sprache: „23 – 7x".
„Das 3-Fache von 3" heißt „3 · 3".
„erhältst du" steht für das Gleichheitszeichen.
Zum **Zahlenrätsel (2)** lautet die passende Gleichung also: **23 – 7x = 3 · 3**
Zahlenrätsel (3):
„Subtrahierst du vom 7-Fachen einer Zahl das 3-Fache dieser Zahl" heißt in mathematischer Sprache: „7x – 3x".
„3 weniger als 23" heißt „23 – 3".
Zum **Zahlenrätsel (3)** lautet die passende Gleichung also: **7x – 3x = 23 – 3**

★ 19 Smartphone-Nutzung (von S. 47)

Die Schülerinnen und Schüler aller 10. Klassen einer Schule wurden befragt, wie oft sie ihr Smartphone am Tag vor der Befragung zum Telefonieren, Simsen oder Surfen ungefähr benutzt haben. Das Ergebnis wurde in einem Boxplot dargestellt.

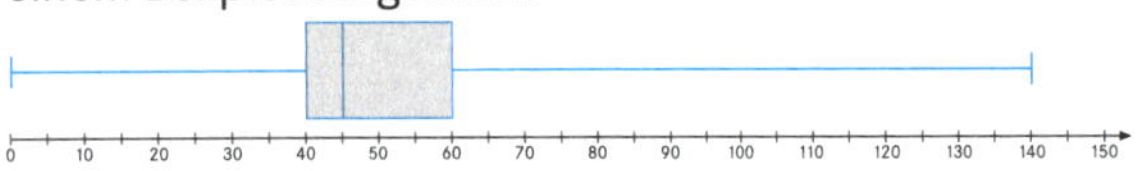

a) Entnimm dem Boxplot folgende Werte: Spannweite, Median (Zentralwert), unteres Quartil, oberes Quartil

b) Felix behauptet: „Die meisten Schüler haben mehr als 60-mal mit dem Smartphone telefoniert, gesimst oder gesurft." Nimm Stellung.

Zu a)

Spannweite: 140 – 0 = **140**
(größter Wert – kleinster Wert)

Median (Zentralwert): 45
(mittlerer Wert aller Werte)

unteres Quartil: 40
(mittlerer Wert der unteren Hälfte)

oberes Quartil: 60
(mittlerer Wert der oberen Hälfte)

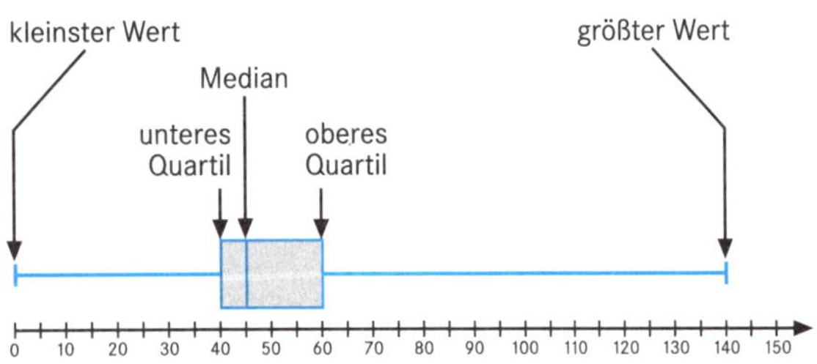

Zu b)
Die Aussage ist falsch. Lediglich ein Viertel aller befragten Schülerinnen und Schüler hat mehr als 60-mal telefoniert, gesimst oder gesurft.
Der Boxplot gibt nicht die Anzahlen an, sondern macht die Streuung der angegebenen Werte deutlich.
Die Streuung ist im oberen Viertel am größten. Durch die Länge der Strecke zwischen oberem Quartil und größtem Wert hat sich Felix täuschen lassen.

★ 1 Gehe davon aus, dass in den 10. Klassen (Aufgabe 19, links abgebildet) 79 Schülerinnen und Schüler an der Befragung teilgenommen haben und dass nur Vielfache von 5 bei den Antworten genannt wurden.

a) Wie viele Antworten liegen unter 40, zwischen 45 und 60 sowie über 60? *Hinweis:* Jeweils genau eine Antwort gab es für 40, 45 und 60.

b) Stelle in einer Tabelle ein mögliches Befragungsergebnis zusammen, das zum abgebildeten Boxplot passt.

★ 2 Notenspiegel einer Klassenarbeit:

Note	1	2	3	4	5	6
Anzahl	3	8	6	4	3	1

Stelle das Ergebnis in einem Boxplot dar.

★ 3 In einer Umfrage wird das Interesse von Schülerinnen und Schülern der Abschlussklassen am Lesen ermittelt.
Die Tabelle zeigt die Ergebnisse.

Lesezeit in Stunden pro Monat	0	1	2	4	5	6	7	8	9
Anzahl der Jugendlichen	2	1	2	3	7	6	2	6	3

Stunden	10	11	12	13	14	15	16	17	20
Jugendliche	7	6	3	2	4	3	10	2	6

Stunden	21	22	23	24	28	32	40	48
Jugendliche	5	3	2	6	1	1	1	1

a) Gib folgende Kennwerte zu dieser Umfrage an: Spannweite, Median, unteres Quartil und oberes Quartil.

b) Stelle das Ergebnis zusätzlich in einem Boxplot dar.

c) Liegt das arithmetische Mittel oberhalb oder unterhalb des Medians? Begründe ohne Rechnung.

1 Wie viel Quadratkilometer ist Frankreich ungefähr groß?
Vergleiche dein Schätzergebnis mit Angaben aus dem Lexikon oder dem Internet.

Beachte: Zu Frankreich gehört auch die Mittelmeerinsel Korsika, die rechts abgebildet ist. Ihre Größe musst du beim Vergleich mit der offiziellen Größe Frankreichs berücksichtigen.

2 Ägypten ist im Maßstab 1:15 Mio. abgebildet. Bestimme näherungsweise die Größe der Fläche Ägyptens, das im Osten vom Roten Meer begrenzt wird. Die Sinai-Halbinsel gehört zu Ägypten. Vergleiche dein Ergebnis mit offiziellen Angaben über die Größe des Landes.

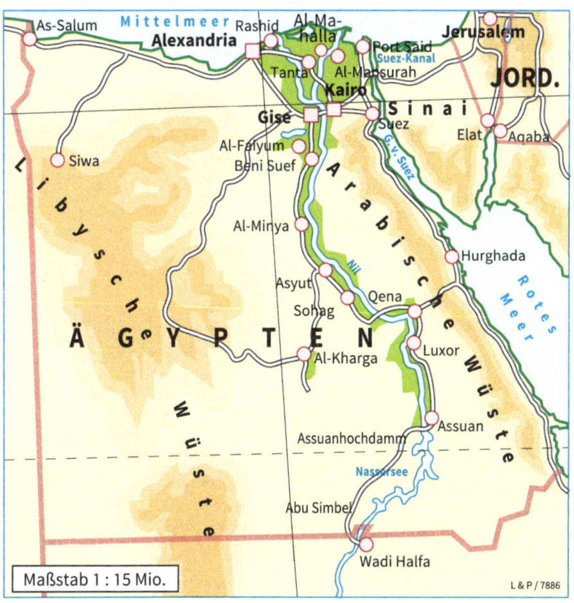

20 Fläche Niedersachsen (von S. 47)

Der Kartenausschnitt zeigt das Bundesland Niedersachsen. Bestimme näherungsweise die Größe der Fläche von Niedersachsen. Benutze den Maßstab der Karte. Begründe dein Vorgehen.

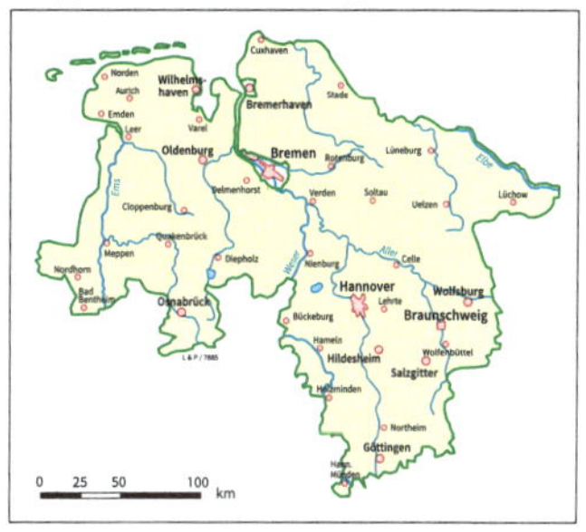

Man muss versuchen, die Fläche von Niedersachsen durch berechenbare Figuren (Vierecke, Dreiecke, ...) so abzudecken, dass sich „Gewinne“ und „Verluste“ ungefähr ausgleichen. Da gibt es sehr viele verschiedene Möglichkeiten; hier ist eine dargestellt. Die gemessenen „cm auf der Karte“ muss man mit 45 multiplizieren und hat dann die „km“ in Wirklichkeit.

$A_I = 135\text{ km} \cdot 166\text{ km}$ (Rechteck)

$A_I \approx 22\,400\text{ km}^2$

$A_{II} = \frac{166\text{ km} + 252\text{ km}}{2} \cdot 45\text{ km}$ (Trapez)

$A_{II} \approx 9400\text{ km}^2$

$A_{III} = \frac{252\text{ km} \cdot 140\text{ km}}{2}$ (Dreieck)

$A_{III} \approx 17\,600\text{ km}^2$

$A = A_I + A_{II} + A_{III} \approx \mathbf{49\,400\text{ km}^2}$

Ein Blick auf offizielle Angaben zeigt, dass Niedersachsen rund $47\,600\text{ km}^2$ groß ist.

21 Fahrradreparatur (von S. 48)

Perinur will ihr Fahrrad reparieren und mit einem Nabendynamo ausstatten lassen. Ein Fahrradhändler bietet im Internet ein Tabellenblatt an, um die Kosten zu kalkulieren.

a) Berechne die fehlenden Zahlenwerte und trage sie in die Tabelle ein.

b) Bestätige rechnerisch, dass die Mehrwertsteuer 33,82 € beträgt.

c) Gib eine Formel an, mit der in der Zelle D7 die Zwischensumme berechnet werden kann.

Zu a)

	A	B	C	D
1	**Fahrradreparatur**			
2				
3	**Posten**	**Menge**	**Einzelpreis**	**Gesamtpreis**
4	Schalt-/Bremszug	3	8,00 €	24,00 €
5	Nabendynamo	1	54,00 €	54,00 €
6	Arbeitsstunden	2,5	40,00 €	100,00 €
7		Zwischensumme		**178,00 €**
8		MwSt.	19%	33,82 €
9		Rechnungsbetrag		**211,82 €**
10				

Zu b)
Die Mehrwertsteuer ist eine in Deutschland auf alle Güter und Dienstleistungen erhobene Steuer. Zur Zeit beträgt sie meistens 19 % des Warenwerts, aber es gibt auch einige Ausnahmen wie Lebensmittel, Übernachtungen in einem Hotel oder auch Schnittblumen, die nur mit 7 % belastet werden.
In Zelle C8 des Tabellenblatts ist die Höhe der Mehrwertsteuer einheitlich mit 19 % angegeben. Man kann die Mehrwertsteuer für jeden Posten einzeln berechnen und dann addieren, also:
$24{,}00\,€ \cdot 0{,}19 + 54{,}00\,€ \cdot 0{,}19 + 100{,}00\,€ \cdot 0{,}19 = 33{,}82\,€$

Schneller aber geht es, wenn man die Zwischensumme in D7 verwendet:
19 % von 178,00 € $= 0{,}19 \cdot 178{,}00\,€ = 33{,}82\,€$

Zu c)
In Zelle D7 werden die Preise für die drei verschiedenen Posten zusammengerechnet. Für die Formel gibt es zwei Möglichkeiten:
D7: =D4+D5+D6 oder
D7: =SUMME(D4:D6)

1 Tanja untersucht mit einer Tabellenkalkulation die Veränderung des Würfelvolumens beim Anwachsen der Kantenlänge.

	A	B	C	D	E	F	G
1	Kantenlänge a	2	3	4	5	6	7
2	Volumen V	8	27				

a) Mit welcher Formel berechnet das Programm den Wert in Zelle D2?

b) Wie verändert sich das Würfelvolumen, wenn sich die Kantenlänge verdoppelt? Welche Zellen würdest du vergleichen?

2 Frau König lässt ihr Auto in der Werkstatt auf den Winter vorbereiten. Für Materialien und Arbeitsleistungen erstellt die Werkstatt die Rechnung mithilfe einer Tabellenkalkulation.

	A	B	C	D
1	**Artikelbezeichnung**	**Menge**	**Einzelpreis**	**Gesamtpreis**
2				
3	Reifen 195/65 R WinterGrip	4	70,92 €	283,68 €
4	Glühlampen	2	2,03 €	4,06 €
5	Motoröl (in Liter)	1,5		24,75 €
6				
7	Winterräder montieren			18,91 €
8	Wintercheck durchführen			16,72 €
9				
10	Zwischensumme			348,12 €
11	Mehrwertsteuer (in %)	19		66,14 €
12				
13	**Rechnungsbetrag**			414,26 €

a) In welcher Zelle findest du den Einzelpreis für einen Reifen?

b) Wie teuer ist 1 Liter Motoröl (ohne MwSt.)?

c) Gib eine Formel für die Zelle D10 an.

3 Herr Berg schätzt, dass ein Auto im ersten Jahr ca. 35 % seines Wertes verliert und danach ca. 12 % auf den Wert des Vorjahres. Das Tabellenblatt zeigt ein Beispiel.

	A	B	C
1	**Jahr**	**Wertverlust (in %)**	**Wert**
2	0		23.500,00 €
3	1	35	15.275,00 €
4	2	12	13.442,00 €
5	3	12	11.828,96 €
6	4	12	

a) Herr Berg hat in Zelle C3 die Formel =C2*(1-B3/100) eingegeben. Begründe.

b) Wie lauten Formel und Wert in C6?

c) Wie viel Prozent des Neuwagenpreises ist das Auto nach vier Jahren noch wert?

1 Auf einem Schulfest setzt die Klasse 10b das abgebildete Glücksrad ein.

Der Einsatz für ein Spiel kostet 80 ct.
Bleibt das Rad auf „blau" stehen, bekommt der Spieler einen Trostpreis im Wert von 25 ct.
Bei dem Ergebnis „schwarz" gibt es einen Gewinn im Wert von 7,00 €.
Bei „weiß" gewinnt man nicht.

a) Wie groß ist die Wahrscheinlichkeit, bei diesem Spiel zu verlieren?

b) Wie groß ist die Wahrscheinlichkeit, bei diesem Spiel einen Trostpreis zu gewinnen?

c) Wie groß ist die Wahrscheinlichkeit, bei diesem Spiel einen Gewinn im Wert von 7,00 € zu erreichen?

d) Im Laufe des Schulfestes wurde mit dem Glücksrad 768-mal gespielt. Einer der folgenden Beträge blieb der Klasse 10b am Ende als Gewinn.
Begründe, welchen Betrag du für den richtigen hältst.

☐ 222,40 € ☐ 370,20 € ☐ 415,80 €

2 Beim Glücksrad aus Aufgabe ① kostet der Einsatz 1 €. Bei „blau" gibt es den Einsatz zurück und bei „schwarz" einen Gewinn im Wert von 10 €. 800 Spieler bringen zunächst 800 € Einnahmen in die Kasse.

a) Wie oft kann man bei 800 Spielern
(1) „blau",
(2) „schwarz" erwarten?

b) Mit welchem Gewinn kann der Veranstalter ungefähr rechnen?

22 Glücksrad (von S. 48)

Auf einem Schulfest kann man am Stand von Annas Klasse für einen Einsatz von 1 € einmal das abgebildete Glücksrad drehen. Bleibt es auf *blau* stehen, gewinnt man einen Trostpreis im Wert von 0,40 € und auf schwarz einen Sachpreis von 6 €.

a) Bestimme die Wahrscheinlichkeit für
(1) blau
(2) schwarz?

b) Mit welchem Gewinn kann Annas Klasse rechnen, wenn 480-mal gespielt wird?

Zu a)
Das Glücksrad hat 12 gleich große Felder. Davon ist eins schwarz gefärbt, drei sind blau gefärbt.

(1) $P(\text{blau}) = \frac{\text{Anzahl der günstigen Ergebnisse}}{\text{Anzahl der möglichen Ergebnisse}} = \frac{3}{12}$

$P(\text{blau}) = \frac{1}{4}$

(2) **$P(\text{schwarz}) = \frac{1}{12}$**

Zu b)
Bei einer relativ hohen Anzahl von Spielen ist davon auszugehen, dass die relative Häufigkeit für ein Gewinnergebnis der Wahrscheinlichkeit für ein solches Ergebnis nahe kommt.

Die Wahrscheinlichkeit für einen Trostpreis ist $\frac{1}{4}$.

Bei 480 Spielen ist zu erwarten, dass 120 Trostpreise ausgegeben werden müssen (480 : 4). 120 Trostpreise kosten 48 € (120 · 0,40 €).

Die Wahrscheinlichkeit für einen Sachpreis ist $\frac{1}{12}$; bei 480 Spielen ist zu erwarten, dass 40 Sachpreise ausgegeben werden müssen (480 : 12).
40 Sachpreise kosten 240 € (40 · 6 €).

Die Klasse nimmt bei 480 Spielen 480 € ein, davon sind die Kosten für Trost- und Sachpreise in Höhe von 288 € (240 € + 48 €) abzuziehen.
Die Klasse kann mit einem Gewinn von 192 € rechnen.

23 Angebote (von S. 48)

Frau Kurt kann für zwei Jahre einen Lottogewinn von 100 000,– € sparen. Sie hat drei Angebote:

(A) A-Bank: 1. Jahr 1 %, 2. Jahr 2 % Zinsen
(B) B-Bank: 1. Jahr 1,2 %, 2. Jahr 1,8 % Zinsen
(C) C-Bank: 1. Jahr 1,5 %, 2. Jahr 1,5 % Zinsen

a) Wie viel Geld hätte Frau Kurt bei der A-Bank nach zwei Jahren?
b) Gibt es unter den beiden anderen Angeboten ein besseres Angebot als Angebot (A) für Frau Kurt?

Zu a)
Nach einem Jahr hätte Frau Kurt folgenden Betrag:
100 000 € · 1,01 = 101 000 €
Nach einem weiteren Jahr hätte Frau Kurt folgenden Betrag:
101 000 € · 1,02 = **103 020 €**
Nach zwei Jahren hätte Frau Kurt bei der **A-Bank 103 020 €.**

Zu b)
Die entsprechenden Berechnungen wie bei a) müssen für die B-Bank und die C-Bank vorgenommen werden.

B-Bank
Nach einem Jahr:
100 000 € · 1,012 = 101 200 €
nach einem weiteren Jahr:
101 200 € · 1,018 = **103 021,60 €**

C-Bank
Nach einem Jahr:
100 000 € · 1,015 = 101 500 €
nach einem weiteren Jahr:
101 500 € · 1,015 = **103 022,50 €**

Eigentlich hätte man auch nur mit den Zinsfaktoren zu rechnen brauchen.
A-Bank: 1,01 · 1,02 = 1,0302
B-Bank: 1,02 · 1,018 = 1,030216
C-Bank: 1,015 · 1,015 = 1,030225

Die Angebote der B-Bank und der C-Bank sind beide besser als das Angebot der A-Bank.

Das Angebot der C-Bank ist für Frau Kurt das beste. Die Unterschiede zwischen den Angeboten sind allerdings sehr gering.

1 Berechne den fehlenden Wert mithilfe der Zinsformel
$Z = K \cdot p\% = K \cdot \frac{p}{100}$

	a)	b)	c)
Kapital (K)	1 800 €		3 000 €
Zinssatz (p %)	0,5 %	1,8 %	
Zinsen (Z)		81 €	19,50 €

2 Tom hat seine Ersparnisse in Höhe von 2 000 € für ein Jahr zu 0,5 % fest angelegt. Am Jahresende erhält er 10 € Zinsen. Wie viel Zinsen würde Tom nach einem Jahr erhalten,

a) wenn er doppelt so hohe Ersparnisse bei doppelt so hohem Zinssatz angelegt hätte?

b) wenn er doppelt so hohe Ersparnisse bei halb so großem Zinssatz angelegt hätte?

3 Welche Person hat in zehn Jahren den höchsten Zinssatz für ihr Kapital erzielt?

	Anfangskapital	Endkapital
☐ Anja	2 400 €	2 925,59 €
☐ Boris	1 800 €	2 281,77 €
☐ Pia	300 €	348,16 €
☐ Luca	600 €	798,83 €

4 Frau Winter bezahlt 900 € Miete. Nach Sanierungsarbeiten bietet ihr die Hausverwaltung zwei Formen des Staffelmietvertrages an:

Angebot A: 3,5% Mieterhöhung im 1. Jahr, 4,5 % im 2. Jahr

Angebot B: 4,5% Mieterhöhung im 1. Jahr, 3,5 % im 2. Jahr

Zu welchem Angebot würdest du Frau Winter raten?

★ **5** Sina hat am Jahresende 3 500 € gespart und legt das Geld für 3 Jahre zu einem Jahreszinssatz von 2,5 % an. Die Zinsen werden erst am Schluss ausgezahlt. Wie hoch ist ihr Erspartes nach 3 Jahren?

1 Abgebildet ist eine der vier Dachflächen eines Turmes mit quadratischer Grundfläche.

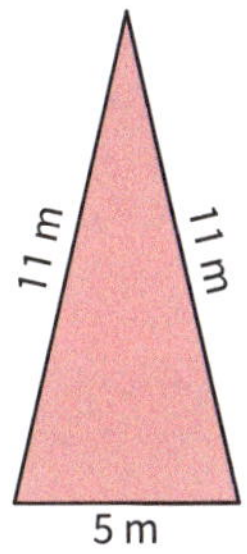

a) Berechne den Flächeninhalt der Dachfläche.

b) Bestimme die Innenwinkel der dreieckigen Dachfläche
(1) anhand einer maßstabsgetreuen Zeichnung,
★ (2) mit einer Rechnung.

2 Das Werkstück aus Eisen ist ein Prisma mit einem gleichschenkligen Trapez als Grundfläche.

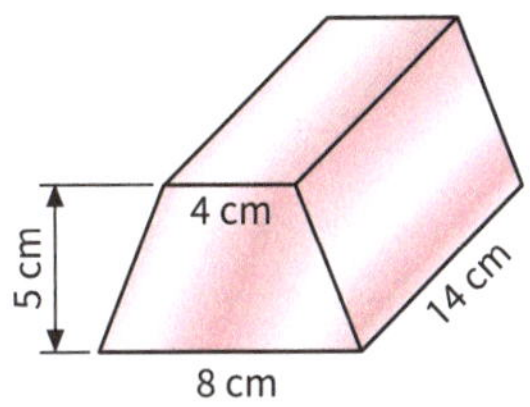

a) Berechne das Volumen des Werkstücks.

b) Berechne den Oberflächeninhalt des Werkstücks.

3 Das abgebildete Zelt hat eine quadratische Grundfläche mit 2,75 m Seitenlänge.
Es wird von einer Stahlstange in der Mitte aufrecht gehalten. Die Höhe des Zelts beträgt 2,50 m.
Sein Gewicht ist mit 5,2 kg angegeben.

a) Bestimme das Volumen des Zelts.

b) Die wasserdichten Seitenwände bestehen aus blauem Kunstfasergewebe, das pro m² etwa 200 g wiegt.
Bestimme den Anteil der Seitenwände am Gesamtgewicht des Zelts.

4 a) Berechne den Flächeninhalt des Parallelogramms.

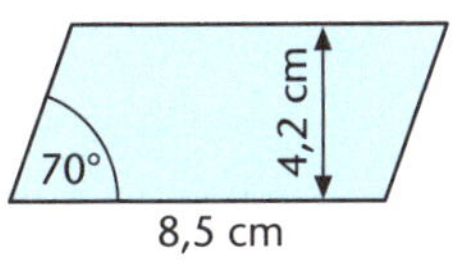

b) Zeichne das Parallelogramm und bestimme seinen Umfang.

★ c) Berechne den Umfang, ohne zu messen.

24 Haus mit Satteldach (von S. 49)

Der Zeichnung kannst du die Außenmaße eines Einfamilienhauses entnehmen.

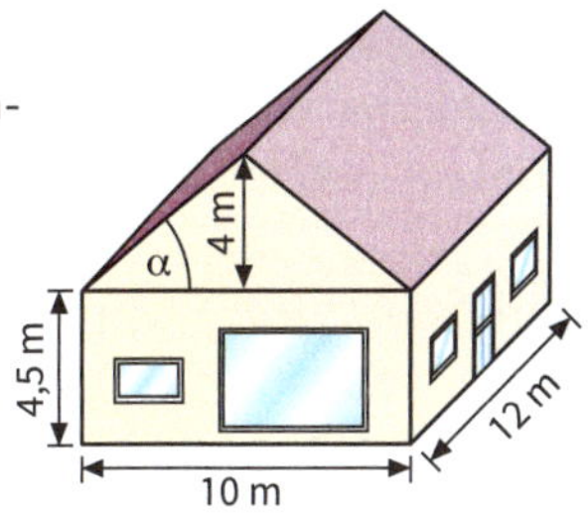

a) Berechne das Volumen des Hauses (umbauter Raum).

b) Wie groß ist die gesamte Dachfläche?

c) Bestimme den Neigungswinkel α des Dachs
(1) anhand einer maßstabsgetreuen Zeichnung,
★ (2) mit einer Rechnung.

Zu a)
Der untere Teil des Hauses ist ein Quader, der obere Teil ein Prisma.

$V_1 = a \cdot b \cdot c$ $\quad$ $V_2 = G \cdot h$

$V_1 = 10\text{ m} \cdot 4{,}5\text{ m} \cdot 12\text{ m}$ $\quad$ $V_2 = \frac{10\text{ m} \cdot 4\text{ m}}{2} \cdot 12\text{ m}$

$V_1 = 540\text{ m}^3$ $\quad$ $V_2 = 240\text{ m}^3$

$V = V_1 + V_2$

$V = 540\text{ m}^3 + 240\text{ m}^3 = 780\text{ m}^3$

Das Volumen des Hauses beträgt **780 m³.**

Zu b)
Die Dachkante x wird mit dem Satz des Pythagoras berechnet.

$x^2 = 4^2 + 5^2$

$x^2 = 41$

$x = \sqrt{41} \approx 6{,}4031$

$x \approx 6{,}40\text{ m}$

$A = (6{,}40\text{ m} \cdot 12\text{ m}) \cdot 2 = 153{,}6\text{ m}^2$

Die gesamte Dachfläche ist ca. **154 m²** groß.

Zu c)
(1) Maßstab 1 : 200
(1 cm sind in Wirklichkeit 2 m.)

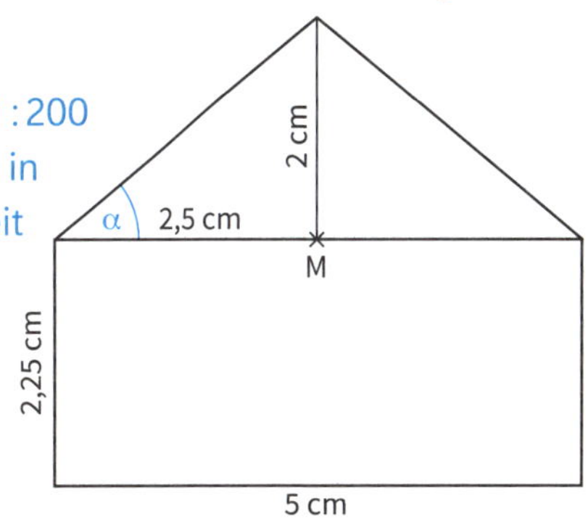

$\alpha \approx$ **39°**

(2) $\tan\alpha = \frac{\text{Gegenkathete}}{\text{Ankathete}}$

$\tan\alpha = \frac{2}{2{,}5} = 0{,}8$

$\boldsymbol{\alpha} = \tan^{-1} 0{,}8 = \mathbf{38{,}66°}$

25 Fehler (von S. 49)

Ahmed, Bernd und Clemens haben beim Lösen von Gleichungen Fehler gemacht. Markiere die Fehler und löse die Gleichungen richtig.

(1)
$10 - 5x = 2x + 24 \quad | -10$
$5x = 2x + 24 \quad | -2x$
$3x = 24 \quad | :3$
$x = 8$

(2)
$6y - 33 = y + 7 \quad | +33$
$6y = y + 40 \quad | -y$
$5y = 40 \quad | -5$
$y = 35$

(3)
$8x - 15 = 3x + 35 \quad | -15$
$8x = 3x + 20 \quad | -3x$
$5x = 20 \quad | :5$
$x = 4$

Zu (1)
Hier ist die zweite Zeile falsch. Weil man auf beiden Seiten der Gleichung 10 subtrahieren muss, muss auf der rechten Gleichungsseite „+ 14" stehen (statt „+ 24"). Außerdem verändert sich das Vorzeichen bei „– 5x" nicht.

Richtige Lösung:

$10 - 5x = 2x + 24 \quad | -10$
$-5x = 2x + 14 \quad | -2x$
$-7x = 14 \quad | :(-7)$
$\mathbf{x = -2}$

Zu (2)
5y in der dritten Zeile bedeutet 5 mal y. Deshalb muss auf beiden Seiten durch 5 dividiert werden.

Richtige Lösung:

$6y - 33 = y + 7 \quad | +33$
$6y = y + 40 \quad | -y$
$5y = 40 \quad | :5$
$\mathbf{y = 8}$

Zu (3)
Hier hätte in der ersten Zeile auf beiden Seiten + 15 gerechnet werden müssen.

Richtige Lösung:

$8x - 15 = 3x + 35 \quad | +15$
$8x = 3x + 50 \quad | -3x$
$5x = 50 \quad | :5$
$\mathbf{x = 10}$

1 Die folgende Gleichung ist falsch gelöst. Markiere den Fehler und löse sie richtig.

$3x + 18 - 2x = 8 - 5x$
$x + 18 = 3x \quad | -x$
$18 = 2x \quad | :2$
$9 = x$

2 Die dargestellte Gleichungslösung enthält zwei Fehler. Markiere diese Fehler und löse die Gleichung richtig.

$5(2y - 3) = 8y - 27$
$10y - 3 = 8y - 27 \quad | -8y$
$2y - 3 = -27 \quad | +3$
$2y = -30 \quad | :2$
$y = -15$

3 Fahrid hat in der Klassenarbeit die Gleichung wie dargestellt gelöst. Sein Ergebnis stimmt mit dem Ergebnis seiner Nachbarin überein. Während Katrin, die alles richtig machte, 5 Punkte dafür bekommen hat, stehen bei Fahrid nur 3 Punkte.
Beschwert er sich zu Recht?

$7(3a + 6) = 15 - (13 - 16a)$
$21a + 42 = 15 - 13 - 16a$
$21a + 42 = 2 - 16a \quad | -16a$
$5a + 42 = 2 \quad | -42$
$5a = -40 \quad | :5$
$a = -8$

4 Damian soll folgende Sachaufgabe mit einer Gleichung lösen.
„Ein Rechteck ist 5 cm länger als breit. Subtrahiert man vom Umfang 46 cm, so erhält man die Breite. Wie breit ist das Rechteck?"
So hat Damian die Gleichung aufgestellt:

Breite: x *Länge: 5x*
Umfang: $u = 2(x + 5x)$
Gleichung: $2(x + 5x) - 46 = x$

a) Was hat Damian falsch gemacht? Korrigiere die Gleichung und finde die richtige Lösung für die Sachaufgabe.

b) Schreibe eine Sachaufgabe auf, die zu Damians Gleichung passt.

1 Im Jahr 1834 bekam Frankreich vom ägyptischen Vizekönig den abgebildeten Obelisken aus Granit geschenkt. Der Obelisk wurde auf einen Sockel gestellt und mit einer 3,6 m hohen goldenen Spitze versehen.

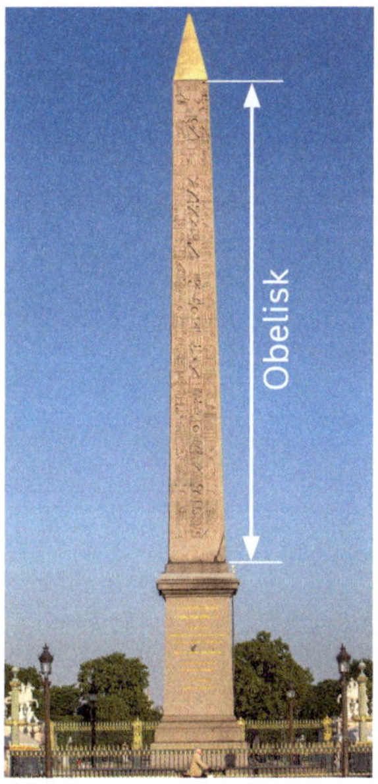

a) Wie hoch ist der Obelisk ungefähr?

b) Durch welche geometrische Form kann das Volumen des Obelisken ungefähr bestimmt werden?

c) Berechne die ungefähre Masse des Obelisken (Dichte Granit: 2,8 Tonnen pro m^3).

2 Auf dem Fotokunstpfad in Zingst ist die Brille ein beliebtes Motiv.

a) Schätze die Maße der Brille (Breite, Höhe, Länge der Bügel).

b) Wie groß müsste eine Person ungefähr sein, zu der diese Brille passt?

3

Wie viele Personen sind auf dem Foto ungefähr versammelt?

26 Riesenmaschine (von S. 49)

Das Fahrzeug wird auf der Landwirtschaftsmesse von jung und alt bestaunt.

a) Wie hoch muss der Fahrer klettern, um seine Fahrerkabine zu erreichen?

b) Wie oft hat sich ein Rad gedreht, wenn das Fahrzeug einen Kilometer zurückgelegt hat?

Um die Aufgabe lösen zu können, muss eine Annahme zur Größe des Jungen getroffen werden. Wir nehmen an, dass er 1,4 m groß ist. Die folgenden Maßangaben beziehen sich auf das **Foto vorn im Text.** Da der Junge auf dem Foto 1,4 m groß ist, sind also alle Längen in Wirklichkeit 100-mal so groß wie auf dem Foto.

Zu a)
Das Verhältnis der Körpergröße des Jungen und der Höhe des Einstiegs in die Fahrerkabine entspricht dem Größenverhältnis in Wirklichkeit. Der Junge ist auf dem Foto 1,4 cm groß, die Höhe der letzten Stufe zur Fahrerkabine 2,8 cm Der Einstieg ist also damit doppelt so hoch wie der Junge groß ist.
Daraus ergibt sich für die Höhe des Einstiegs:
$2 \cdot 1{,}4\ m = \mathbf{2{,}8\ m}$

Zu b)
Der Umfang des Rades muss bestimmt werden.

Das Rad hat auf dem Foto einen Durchmesser von 2,4 cm. In Wirklichkeit beträgt der Durchmesser deshalb 2,4 m.

Für den Umfang gilt: $u = \pi \cdot d$
$u = \pi \cdot 2{,}4\ m \approx 7{,}5\ m$
Bei einer Umdrehung legt also das Rad 7,5 m zurück.
$1000\ m : 7{,}5\ m \approx \mathbf{133}$
Für einen Kilometer muss sich das Rad also ungefähr **133-mal** drehen.

Beachte: Bei einer anderen Annahme für die Größe des Jungen ändern sich die Lösungen entsprechend.

Abschlusstest

Im Abschlusstest zu den komplexen Aufgaben kannst du zeigen, wie viel du im Vergleich zum Eingangstest dazugelernt hast. Die Lösungen zu diesen Aufgaben findest du im Lösungsheft.

1 Körper

Der abgebildete Körper aus Kupfer ist quaderförmig und weist eine zylindrische Ausbohrung auf. 1 cm^3 Kupfer wiegt 8,92 g.

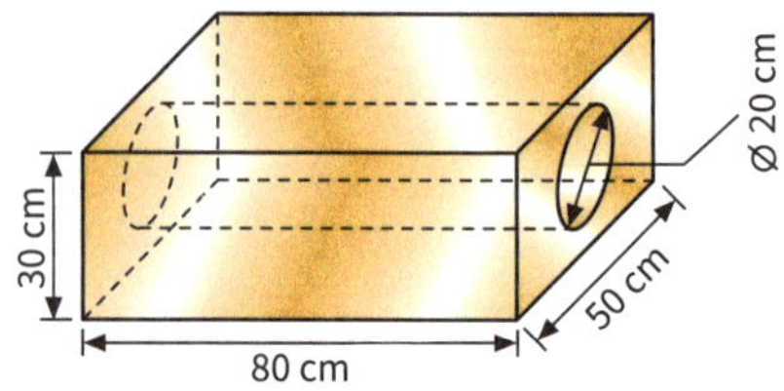

a) Wie viel Kilogramm wiegt der Körper ungefähr? Runde auf ganze kg.

____

b) Der Körper wird auf seinen Außenwänden, aber nicht auf der Zylinderwand lackiert. Für einen Quadratmeter braucht man eine Dose Farbe. Reichen zwei Dosen für die Lackierung?

____

2 Autofarben

Ein Autohändler führt Statistik darüber, welche Autofarben von den Käufern gewählt werden. Am beliebtesten sind silbergrau und schwarz (s. Tabelle).
Im letzten Jahr verkaufte der Autohändler 228 Autos.

a) Ergänze die Häufigkeitstabelle. Gib die Anteile als vollständig gekürzten Bruch und in Prozent an.

b) Stelle die Anzahlen in einem Balkendiagramm dar.

Farbe	Anzahl	Anteil als Bruch	Anteil in %
silbergrau	76		
schwarz	57		
Sonstige			

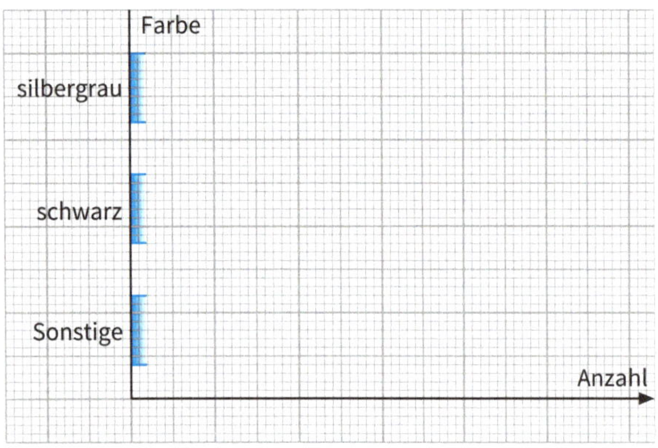

c) Angenommen, die Farbe silbergrau wird mit einer Wahrscheinlichkeit von $\frac{1}{3}$ und die Farbe schwarz mit einer Wahrscheinlichkeit von $\frac{1}{4}$ gewählt. Wie groß ist dann die Wahrscheinlichkeit, dass ein verkauftes Auto
(1) silbergrau oder schwarz ist,
(2) nicht silbergrau ist?

P(silbergrau oder schwarz) = ______________________

P(nicht silbergrau) = ______________________

3 Busfahrt

Das Reiseunternehmen „Grenzenlos“ bietet Busfahrten nach Paris an. Die Abbildung zeigt die Tankfüllung des Reisebusses während der Fahrt von Köln nach Paris.

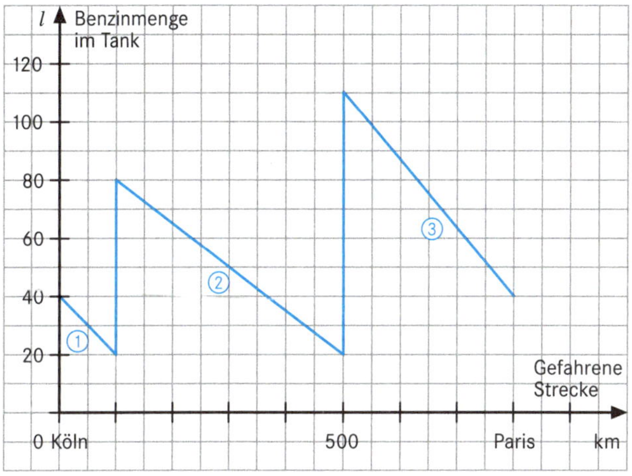

a) Wie oft wurde angehalten, um zu tanken? ______________________

b) Wie groß ist die Entfernung von Köln nach Paris ungefähr? ______________________

c) Auf welcher Teilstrecke ①, ② oder ③ war der Benzinverbrauch pro 100 km am größten? ________

d) Wie viel Liter Benzin verbrauchte der Bus auf der gesamten Fahrt? ______________________

4 Neue Preise

a) Vor einem Monat kostete ein BMX-Fahrrad, für das Anna sich interessiert, noch 639,– €. Heute ist es 15 % teurer geworden. Wie hoch ist der neue Preis gerundet auf Euro?

Neuer Preis: ______________

b) Der Preis für einen Sturzhelm wurde von 59,– € auf 49,– € gesenkt. Berechne die Preisänderung in Prozent. Runde auf ganze Prozent.

Preissenkung: ______________

★ c) Eine orange Sicherheitsweste kostet nach einer Preissenkung um 5 % jetzt 14,80 €. Wie teuer war sie vor der Preissenkung? Runde auf eine Stelle nach dem Komma.

Alter Preis: ______________

5 Taschengeld für den Urlaub

Mira hat Geld für den Urlaub gespart. Das Geld reicht soweit, dass sie bei zehn Tagen Urlaub jeden Tag 13,50 € davon ausgeben kann.
Wie viel kann sie täglich ausgeben, wenn sie gleich viel Geld hat, aber nur sechs Tage Urlaub plant?

6 Trampolin

Das Sprungtuch des Gartentrampolins hat einen Durchmesser von 2,10 m. Es wird am Rand von Federn gespannt, die sich unter der roten Abdeckung befinden. Diese Abdeckung am Rand ist 28 cm breit.

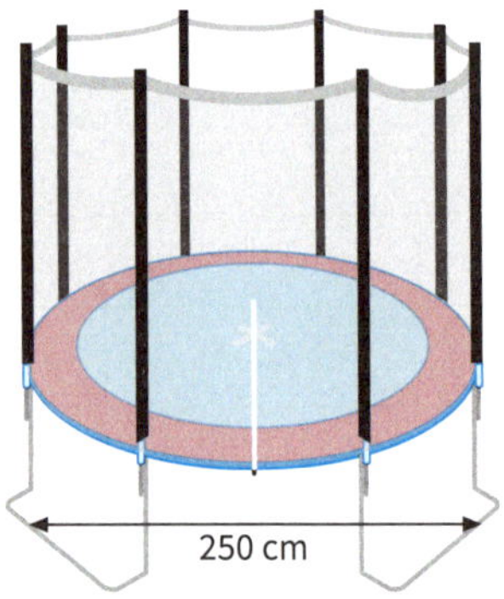

a) Wie viel Quadratmeter ist das Sprungtuch groß? Runde auf eine Nachkommastelle.

____

b) Wie viel Zentimeter überlappt die hellblaue Abdeckung das Sprungtuch? ________

c) Berechne, wie viel Prozent des Sprungtuchs von der Abdeckung verdeckt werden.

____

7 Lottogewinn

Frau Maus hat 1 Million Euro im Lotto gewonnen. Eine Bank zahlt ihr 2 % Jahreszinsen.

a) Frau Maus braucht monatlich 2 500,– €. Kann sie von den Zinsen leben? Rechne und begründe.

____

★ b) Wie viel Euro hat Frau Maus nach zwei Jahren, wenn sie so lange ihr Geld bei der Bank lässt und in dieser Zeit nichts abhebt?

____

8 Ferienplanung

Die vierköpfige Familie Dogan sucht für ein bis zwei Wochen eine Ferienwohnung in Österreich. Die drei abgebildeten Angebote kommen in die engere Wahl.

Ferienwohnung Sonne
70 € pro Nacht • pauschale Nebenkosten (Strom und Endreinigung: 40 € pro Person)

Ferienwohnung Alpenblick
Endreinigung EUR 50,00 pro Aufenthalt, keine weiteren Nebenkosten
EUR 80 pro Nacht

Ferienappartement Höhenluft
90 € pro Nacht · Keine weiteren Nebenkosten

a) Beschreibe das Angebot „Ferienwohnung Sonne" durch eine Funktionsgleichung.

y = ____________________

b) Stelle die Zuordnungen im Koordinatensystem dar.

c) Familie Dogan will genau zwei Wochen bleiben. Begründe mithilfe der Grafik, für welches Angebot sich die Familie entscheiden sollte.

____

____

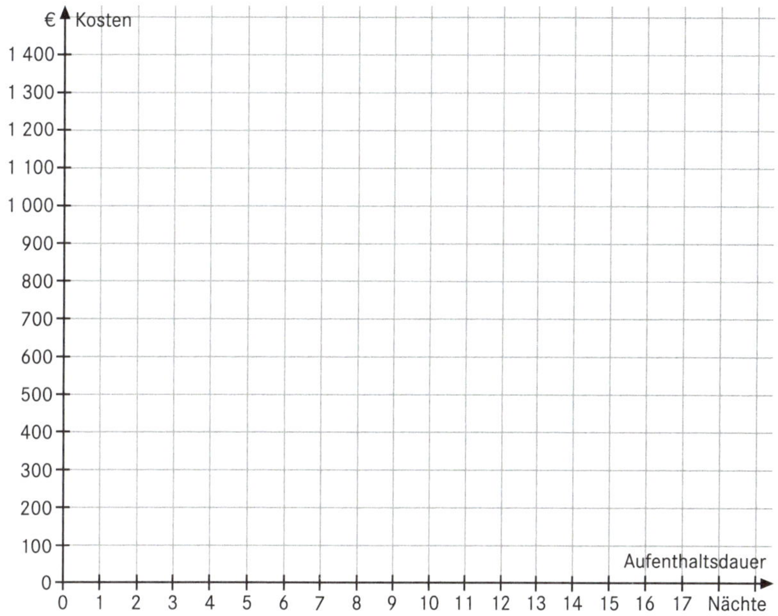

9 Fehlermeldung

„Noch engagieren sich 20 Prozent der Bundesbürger ehrenamtlich, doch laut der Deutschen Gesellschaft für Freizeit wird es bald nur noch jeder fünfte sein."

Die nebenstehende Meldung ist fehlerhaft. Begründe.

____

____

____

10 Sportfest

Ein großes Schulzentrum veranstaltet ein Sportfest. Im Anschluss wird ermittelt, in welchen Disziplinen die Schüler ihre Stärken hatten.

		beste Disziplin	
	Teilnehmer am Sportfest	Weitsprung	Sprint
Jungen	340	135	154
Mädchen	380	140	170

a) Die Schülerzeitung meldet zu der nebenstehenden Statistik: „Bei 45 % der Teilnehmer war der Sprint die beste Disziplin." Stimmt das denn? Begründe mit einer Rechnung.

____

b) Außerdem war zu lesen: „Mädchen sind im Weitsprung besser als Jungen." Erlaubt die Statistik diese Aussage? Begründe.

____

____

11 Erneuerbare Energien

Aus einer Pressemitteilung: „2021 hat der Anteil der erneuerbaren Energien an der gesamten Stromerzeugung in Deutschland zugenommen. Bereits 238 Milliarden kWh (Kilowattstunden) wurden aus erneuerbaren Energien erzeugt. Das Diagramm zeigt deren Anteile an der gesamten Stromerzeugung."

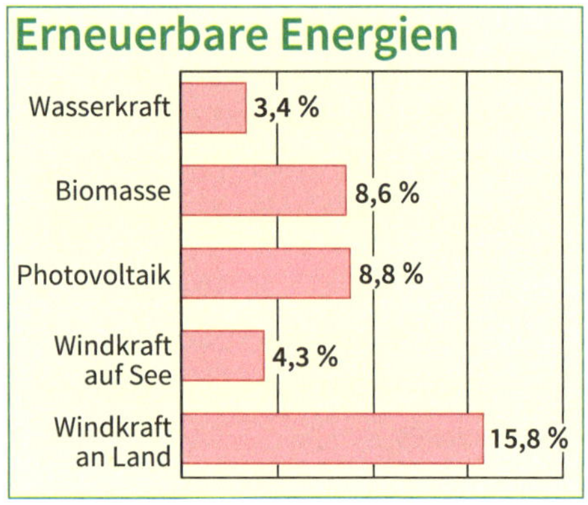

a) Berechne den prozentualen Anteil der erneuerbaren Energien an der gesamten Stromerzeugung.

____

b) Wie viel Strom wurde insgesamt 2021 in Deutschland erzeugt? ______________________________

c) Berechne, wie viel Kilowattstunden durch Windkraft erzeugt wurden.

____

12 Bildschirmdiagonale

Gerät	Bildschirmbreite	Bildschirmhöhe
A	56,0 cm	42,0 cm
B	40,8 cm	30,6 cm

Der abgebildete Bildschirm hat eine Diagonale von 70 cm.
Welches der Geräte ist es? Begründe rechnerisch.

13 Glücksräder

Rechts siehst du zwei Glücksräder. Das erste Glücksrad hat nur die Zahlen 2 und 5, das andere die Zahlen 2, 3, 4 und 5.

(1)

(2)

a) Wie groß ist die Wahrscheinlichkeit, mit dem Glücksrad (1) eine Fünf zu erzielen?

b) Wie groß ist die Wahrscheinlichkeit, dass die Zahl beim Glücksrad (2) kleiner als 4 ist?

c) Mit einem der beiden Glücksräder wurde 1 000-mal gespielt und dabei 117-mal die Fünf erzielt. Mit welchem der beiden Glücksräder wurde deiner Meinung nach vermutlich gespielt? Begründe.

14 Ölpreis

Der Preis für ein Barrel Öl ist um ein Drittel gesunken. Gibt die Grafik A oder B diesen Sachverhalt korrekt wieder? Begründe.

___

___

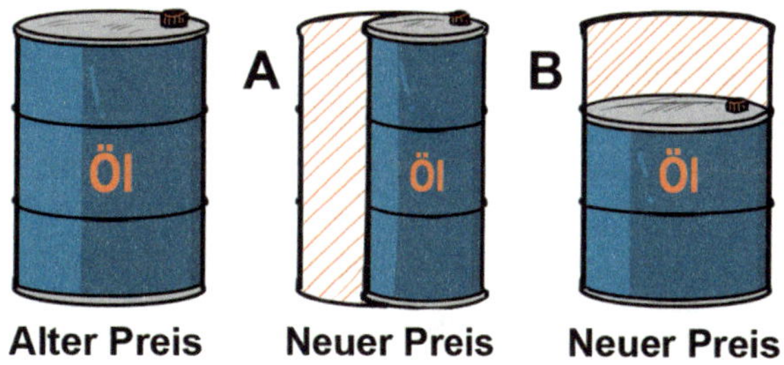

15 Aralsee

Der Aralsee war ein großer, abflussloser Salzsee in Kasachstan. Mit einer Größe von rund 68 000 km² war der Aralsee im Jahr 1960 der viertgrößte Binnensee der Erde.
Dann begann der See auszutrocknen. Um die Jahrtausendwende war die Austrocknung so stark fortgeschritten, dass der Aralsee in mehrere Teile zerfiel.
Das Bild zeigt die Größe des Sees im Jahr 2010.

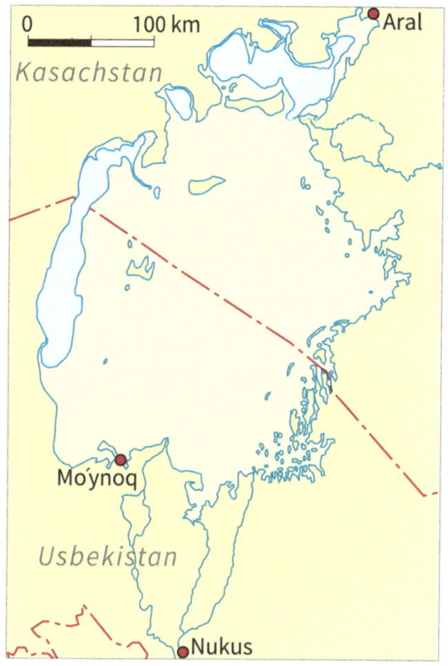

a) Bestimme näherungsweise die Fläche des Sees im Jahr 2010.

___

___

b) Wie viel Prozent seiner ursprünglichen Größe im Jahr 1960 hatte der Aralsee im Jahr 2010 verloren?

___

___

___

★ **16** Taschengeld

Eine Gruppe von Jugendlichen wurde nach der Höhe ihres monatlichen Taschengeldes befragt und das Ergebnis in einem Boxplot dargestellt. Formuliere einige Aussagen, die du am Boxplot ablesen kannst. Benutze dabei auch die Begriffe *Spannweite, Median, unteres Quartil, oberes Quartil* und *Streuung.*

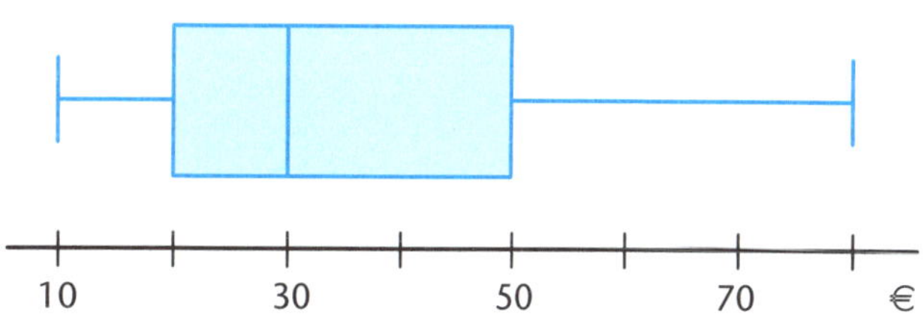

___

___

___

___

___

___

___

___

___

17 Lösungsmethoden

a) Alex und Bea sollen die Gleichung $5 \cdot (x - 3) + 9 = 34$ lösen.
Alex meint: „Ich löse zuerst die Klammern auf, dann forme ich um und löse die Gleichung." Bea sagt: „Ich probiere mit ganzen Zahlen zwischen 3 und 10."
Bewerte die Vorschläge von Alex und Bea. Schreibe deinen Rechenweg auf und gib die Lösung an.

Lösung: ______________________

Lösungsweg für $5 \cdot (x - 3) + 9 = 34$

b) Löse die Gleichung $3\,(x - 15) - x = x + 10$.

Lösung: ______________________

★ 18 Zahlenrätsel

a) Finde zu den Zahlenrätseln eine passende Gleichung und löse sie.

(1) Verdoppelst du die Summe aus einer Zahl und 7, so erhältst du das Dreifache der Zahl vermehrt um 1.

(2) Die Differenz aus einer Zahl und 8 entspricht dem Fünffachen der Zahl vermindert um 20.

(3) Max verringert das Vierfache einer Zahl um 17, Moritz verdreifacht diese Zahl und addiert 2. Beide erhalten das gleiche Ergebnis.

(A) $2\,(x + 7) = 3x + 1$
(B) $2x + 7 = 3\,(x + 1)$
(C) $2\,(x + 7) = 3x \cdot 1$

(D) $x - 8 = 5x + 20$
(E) $x : 8 = 5x - 20$
(F) $x - 8 = 5x - 20$

(G) $4x - 17 = 3x + 2$
(H) $4x - 17 = 3\,(x + 2)$
(I) $4\,(x - 17) = 3\,(x + 2)$

(1) ______________ (2) ______________ (3) ______________

Lösungen:

b) Paul hat mithilfe einer Tabellenkalkulation eine Gleichung durch Probieren gelöst. In den Zellen B2 und C2 hat er die verwendeten Formeln eingetragen.

	A	B	C
1	**für x eingesetzt**	**linke Seite**	**rechte Seite**
2	0	=2*A2+1	=4*A2-9
3	1		
4	2		
5	3		
6	4		
7	5		
8	6		
9	7		

– Finde die Gleichung heraus und notiere sie.

____

– Fülle die abgebildete Tabelle aus, indem du ohne Tabellenkalkulation die linke und rechte Seite der Gleichung für x = 0, x = 1 bis x = 7 berechnest.

– Wie lautet die Lösung der Gleichung?

____

19 Nerobergbahn

Seit mehr als 120 Jahren fährt in Wiesbaden die Nerobergbahn, die ausschließlich durch Schwerkraft einen Höhenunterschied von 83 m überwindet. Und das geht so: Der talwärts fahrende Wagen zieht den anderen Wagen 438 m nach oben. Das nötige Gewicht liefert das Wasser, das jeweils der nach unten fahrende Wagen in einem Tank mit sich führt.
Wie weit sind auf einer Landkarte im Maßstab 1:10 000 der Bergbahnhof und der Talbahnhof voneinander entfernt?
Gib die Entfernung auf der Karte auch in mm an.

20 Parkhaus

Am Kassenautomat eines Parkhauses gibt ein Aufkleber Auskunft über die Parkgebühren.

Parkdauer	Gebühr
die ersten 60 Minuten	kostenlos
jede weitere angefangene Stunde	2,50 €

a) Herr Schulz bezahlt 5 €. Wie lange hat er geparkt?

____

b) Frau Siebert stöhnt: „Wäre ich um 14:15 Uhr statt um 14:20 Uhr zum Kassenautomat gekommen, hätte ich nur 2,50 € gezahlt!“ Wann löste Frau Siebert ihren Parkschein?

____

21 Schulfest

Die Schülervertretung der Schillerschule hat ein Schulfest organisiert. Die Abrechnung für den Grillstand erfolgt mit einer Tabellenkalkulation. Fülle die Lücken richtig aus.

a) Insgesamt wurden ______________ Würste verkauft.

b) Der Preis für ein Steak steht in Zelle ________.
Ein Steak kostete _________ €.

c) Die Einnahmen aus dem Verkauf von Softdrinks wurden in der Zelle _________ berechnet.
Die Formel _______ ergibt den richtigen Wert.

d) Die Gesamteinnahmen in Zelle D12 berechnet man mit der Formel ______________.

	A	B	C	D
1		**Verkaufspreis**	**Stückzahl**	**Einnahmen**
2	**Essen**			
3	Bratwurst	2,00 €	48	96,00 €
4	Currywurst	2,50 €	72	180,00 €
5	Steak	3,50 €	38	133,00 €
6	Brötchen	0,50 €	172	86,00 €
7				
8	**Trinken**			
9	Softdrinks	2,00 €	198	396,00 €
10	Wasser	1,00 €	67	67,00 €
11				
12		**Gesamteinnahmen**		958,00 €

22 Behälter mit Kugeln

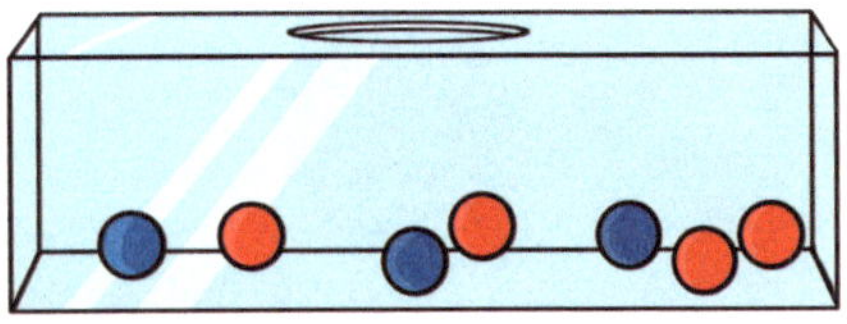

In einem Behälter sind 3 blaue und 4 rote Kugeln. Marc schlägt Björn folgendes Spiel vor:

> „Du darfst verdeckt nacheinander zwei Kugeln ziehen, ohne die zuerst gezogene Kugel in den Behälter zurückzulegen. Du gewinnst, wenn die beiden Kugeln die gleiche Farbe haben, sonst gewinne ich."

Zeichne ein Baumdiagramm und berechne die Gewinnwahrscheinlichkeiten.

Baumdiagramm:

Gewinnchance für Marc: ____________________

Gewinnchance für Björn: ____________________

23 Wohnmobil

Für die kommenden Sommerferien plant Familie Wiener drei Wochen (21 Tage) lang mit dem Wohnmobil Südfrankreich zu erkunden. Die geplante Reiseroute umfasst etwa 2 500 km. Welches der drei Angebote würdest du empfehlen? Begründe.

____

____

Die Angebote der beiden Verleihfirmen lauten:

	Mietgebühr pro Tag	Preis pro gefahrene Kilometer
Firma A:	48,00 €	0,20 €
Firma B:	72,00 €	0,10 €
Firma C:	80,00 €	–

★ 24 Sonderpreis

a) Kreuze an, mit welchen Methoden (1), (2) oder (3) der Mofapreis bei Barzahlung richtig berechnet wird.

- ☐ (1) Man berechnet 15 % von 1 500 € und subtrahiert das Ergebnis von 1 500 €.
- ☐ (2) Man berechnet 15 % von 1 500 € und zieht das Ergebnis von 1 500 € ab. Dann berechnet man 3 % vom gesenkten Preis und reduziert ihn nochmals um diesen Betrag.
- ☐ (3) Man berechnet 85 % von 1 500 € und von diesem gesenkten Preis dann 97 %.

b) Was kostet das Mofa bei Barzahlung?

Preis: ____________________________

25 Haus mit Pultdach

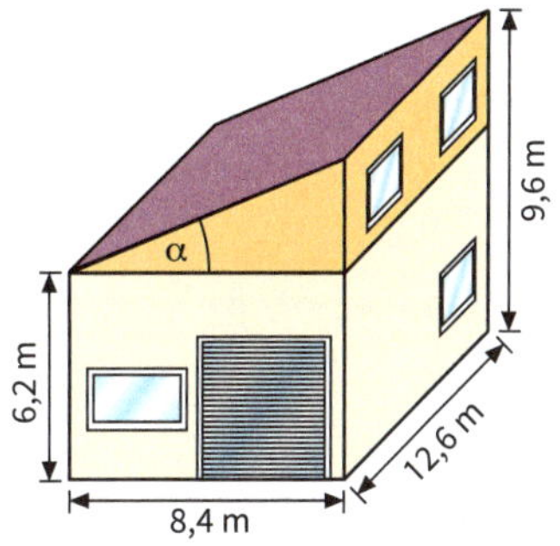

a) Berechne den umbauten Raum des Hauses.

b) Wie groß ist der Flächeninhalt der Seitenflächen?

c) Bestimme den Neigungswinkel α des Daches
(1) anhand einer Zeichnung,
★ (2) mit einer Rechnung.

26 Schülersprecherwahl

An einer Schülersprecherwahl nahmen 480 Schülerinnen und Schüler teil. Zur Wahl standen Marc, Vera und Tobias. Das Diagramm soll das Ergebnis dieser Wahl zeigen.

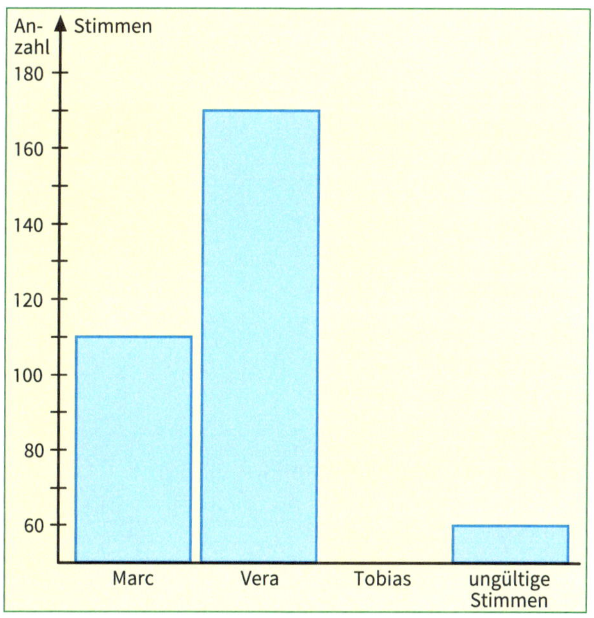

a) Wie viel Prozent der Schüler haben Vera gewählt?

b) Zeichne die fehlende Säule für Tobias in das Diagramm.

c) Carsten behauptet: „Vera hat doppelt so viele Stimmen erhalten wie Marc.“ Stimmt das? Begründe deine Meinung.

Teil C Original-Prüfungsaufgaben

Hier ist die Original-Abschlussprüfung aus dem Jahr 2021 für die Hauptschule Klasse 9 abgedruckt. Die Bearbeitungszeit beträgt insgesamt 120 Minuten. Den Hauptteil 1 kannst du hier im Arbeitsbuch bearbeiten. Für den Hauptteil 2 und Wahlteil brauchst du extra Blätter.
Die Prüfung aus dem Jahr 2022 veröffentlichen wir unter www.finaleonline.de. Der benötigte Code steht vorn in diesem Buch.

Hauptteil 1 (G- und E-Kurs) **(28 Punkte)**

Die Aufgaben im Hauptteil 1 sind in maximal 40 Minuten ohne Taschenrechner und Formelsammlung zu lösen.

Aufgabe 1 (4 P)

Berechne.

a) +

760			
360	400		
130		170	
40	90	140	

b) •

80	600		
8	10	60	
4	2	5	

Aufgabe 2 (3 P)

Berechne.

a) 327,04 + 450,12 b) 5497 – 821,1 c) 258 · 32

Aufgabe 3 (3 P)

Wandle in die angegebene Einheit um.

a) 1,2 kg = ________ g b) ________ € = 103 ct c) 27 mm = 2,7 ______

Aufgabe 4 (3 P)

Fülle die Lücken passend aus.

	a)	b)	c)
Kontostand (alt)	–30 €	40 €	________ €
Ein-/Auszahlung	+60 €	________ €	–70 €
Kontostand (neu)	________ €	–50 €	350 €

Quelle (Aufgaben): Niedersächsisches Kultusministerium, Hannover 2021

Aufgabe 5

(2 P)

Ein Anteil ist gefärbt. Kreuze alle passenden Angaben an.

a)

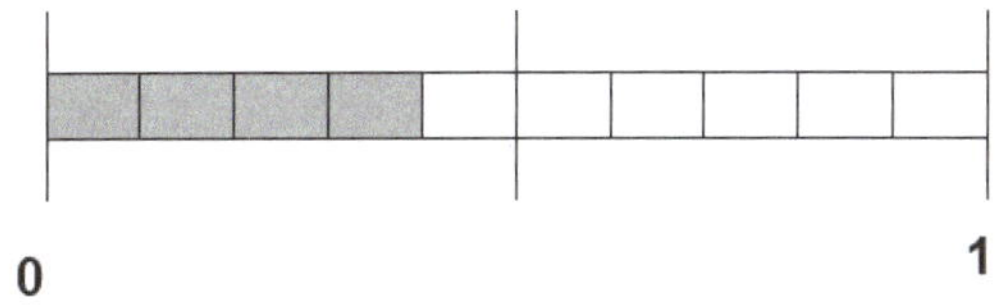

	0,2
	40 %
	$\frac{4}{10}$

b)

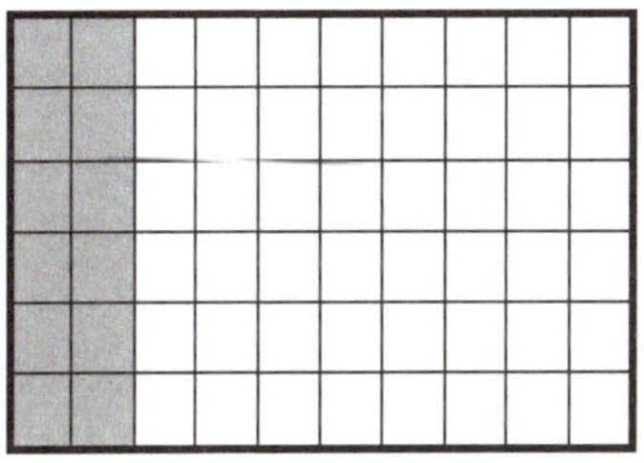

	0,2
	12 %
	$\frac{1}{5}$

Aufgabe 6

(4 P)

Der abgebildete Zauberwürfel besteht aus kleinen Würfeln. Nur die sichtbaren Flächen der Würfel sind mit farbigen Aufklebern beklebt.

a) Bestimme, wie viele Würfel beklebt sind.

Antwort: ____

b) Kreuze an, ob die Aussage wahr oder falsch ist und ergänze die Lücke.

Aussage	wahr	falsch
Es gibt 8 Würfel, die an drei Seiten farbig beklebt sind.		
Es gibt genau _____ Würfel, die nur an einer Seite farbig beklebt sind.	X	

Bei dem kleinen Zauberwürfel wird zuerst die untere Hälfte nach rechts gedreht.
Danach wird die rechte Hälfte nach unten gedreht.

c) Zeichne die dabei entstandene Vorderansicht in den rechten Würfel ein.

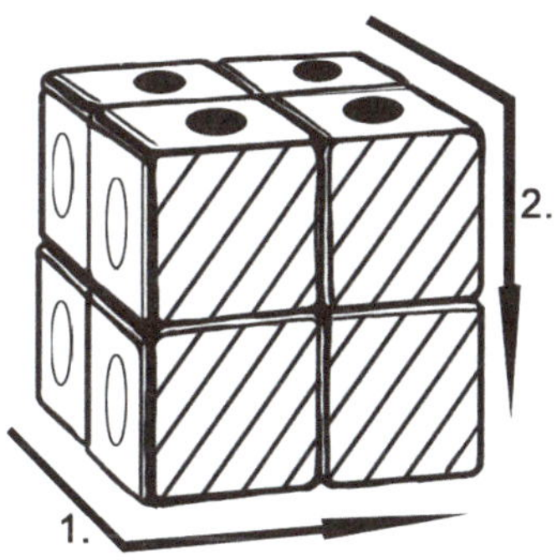

Aufgabe 7

(3 P)

Auf Miriams Handy wird die Uhrzeit digital angezeigt.

Ihr Schulunterricht beginnt um 08:10 und endet um 13:15.

a) Bestimme die Dauer der Schulzeit.

Antwort: ____

Um 15.20 Uhr beginnt ihr Volleyballtraining. Es dauert 90 Minuten.

b) Gib an, welche Uhrzeit das Handy am Ende des Trainings anzeigt.

Die Uhrzeit 20:09 besteht aus den vier Ziffern 2, 0, 0, 9.

c) Gib zwei weitere Uhrzeiten an, die aus diesen vier Ziffern gebildet werden können.

Aufgabe 8

(2 P)

Figuren können achsensymmetrisch sein.

a) Kreuze an, welche Ziffern achsensymmetrische Figuren sind.

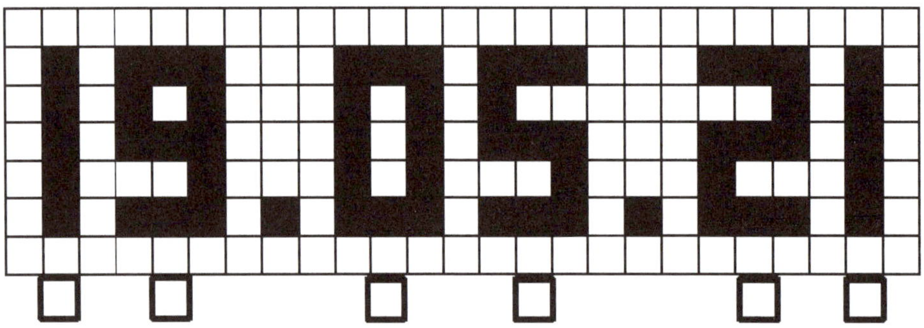

b) Zeichne alle Symmetrieachsen der Ziffer 8 ein.

Aufgabe 9

(4 P)

Peter zeichnet ein Dreieck. Er beginnt mit der Seite c und trägt den Winkel β in Punkt B ab.

a) Trage im Punkt A den Winkel $\alpha = 28°$ ab und ergänze Peters Zeichnung zu einem Dreieck.

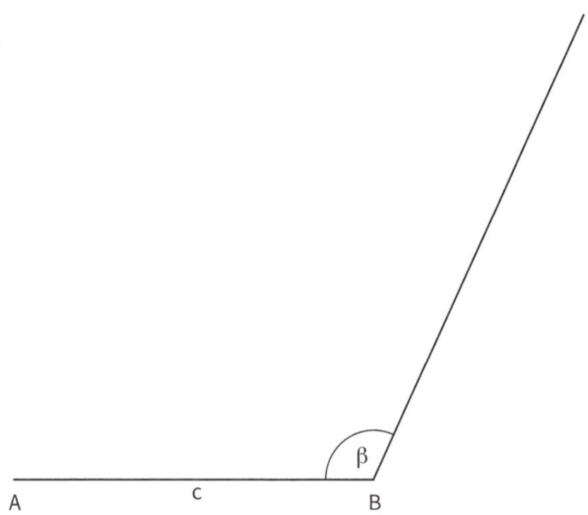

b) Miss die Größe des Winkels β und die Länge der Seite c.

$\beta =$ ___________ $c =$ ___________

c) Berechne die Größe des Winkels γ.

(Falls du Aufgabenteil b) nicht lösen konntest, rechne mit $\beta = 125°$)

Hauptteil 2/Wahlteil (E-Kurs)

Die Aufgaben im Hauptteil 1 sind in maximal 40 Minuten ohne Taschenrechner und Formelsammlung zu lösen.

Hauptteil 2 (E-Kurs)

(36 Punkte)

Aufgabe 1

(6 P)

Saft wird in einer quaderförmigen Verpackung zum Verkauf angeboten.

a) Berechne das Volumen der Verpackung.

b) Berechne, wie viel cm^2 Pappe für die Herstellung der Verpackung mindestens benötigt wird.

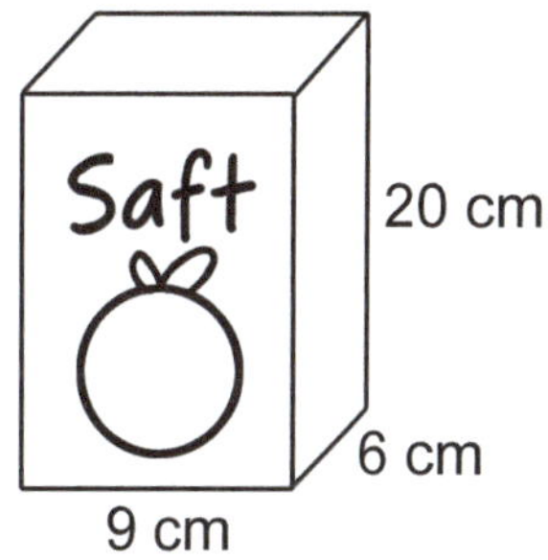

(Skizzen nicht maßstäblich)

Für den Transport werden drei Verpackungen mit einem Band umwickelt.

c) Entscheide und begründe, bei welcher Variante weniger Band benötigt wird.

Variante 1 ◯

Variante 2 ◯

Begründung: ____

____

Aufgabe 2

(7 P)

Eine Kiste Futter reicht für 8 Kaninchen 10 Tage. 3 Kaninchen werden verkauft.

a) Entscheide und begründe, ob es sich um eine proportionale oder antiproportionale Zuordnung handelt.

◯ proportionale Zuordnung

◯ antiproportionale Zuordnung

Begründung: ____

____

b) Berechne, wie lange die Kiste Futter für 5 Kaninchen reicht.

Ein rechteckiges Stück Wiese soll mit einem 24 m langen Zaun abgetrennt werden.

c) Gib zwei Möglichkeiten für die Maße des Geheges an.

Möglichkeit 1: a = ________ m Möglichkeit 2: a = ________ m

b = ________ m b = ________ m

(Skizze nicht maßstäblich)

d) Gib den größtmöglichen Flächeninhalt bei einem Umfang von 24 m an.

Aufgabe 3

(4 P)

a) Ordne jedem Zahlenrätsel die passende Gleichung zu. Verbinde.

Das Fünffache einer Zahl ist so groß wie das Doppelte der Zahl vermindert um 3.	Das Fünffache einer Zahl vermindert um 3 entspricht dem Doppelten der Zahl vermehrt um 9.

$5x = 2x - 3$ $5x - 2 = 3x + 9$ $5x - 3 = 2x + 9$ $5(x + 3) = 2x$

b) Löse die folgende Gleichung.

$12x - 4 = 16 + 2x$

Aufgabe 4

(5 P)

Klara hat einen quadratischen Spiegel mit einer Diagonalen von d = 84,9 cm.
Sie möchte die Seitenlänge a des Spiegels berechnen.

a) Erstelle eine passende Skizze und beschrifte sie.

b) Berechne die Seitenlänge a des Spiegels.

Aufgabe 5

(8 P)

Die Tabelle zeigt die Ergebnisse einer Mathematikarbeit.

Note	**1**	**2**	**3**	**4**	**5**	**6**
Anzahl	2	9	8	5	4	2

a) Vervollständige die folgenden Sätze:

Von den insgesamt ________ Schülerinnen und Schülern haben ________ Schülerinnen und Schüler die Note 4 oder besser in der Mathematikarbeit geschrieben.

Das entspricht einem Anteil von ________.

Eine Mathematikarbeit muss dem Schulleiter vorgelegt werden, wenn mehr als 30 % der Arbeiten mit „5“ oder „6“ bewertet wurden.

b) Berechne und kreuze die richtige Aussage an.

◯ Die Arbeit muss dem Schulleiter vorgelegt werden.

◯ Die Arbeit muss dem Schulleiter nicht vorgelegt werden.

c) Berechne das arithmetische Mittel (den Durchschnitt) der Noten.

Aufgabe 6 (6 P)

Die Gefäße werden mit Wasser gefüllt. Das Wasser läuft gleichmäßig in die Gefäße.

a) Ordne jedem Gefäß den passenden Graphen zu.
Skizziere das fehlende Gefäß zum verbleibenden Graphen.

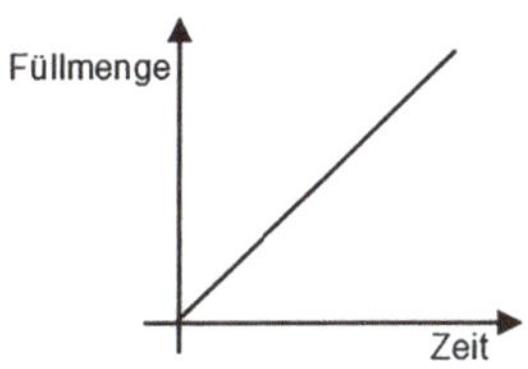

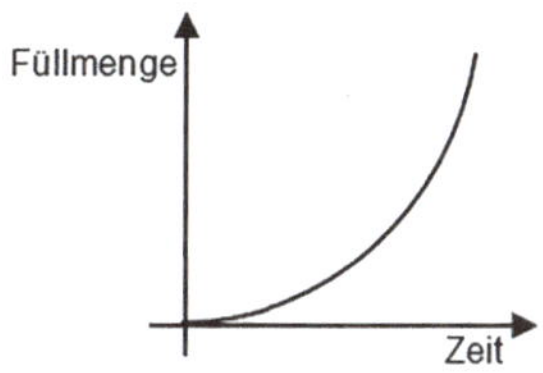

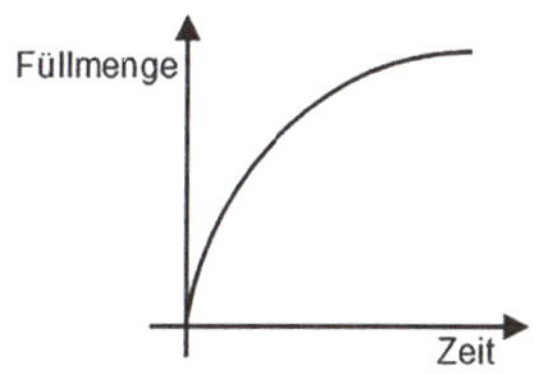

In einem 5 m tiefen Schwimmbecken steht das Wasser bereits 0,6 m hoch. Es wird gleichmäßig mit Wasser gefüllt.

b) Ergänze die fehlenden Werte.

Zeit in h	0	1	2	5	
Höhe in m	0,6	1,0		2,6	4,6

c) Kreuze an, welche Funktionsgleichung den Füllvorgang beschreibt.

◯ $y = 0{,}4x + 0{,}6$

◯ $y = 0{,}6x + 0{,}4$

◯ $y = 0{,}4x$

Das Schwimmbecken wird vollständig gefüllt.

d) Bestimme, wie lange es dauert, bis das Schwimmbecken gefüllt ist.

Wahlteil (E-Kurs)

(20 Punkte)

Wahlaufgabe 1

(10 P)

Die Schülerfirma „Good food“ möchte für das Schulfest eine Suppe kochen. Das Rezept ist für 4 Personen.

a) Berechne die Zutaten für 240 Personen.

Für 4 Personen	240 Personen
10 g Knoblauch	
2 Zwiebeln	
90 ml Olivenöl	
0,7 kg passierte Tomaten	
100 g Schlagsahne	6 000 g Schlagsahne

Die Suppe wird in einem großen Topf gekocht.

b) Berechne das Volumen des abgebildeten Topfes in Litern (ℓ).

Hinweis: 1 Liter (ℓ) = 1 000 cm³

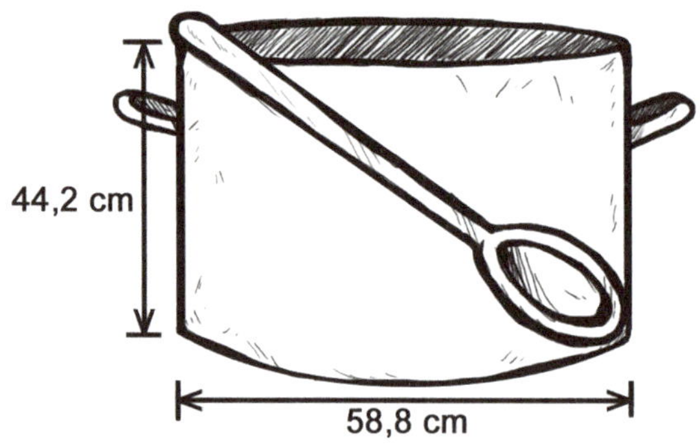

(Skizze nicht maßstäblich)

Michel benötigt einen Kochlöffel für den Topf.

c) Berechne, wie lang der Kochlöffel mindestens sein muss, damit er immer bis oben an den Rand reicht.

Nach dem Essen bleiben 10 Liter (10 000 cm³) Suppe übrig.

d) Berechne die Füllhöhe (h_K) der Suppe im Topf.

Das Volumen und der Radius eines Zylinders sind gegeben.

e) Gib eine allgemeine Formel zur Berechnung der Körperhöhe h_K an.

Wahlaufgabe 2

(10 P)

Ben fährt mit dem Fahrrad zur Schule. Sein Schulweg wird durch den folgenden Graphen dargestellt.

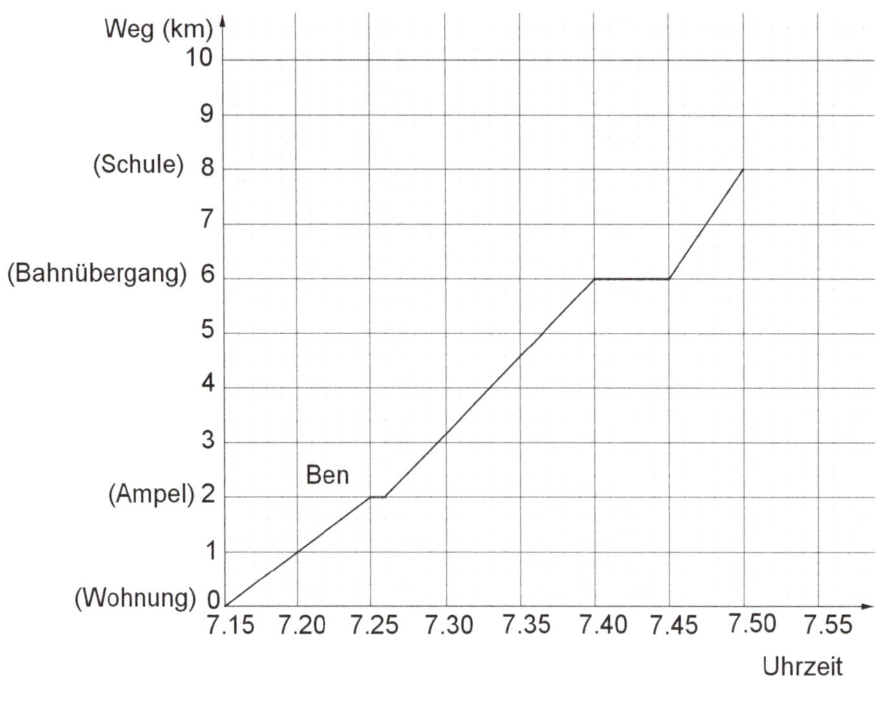

a) Ergänze den Lückentext.

Ben fährt um __________ Uhr mit dem Fahrrad von zu Hause aus los.

Die Strecke von der Ampel bis zum Bahnübergang ist __________ km lang.

Am Bahnübergang muss Ben __________ Minuten warten.

Insgesamt benötigt Ben für seinen Schulweg __________ Minuten.

Ben fährt vom Bahnübergang bis zur Schule sehr schnell.

b) Berechne, wie viele Meter er in der Minute zurücklegt.

Florian fährt mit dem Fahrrad mit gleichbleibender Geschwindigkeit die gleiche Strecke zur Schule.
Er fährt um 7.30 Uhr von der Wohnung aus los.
Um 7.50 Uhr erreicht er die Schule.

c) Zeichne Florians Schulweg in das Koordinatensystem ein.

d) Gib an, um wie viel Uhr Florian und Ben sich treffen.

Ben möchte mit dem E-Bike seines Vaters zur Schule fahren. Er fährt mit einer gleichbleibenden Geschwindigkeit von 24 km pro Stunde.

Ben behauptet: „Wenn ich an der Ampel und am Bahnübergang nicht warten muss, benötige ich für den 8 km langen Schulweg nur 15 Minuten".

d) Hat Ben Recht? Kreuze an und begründe.

◯ Ja, er hat Recht.

◯ Nein, er hat nicht Recht.

Begründung: ____

____

Ben hat im Schuljahr 200 Schultage. Die Strecke zur Schule und zurück ist insgesamt 16 km lang. Die Stromkosten betragen 0,18 Cent pro km.

e) Berechne, wie hoch die Stromkosten des E-Bikes pro Schuljahr in Euro sind.

Wahlaufgabe 3

(10 P)

Eine Tischlerei plant die Abdeckung eines Brunnens.
Der kreisförmige Brunnen hat außen einen Durchmesser von 1,80 m. Er soll mit einer Holzplatte abgedeckt werden, die genau mit dem Brunnenrand abschließt.
Sie wird aus einer quadratischen Holzplatte ausgesägt.

a) Ergänze die fehlenden Maße in der Skizze und berechne den Flächeninhalt des kreisrunden Brunnendeckels.

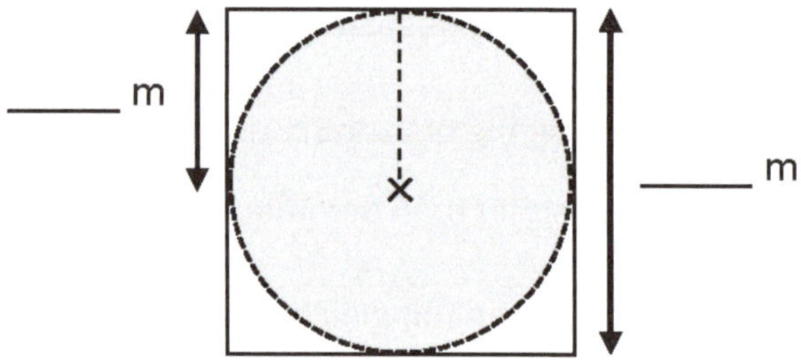

b) Berechne, wie viel m^2 Holz von der quadratischen Platte übrigbleiben. (Solltest du Teilaufgabe a) nicht gelöst haben, rechne mit $A = 2{,}45\ m^2$ weiter.)

Ein Kunde behauptet:
„Wenn der Durchmesser des Brunnens doppelt so groß ist, muss ein Deckel mit doppelt so großem Flächeninhalt angefertigt werden."

c) Ist die Aussage wahr oder falsch? Kreuze an und begründe.

◯ Ja, er hat Recht. ◯ Nein, er hat nicht Recht.

Begründung: ____

____

Der Kunde erhält eine Rechnung über 198 €. Bei Überweisung innerhalb einer Woche können 2 % Skonto abgezogen werden.

d) Berechne den Überweisungsbetrag bei Zahlung innerhalb einer Woche.

Wahlaufgabe 4

(10 P)

Nina hat eine Schachtel mit schwarzen, weißen und gestreiften Schokolinsen.

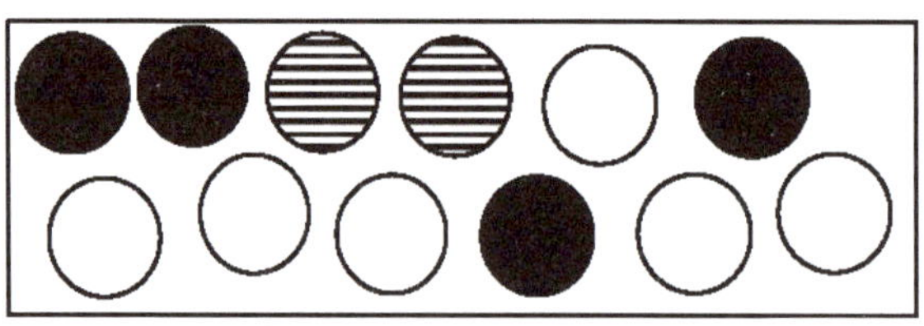

a) Ergänze die fehlenden Anteile und Farben in der Tabelle.

Farbe der Schokolinse	Wahrscheinlichkeit
weiß	
	$\frac{4}{12}$
schwarz oder gestreift	

Nina nimmt sich aus ihrer Schachtel zwei Schokolinsen.

b) Ergänze das Baumdiagramm.

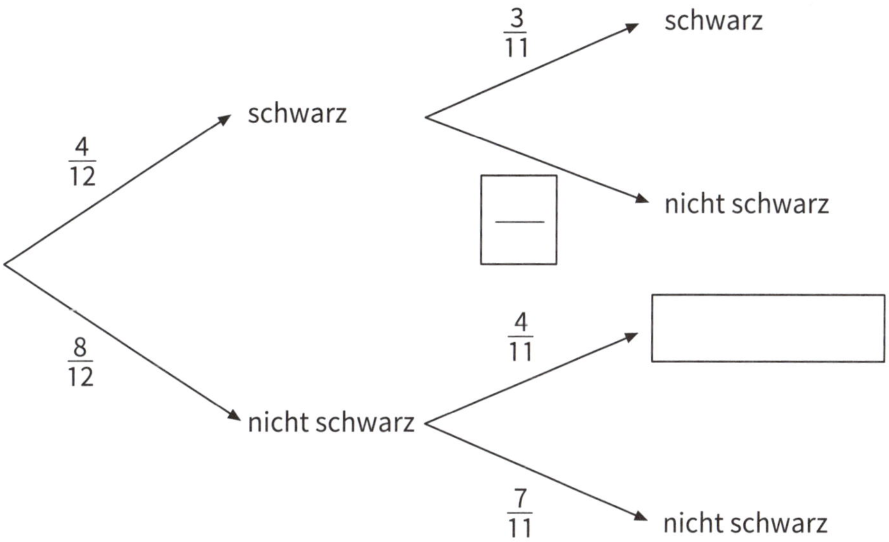

Nina isst gerne schwarze Schokolinsen.

c) Berechne die Wahrscheinlichkeit, dass nacheinander zwei schwarze Schokolinsen gezogen werden.

Kevin hat eine Schachtel mit schwarzen und weißen Schokolinsen.

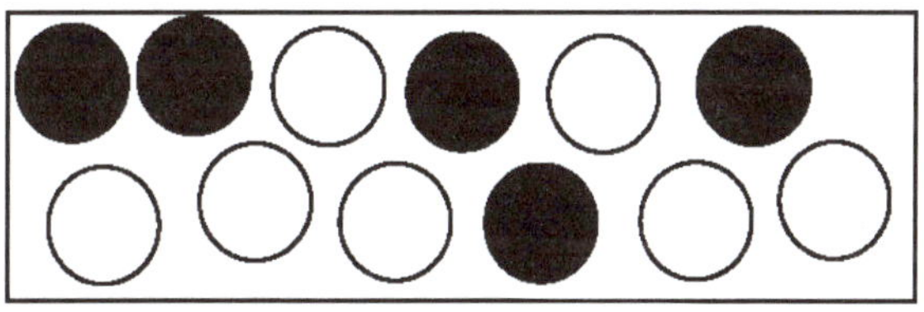

d) Kreuze an, bei wem die Wahrscheinlichkeit größer ist, eine weiße Schokolinse zu ziehen.

◯ Nina ◯ Kevin

Begründung: ____

____

In einer anderen Schachtel befinden sich 12 Schokolinsen mit folgender Verteilung:

weiß $\frac{1}{3}$ schwarz $\frac{2}{3}$ gestreift $\frac{1}{6}$

e) Male die Schokolinsen passend zu der Verteilung an.

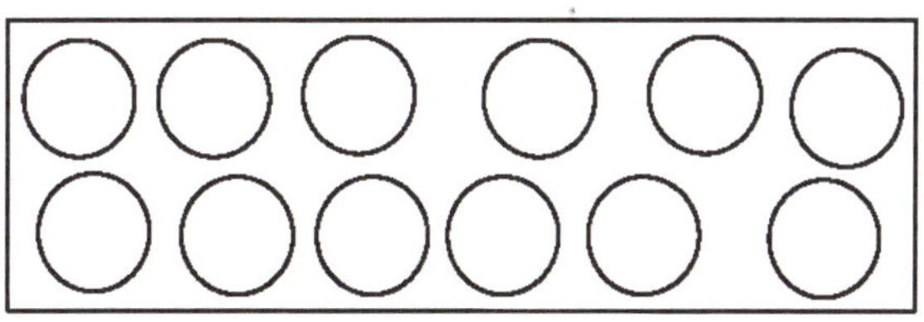

Teil C Original-Prüfungsaufgaben

Die folgende Original-Abschlussprüfung ist aus dem Jahr 2021 für die Hauptschule Klasse 10. Die Bearbeitungszeit beträgt insgesamt 150 Minuten. Den Hauptteil 1 kannst du hier im Arbeitsbuch bearbeiten. Für den Hauptteil 2 und Wahlteil brauchst du extra Blätter.

Hauptteil 1 (G- und E-Kurs) **(28 Punkte)**

Die Aufgaben im Hauptteil 1 sind in maximal 50 Minuten ohne Taschenrechner und Formelsammlung zu lösen.

Aufgabe 1 (4 P)

Ergänze die fehlenden Zahlen in den Lücken.

a) $1{,}5 + 2 \cdot 3 =$ ______

b) ______ $- 2 = -7$

c) $\frac{1}{2} +$ ______ $= \frac{3}{4}$

d) $0{,}4^2 =$ ______

Aufgabe 2 (3 P)

Gib die Größen in den angegebenen Einheiten an.

a) 2,7 cm = __________ mm

b) $\frac{3}{4}$ ℓ = __________ mℓ

c) $2\frac{1}{3}$ h = __________ min

Aufgabe 3 (2 P)

Alle niedersächsischen Kühe geben zusammen jeden Tag durchschnittlich 18 465 232 Liter Milch.

a) Runde die Zahl auf ganze Millionen.

18 465 232 ≈ ______________________________

b) Bestimme die Menge Milch, die alle niedersächsischen Kühe zusammen in einem Jahr durchschnittlich geben. Kreuze an.

◯ 670 Mrd. Liter

◯ 6,7 Mrd. Liter

◯ 67 Mio. Liter

Quelle (Aufgaben): Niedersächsisches Kultusministerium, Hannover 2021

Aufgabe 4

(3 P)

Entscheide, ob die Zuordnungen proportional, antiproportional oder keines von beidem sind.
Kreuze an.

<table>
<tr><th colspan="2">Zuordnung</th><th>proportional</th><th>antiproportional</th><th>keines von beidem</th></tr>
<tr><td>a)</td><td><table><tr><th>x</th><th>y</th></tr><tr><td>2</td><td>5</td></tr><tr><td>6</td><td>15</td></tr><tr><td>10</td><td>25</td></tr></table></td><td>○</td><td>○</td><td>○</td></tr>
<tr><td>b)</td><td>Seitenlänge eines Quadrates →
Flächeninhalt dieses Quadrates</td><td>○</td><td>○</td><td>○</td></tr>
<tr><td>c)</td><td></td><td>○</td><td>○</td><td>○</td></tr>
</table>

Aufgabe 5

(2 P)

80 Schülerinnen und Schülern haben jeweils eine Arbeitsgemeinschaft gewählt. Die Verteilung ist im Kreisdiagramm dargestellt.

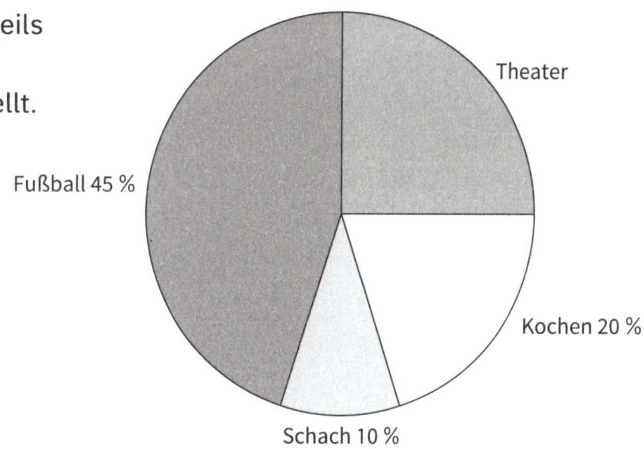

Ergänze die folgenden Sätze.

Die Arbeitsgemeinschaft „Theater“ haben ______ % der Schülerinnen und Schüler gewählt.

Von den 80 Schülerinnen und Schülern haben 20 % die Arbeitsgemeinschaft „Kochen“ gewählt.

Das sind ______ Schülerinnen und Schüler.

Aufgabe 6 (3 P)

Die Lehrerin Frau Meier hat eine Klassenarbeit korrigiert und alle Noten unsortiert aufgeschrieben.

2 3 4 3 1 2 3 4 2 4 3 4 5 3 5 3 3 6 2 3

a) Vervollständige die Tabelle.

Note	1	2	3	4	5	6
Anzahl	1	4		4	2	1

Frau Meier berechnet den Mittelwert M der erreichten Noten mit folgender Rechenvorschrift.

$$M = (1a + 2b + 3c + 4d + 5e + 6f) : 20$$

b) Ergänze die folgenden Sätze.

Frau Meier setzt für den Buchstaben e die Anzahl der Schülerinnen und Schüler ein, die

____

Frau Meier teilt durch 20, weil ______________________________

____

Aufgabe 7 (3 P)

a) Zeichne einen Winkel $\alpha = 110°$.

b) Berechne die Größe des Winkels β.

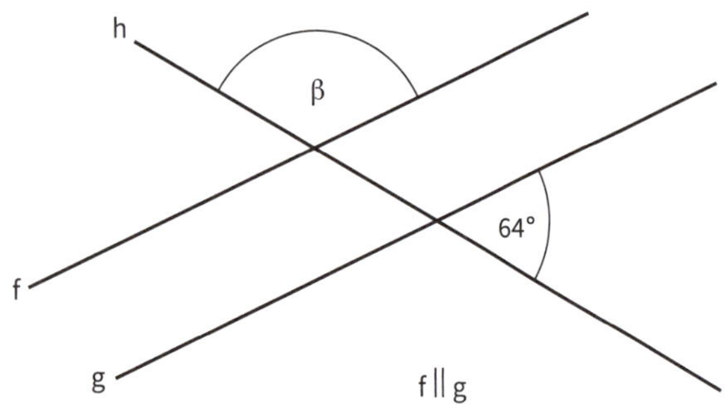

$\beta =$ ______ °

(Skizze nicht maßstäblich)

c) Björn behauptet: „Ich kann ein Nebenwinkelpaar zeichnen, das aus zwei spitzen Winkeln besteht."
Begründe, dass Björns Behauptung falsch ist.

____

____

____

Aufgabe 8 (3 P)

a) Ergänze die Abbildung zu einem Quadernetz.

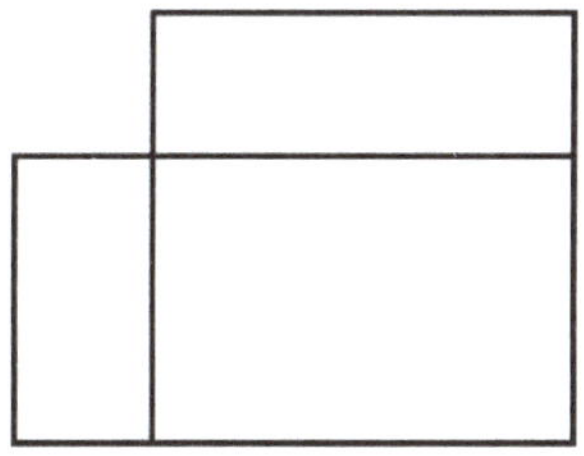

Das untenstehende Netz wird zu einem Würfel gefaltet.

b) Markiere in dem Netz diejenige Kante, welche die drei Punkte berührt.

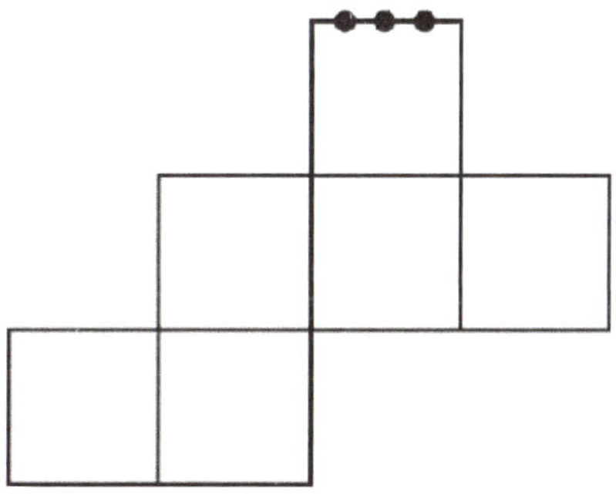

Aufgabe 9

(4 P)

Der Flächeninhalt der abgebildeten Figur soll berechnet werden.

a) Zeichne eine passende Zerlegung oder Ergänzung in die Skizze ein, um den Flächeninhalt zu berechnen.

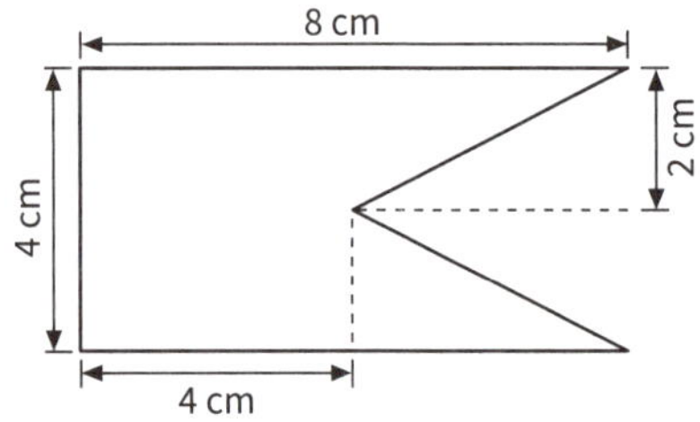

(Skizze nicht maßstäblich)

b) Berechne den Flächeninhalt der Figur.

A = ______ cm^2

c) Gib eine allgemeine Formel zur Berechnung des Flächeninhaltes der Figur in Abhängigkeit von x an.

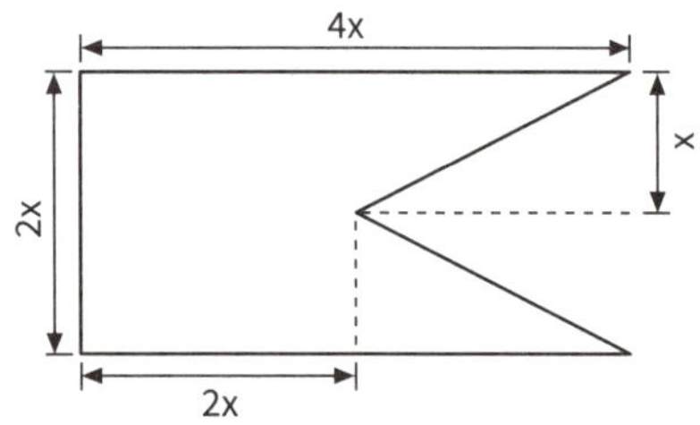

(Skizze nicht maßstäblich)

Aufgabe 10

(1 P)

Stelle die Formel nach h um.

$$A = \frac{g \cdot h}{2}$$

Hauptteil 2/Wahlteil (E-Kurs)

Alle Rechenwege müssen klar und übersichtlich aufgeschrieben werden.
Runde jedes Ergebnis auf 2 Stellen hinter dem Komma, sofern nicht anderes angegeben ist.

Hauptteil 2 (E-Kurs) (28 Punkte)

Aufgabe 1 (5 P)

Im Jahr 2015 fielen in Deutschland insgesamt 45,9 Millionen Tonnen Hausmüll an.
Zu diesem Zeitpunkt lebten in Deutschland ca. 81,2 Millionen Menschen.

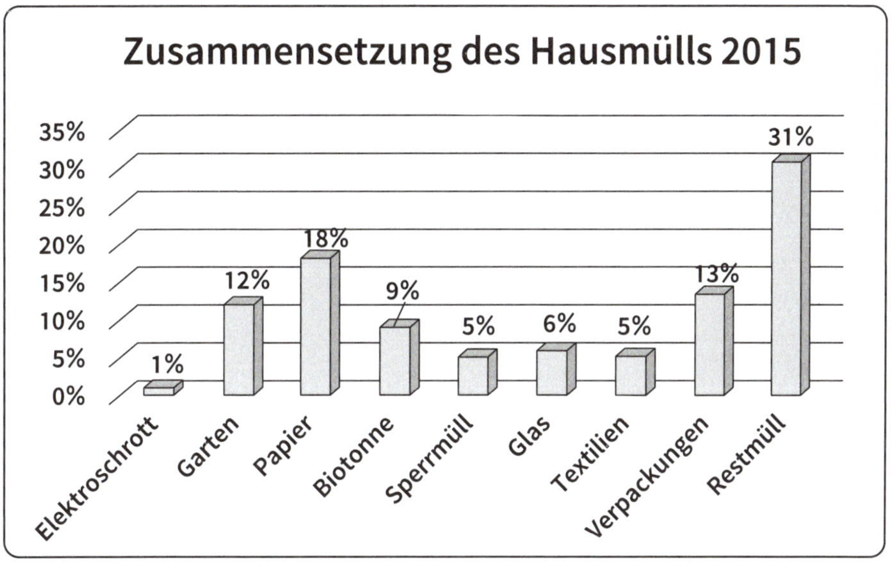

a) Berechne, wie viele Tonnen Hausmüll jede Person in Deutschland durchschnittlich verursacht hat.

b) Berechne, wie viele Tonnen Papier im Hausmüll Deutschlands 2015 enthalten waren.

c) Vervollständige das Kreisdiagramm.

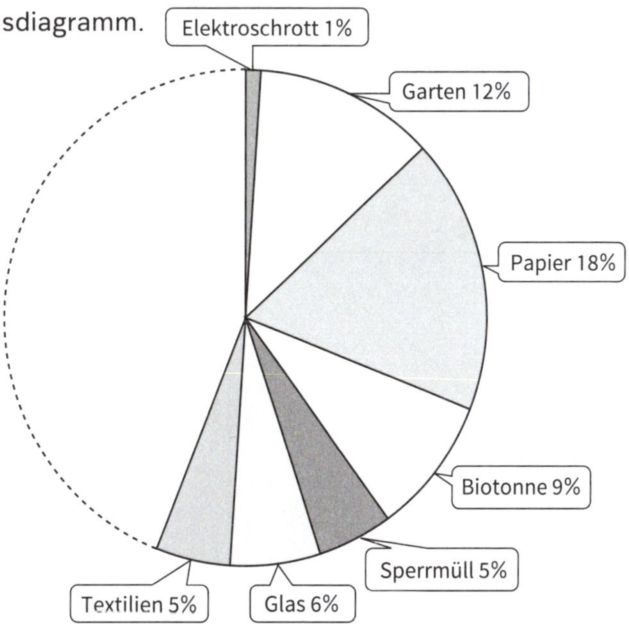

Aufgabe 2 (2 P)

Zum 14. Geburtstag ihres Enkels Erik legt Oma Ingrid ein Führerscheinkonto bei der Bank an. Sie zahlt 1 500 € ein. Die Bank verzinst dieses Geld mit einem jährlichen Zinssatz von 0,6 %. Bis zu Eriks 17. Geburtstag gibt es keine weiteren Ein- und Auszahlungen.

Berechne das Kapital, das Erik an seinem 17. Geburtstag ausgezahlt bekommt.

Aufgabe 3 (3 P)

In einem Café soll ein großes Schild als Dekoration an die Wand gehängt werden.
Der Durchmesser des Schildes beträgt 1,50 m.

a) Berechne den Flächeninhalt des Schildes.

Um den Rand des Schildes soll eine LED-Lichterkette angebracht werden.

b) Überprüfe, ob eine 4 m lange LED-Lichterkette dafür ausreicht.

(Skizzen nicht maßstäblich)

Aufgabe 4 (5 P)

Abgebildet ist ein Werkstück aus Kunststoff.

$h_k = 4{,}80$ cm
$h_k = 3{,}9$ cm

a) Berechne die Seitenlänge a des Werkstücks.

Das Werkstück wird von außen abgeschliffen.

b) Berechne die zu schleifende Fläche.

(Solltest du die Teilaufgabe a) nicht gelöst haben, rechne mit a = 5,53 cm weiter.)

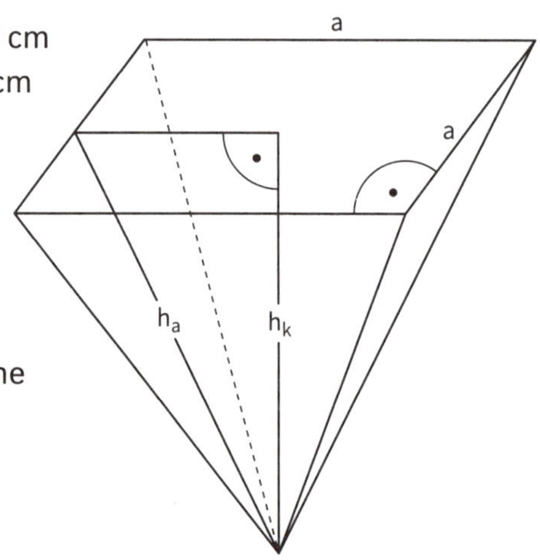

Aufgabe 5 (8 P)

a) Ordne den Funktionsgleichungen den passenden Graphen zu.

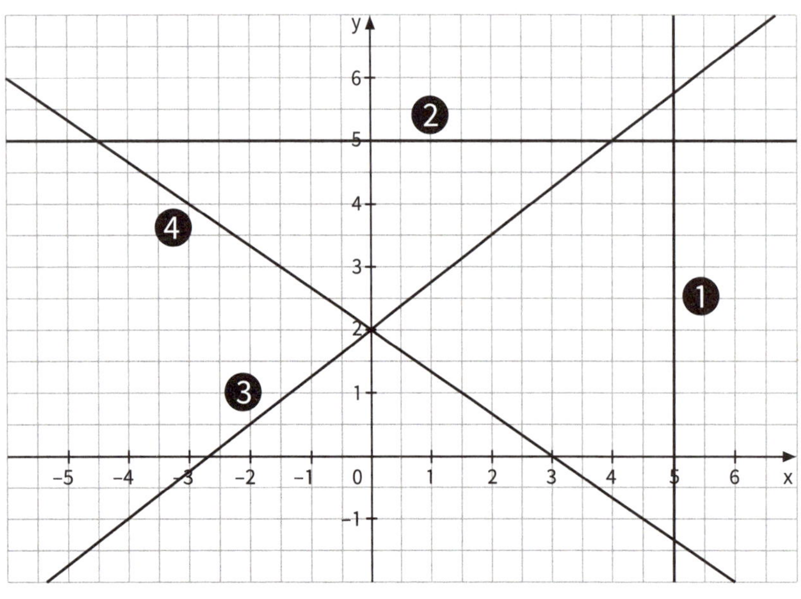

Funktionsgleichung	Graph
$y = -\frac{2}{3}x + 2$	
$y = 5$	

Durch die Punkte A und B verläuft eine Gerade.

b) Trage die Punkte A(0|–1) und B(5|2) in das Koordinatensystem ein und zeichne die Gerade.

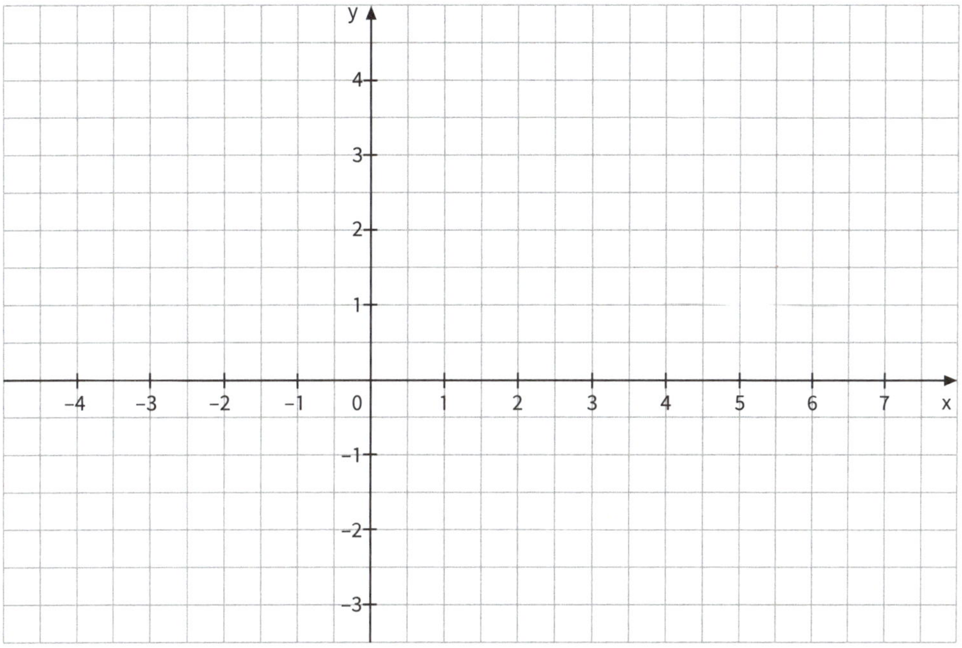

c) Bestimme die Funktionsgleichung der Geraden.

Zwei andere Geraden g und h haben folgende Funktionsgleichungen: g: $y = 4x - 6$

d) Bestimme den Schnittpunkt der beiden Geraden. h: $y = -3x + 1$

Aufgabe 6

(4 P)

Drei Radrennfahrer (Ali, Kai und Tom) fahren ein Radrennen.
Das Radrennen besteht aus zwei Etappen.
Nach jeder Etappe wird ein Radrennfahrer zur Dopingkontrolle zufällig ausgelost.

Im abgebildeten Baumdiagramm fehlen einige Äste und die Wahrscheinlichkeiten.

a) Vervollständige das Baumdiagramm und schreibe die Wahrscheinlichkeiten an die Äste.

1. Dopingkontrolle

2. Dopingkontrolle

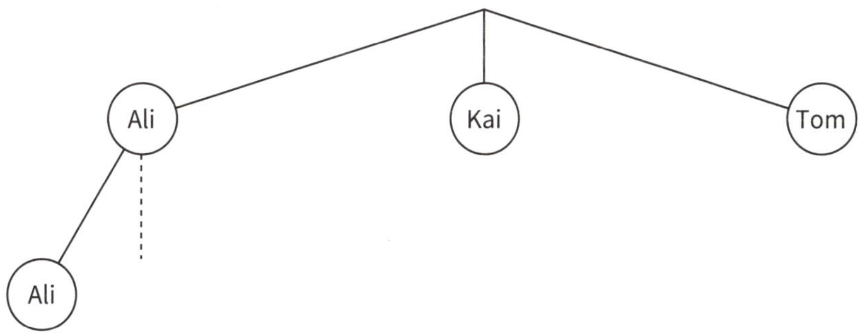

b) Berechne die Wahrscheinlichkeit, dass zweimal derselbe Radrennfahrer ausgelost wird.

Aufgabe 7 (3 P)

Lea möchte ein Klassenfoto aufnehmen. Sie stellt sich mit ihrer Kamera mittig vor die Klasse.

Berechne den Abstand x, den Lea benötigt, um die gesamte Klasse aufs Foto zu bekommen.

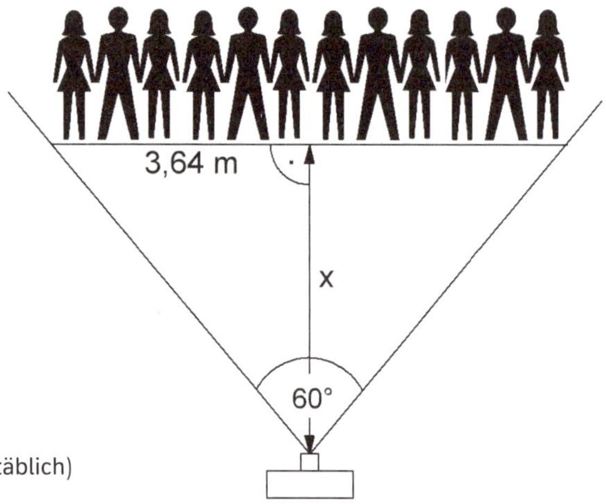

(Skizze nicht maßstäblich)

Aufgabe 8 (3 P)

Eine Regentonne hat ein Fassungsvermögen von 800 Litern. Sie ist bis 15 cm unter den Rand mit Wasser gefüllt.

Berechne die Höhe h des Wasserstandes in der Tonne.

1 Liter = 1000 cm³

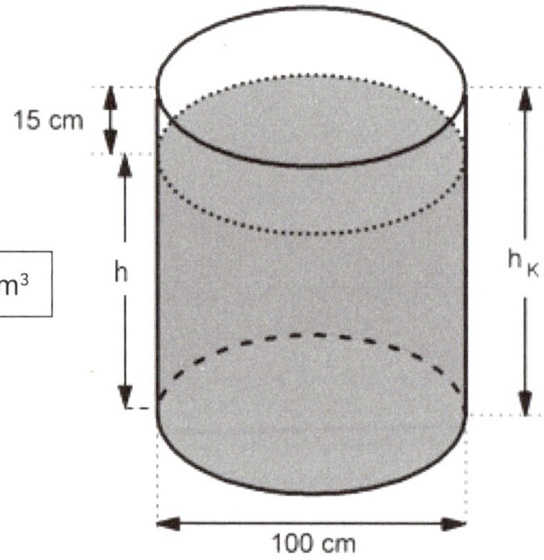

(Skizzen nicht maßstäblich)

Aufgabe 9 (3 P)

Berechne x.

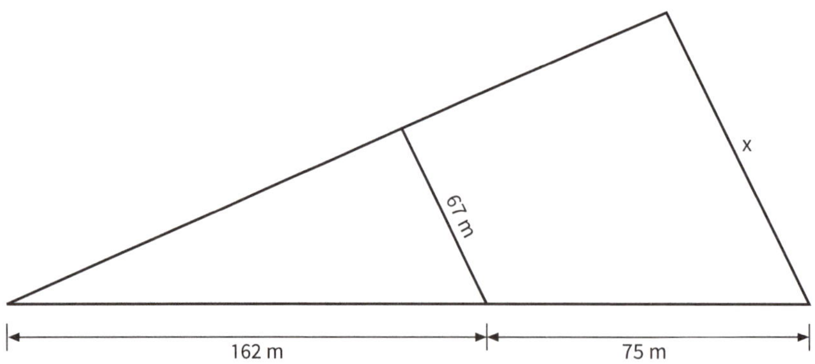

Wahlteil (E-Kurs)

(20 Punkte)

Wahlaufgabe 1

(10 P)

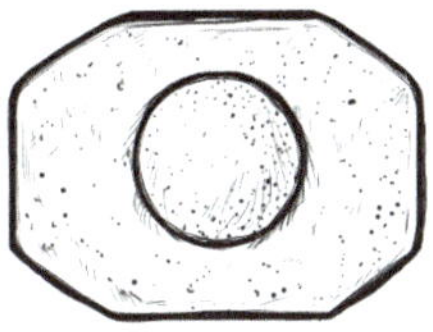

Abgebildet ist ein Tab für die Spülmaschine.
In der Mitte des Tabs befindet sich eine Kugel.

a) Berechne x.

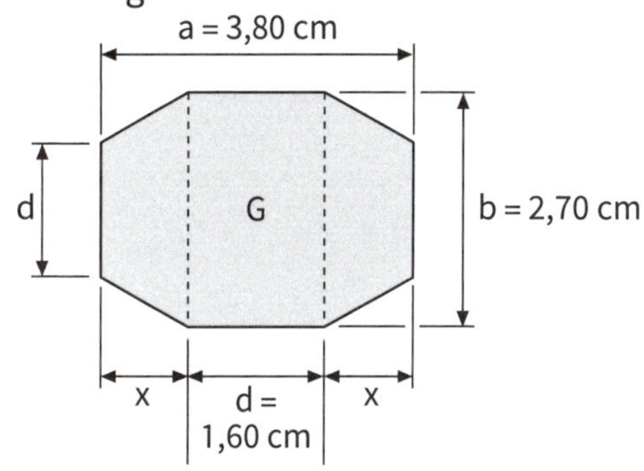

b) Berechne die Grundfläche G des Tabs.

(Solltest du die Teilaufgabe a) nicht gelöst haben, rechne mit x = 1,10 cm weiter.)

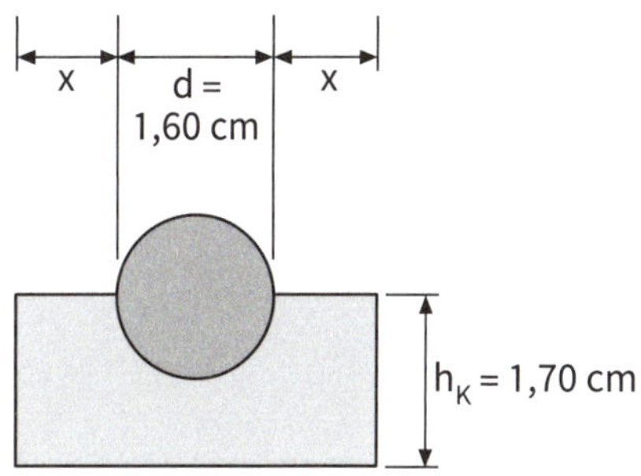

c) Berechne das Volumen der Kugel.

d) Berechne das Volumen des gesamten Tabs.

(Solltest du die Teilaufgaben b) und c) nicht gelöst haben, rechne mit $G = 9{,}25\ cm^2$ und $V_{Kugel} = 2{,}36\ cm^3$ weiter.)

Der Hersteller der Tabs plant, die Kugel gegen einen Zylinder mit gleichem Durchmesser und gleichem Volumen auszutauschen.

(Skizzen nicht maßstäblich)

e) Berechne die Körperhöhe h_K des Zylinders.

(Solltest du die Teilaufgabe c) nicht gelöst haben, rechne mit $V_{Kugel} = 2{,}36\ cm^3$ weiter.)

f) Ergänze.

Verdoppelt man den Durchmesser der Kugel, dann ________________________ sich ihr Volumen.

Wahlaufgabe 2

(10 P)

Ein Maibaum besteht oft aus einem Stamm und mehreren ringförmigen Kränzen, die mit Seilen am Stamm befestigt sind.

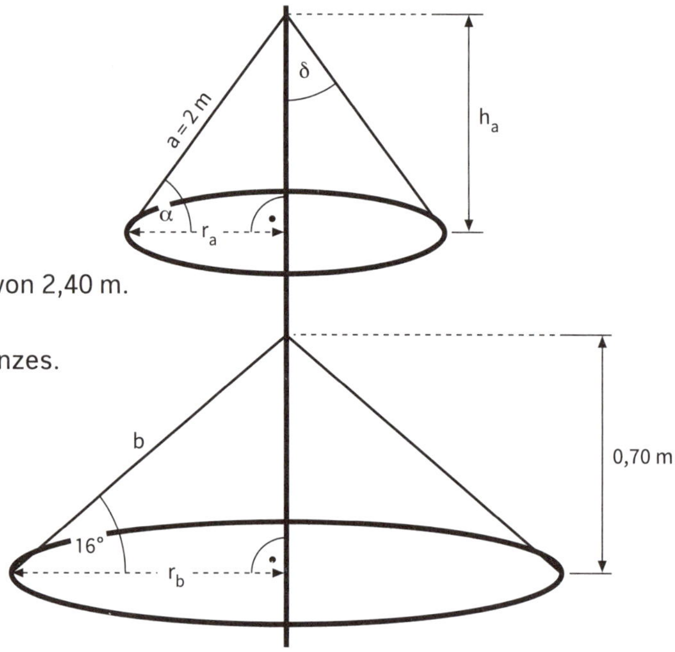

(Skizze nicht maßstäblich)

Der obere Kranz hat einen Durchmesser von 2,40 m.

a) Berechne den Umfang des oberen Kranzes.

b) Berechne h_a.

c) Berechne die Größe des Winkels α.

d) Bestimme die Größe des Winkels δ.

(Solltest du die Teilaufgabe c) nicht gelöst haben, rechne mit α = 52,12° weiter.)

e) Berechne die Seillänge b des unteren Kranzes.

f) Begründe, dass folgende Aussage wahr ist:

„Wenn der Durchmesser eines Kranzes verdreifacht wird, dann verdreifacht sich auch der Umfang des Kranzes."

Wahlaufgabe 3

(10 P)

Zwei Würfel sind wie folgt beschriftet:

Würfel A Würfel B

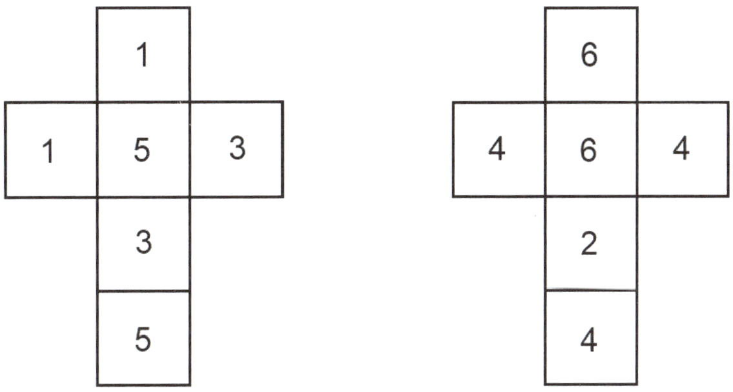

a) Fülle die Tabelle aus.

Ereignis	Wahrscheinlichkeit
„Mit dem Würfel A wird eine 3 geworfen."	
„Mit dem Würfel A wird eine 1 oder 5 geworfen."	
„Mit dem Würfel B wird keine 2 geworfen."	
„Mit dem Würfel B wird ____________ geworfen."	$\frac{3}{6}$

Nun wird mit beiden Würfeln gleichzeitig geworfen. Die geworfenen Zahlen werden addiert.

b) Trage die fehlenden Zahlen in das Baumdiagramm ein und berechne die Summen.

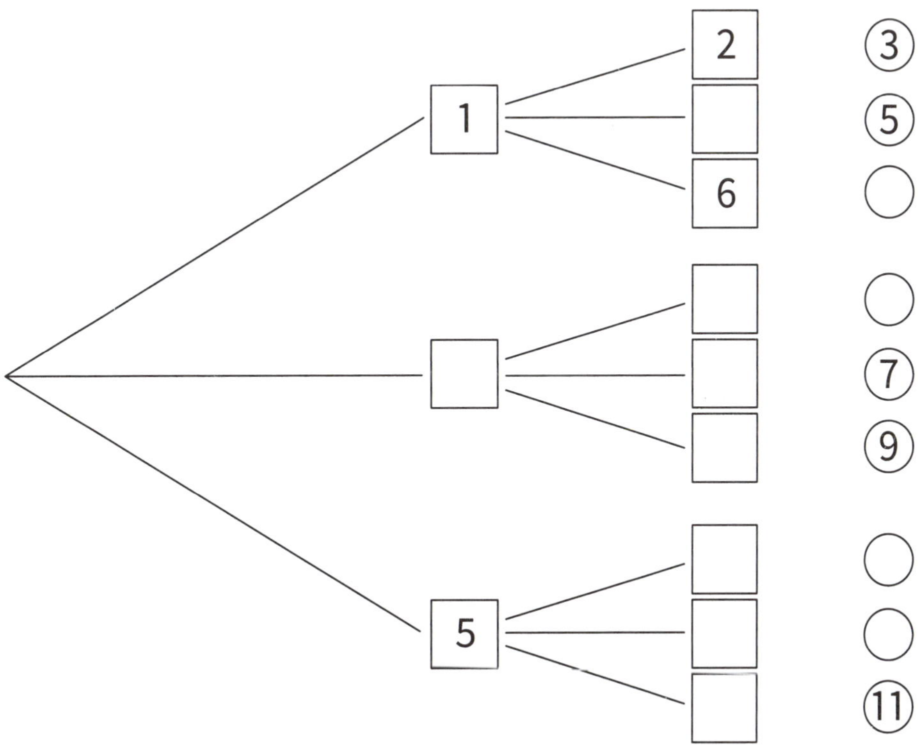

c) Berechne die Wahrscheinlichkeit, dass die Summe 3 geworfen wird.

Thomas und Moritz vereinbaren ein Spiel mit folgenden Regeln:

- Thomas gewinnt, wenn eine Summe kleiner als 7 geworfen wird.
- Moritz gewinnt, wenn die Summe größer als 7 ist.
- Es gewinnt keiner, wenn die Summe 7 ist.

d) Berechne die Wahrscheinlichkeit, dass Moritz gewinnt.

Thomas und Moritz sind sich einig: „Das Spiel ist nicht fair."

e) Verändere die Spielregel so, dass ein faires Spiel entsteht.

Wahlaufgabe 4

(10 P)

Familie Winter bekommt ihr Heizöl von einem Tankwagen geliefert.
Der abgebildete Graph stellt den Füllvorgang des Haustanks dar.

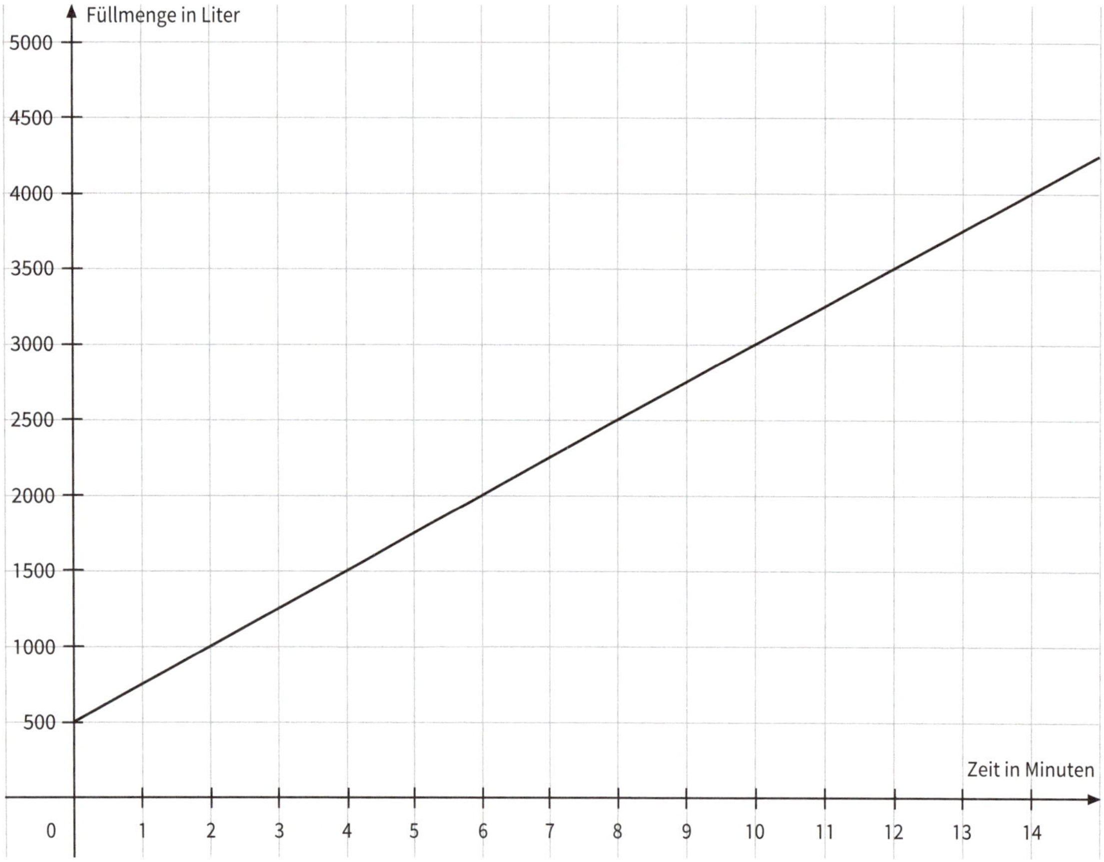

a) Fülle die Lücken aus.

Zu Beginn des Füllvorgangs befinden sich __________ Liter Heizöl im Haustank.

In den Haustank werden __________ Liter Heizöl pro Minute gepumpt.

b) Gib die Funktionsgleichung des abgebildeten Graphen an.

c) Berechne den Zeitpunkt, an dem sich 1 625 Liter im Haustank befinden.

(Solltest du die Teilaufgabe b) nicht gelöst haben, verwende $y = 200 \cdot x + 725$.)

Im Tankwagen befanden sich zu Beginn 5 000 Liter.

d) Zeichne den Graphen für den Abpumpvorgang des Tankwagens in das obere Koordinatensystem.

(Solltest du die Teilaufgabe a) nicht gelöst haben, gehe von 500 Litern pro Minute aus.)

e) Bestimme den Zeitpunkt, zu dem sich im Haustank und im Tankwagen gleich viel Heizöl befinden.

Wenn die Pumpe des Tankwagens während des Abpumpvorgangs für einen Zeitraum abgeschaltet wird, verändert sich der Verlauf des Graphen.

f) Beschreibe den Verlauf des Graphen für diesen Zeitraum.

____

____

Wahlaufgaben aus der Abschlussprüfung 2020 Klasse 10

Wahlaufgabe 1

(10 P)

In der Abbildung siehst du einen Fußball in Übergröße.

a) Miss die in der Abbildung eingezeichneten Strecken und trage die Maße in die entsprechenden Felder ein.

b) Ergänze:

Der Durchmesser des großen Fußballs ist ungefähr ______- mal so groß wie der Durchmesser des kleinen Fußballs.

Der Fußball, den der Junge hält, hat in Wirklichkeit einen Durchmesser von 22 cm.

c) Bestimme den Durchmesser des großen Fußballs in Wirklichkeit.

(Solltest du die Teilaufgabe b) nicht gelöst haben, gehe davon aus, dass der Durchmesser des großen Fußballs 9-mal so groß ist wie der Durchmesser des kleinen Fußballs.)

Der große Fußball wurde vollständig mit Wasser gefüllt.

d) Berechne das Volumen der Wassermenge. Gib das Volumen in m^3 an.

(Solltest du die Teilaufgabe c) nicht gelöst haben, rechne mit d = 184 cm weiter.)

Die gesamte Wassermenge aus dem großen Fußball wird in einen quaderförmigen Tank gepumpt.

e) Berechne die Füllhöhe h des Tanks.

(Solltest du die Teilaufgabe d) nicht gelöst haben, rechne mit V = 2,72 m^3 weiter.)

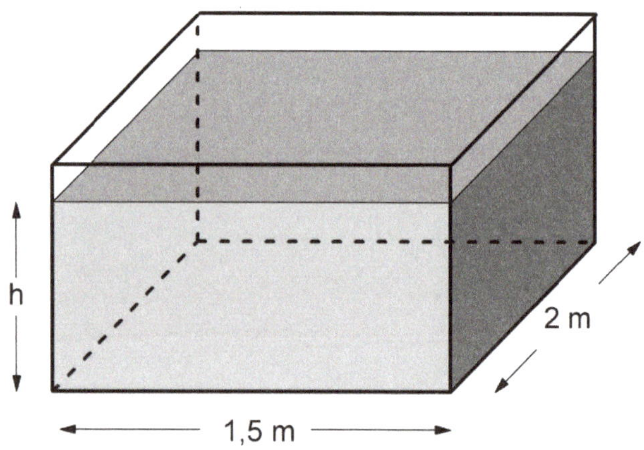

(Skizze nicht maßstäblich)

Es soll ein noch größerer Fußball aufgestellt werden. Sein Durchmesser soll doppelt so lang sein, wie der des großen Fußballs.

f) Ergänze. Dann benötigt man für die Füllung ________________ so viel Wasser.

Quelle (Aufgaben): Niedersächsisches Kultusministerium, Hannover 2020

Wahlaufgabe 4 (10 P)

Am Bodensee fahren Luftschiffe.
Der Kapitän sieht vom Luftschiff aus die beiden Orte A und B.

$\gamma = 43°$
$\delta = 54°$

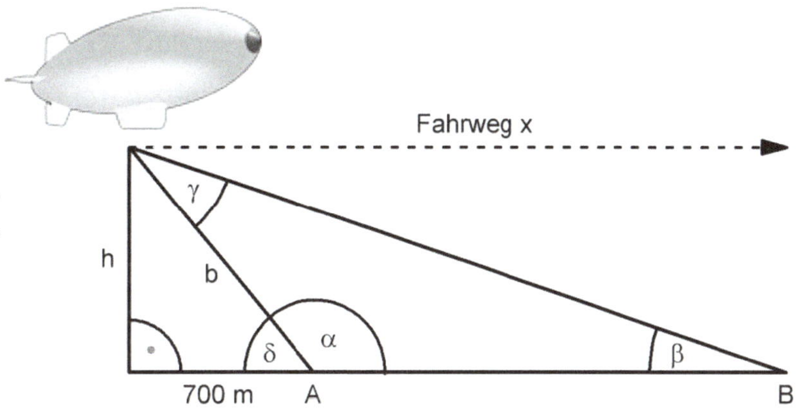

(Skizze nicht maßstäblich)

a) Berechne die Flughöhe h des Luftschiffs.

b) Berechne die Länge der Strecke b.

c) Bestimme die Größe der Winkel α und β.

d) Berechne den Fahrweg x, bis das Luftschiff über dem Ort B ist.

(Solltest du die Teilaufgaben b) und c) nicht gelöst haben, rechne mit $b = 1293{,}56$ m und $\beta = 14°$ weiter.)

Marta behauptet: „Verdoppelt man die Größe des Winkels β bei gleicher Flughöhe, so halbiert sich der Fahrweg x des Luftschiffes bis über den Ort B“.

e) Begründe, dass die Aussage von Marta falsch ist.

Stichwortverzeichnis

westermann

FiNALE Prüfungstraining

Niedersachsen

Abschluss 9./10. Klasse Hauptschule 2023

Mathematik

Lösungen und Formelsammlung

Bernhard Humpert
Dr. Martina Lenze
Dr. Bernd Liebau
Ursula Schmidt
Peter Welzel

ISBN 978-3-7426-2322-5

Flächen

Quadrat $A = a \cdot a$ oder $A = a^2$	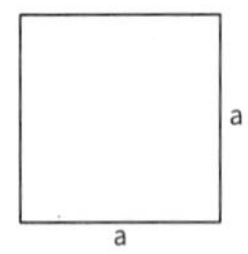	**Rechteck** $A = a \cdot b$	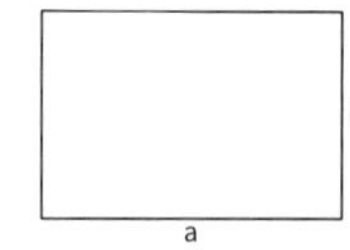
Dreieck $A = \frac{g \cdot h}{2}$	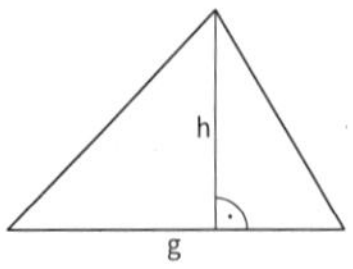	**Parallelogramm** $A = g \cdot h$	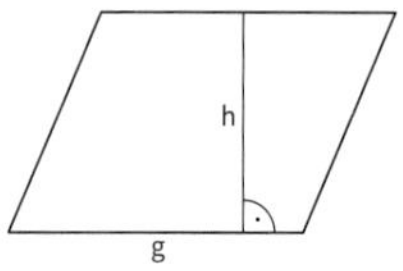
Trapez $A = \frac{a + c}{2} \cdot h$	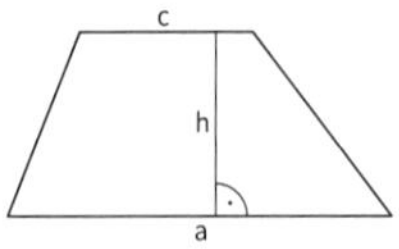	**Kreis** $A = \pi \cdot r^2$ $u = 2 \cdot \pi \cdot r = \pi \cdot d$	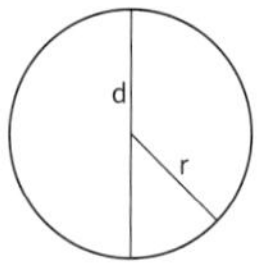

Körper

Würfel $V = a \cdot a \cdot a$ oder $V = a^3$ $O = 6 \cdot a^2$	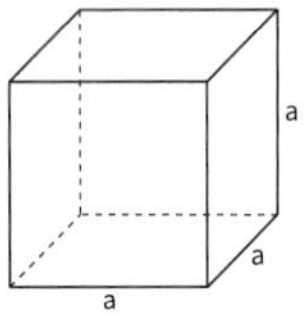	**Quader** $V = a \cdot b \cdot c$ $O = 2 \cdot a \cdot b + 2 \cdot a \cdot c + 2 \cdot b \cdot c$	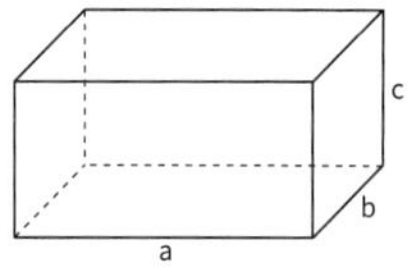
Prisma $V = G \cdot h_k$ $M = u \cdot h_k$ $O = 2 \cdot G + M$	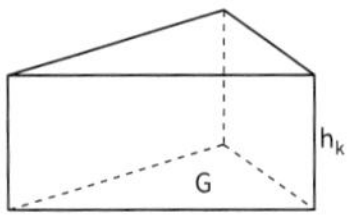	**Zylinder** $V = \pi \cdot r^2 \cdot h_k$ $O = 2 \cdot G + M$ oder $O = 2 \cdot \pi \cdot r^2 + 2\pi \cdot r \cdot h_k$	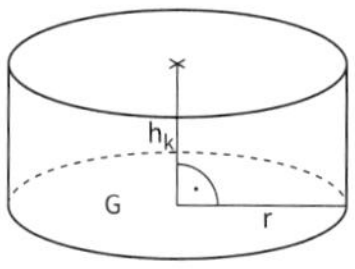

Pythagoras

In einem rechtwinkligen Dreieck gilt: $a^2 + b^2 = c^2$

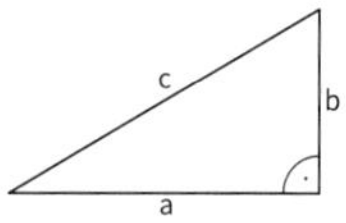

Prozentformel	**Jahreszinsen**	**Monatszinsen**	**Tageszinsen**
$P = G \cdot \frac{p}{100}$	$Z = K \cdot \frac{p}{100}$	$Z = K \cdot \frac{p}{100} \cdot \frac{M}{12}$	$Z = K \cdot \frac{p}{100} \cdot \frac{t}{360}$

Wahrscheinlichkeitsrechnung

Sind alle Ereignisse eines Zufallsexperimentes gleich wahrscheinlich, gilt:

$$\textit{Wahrscheinlichkeit} = \frac{\text{Anzahl der günstigen Ereignisse}}{\text{Anzahl aller Ereignisse}}$$

Mehrstufige Zufallsversuche lassen sich in einem Baum-Diagramm darstellen.

<u>Beispiel:</u> Das Werfen einer Münze kann Wappen (W) oder Zahl (Z) ergeben, die Wahrscheinlichkeit ist je $\frac{1}{2}$

Pfadregel: (Beispiel) *Wahrscheinlichkeit (ZZ)* $= \frac{1}{2} \cdot \frac{1}{2} = \frac{1}{4}$

Summenregel: (Beispiel) *Wahrscheinlichkeit (ZZ oder WW)* $= \frac{1}{4} + \frac{1}{4} = \frac{1}{2}$

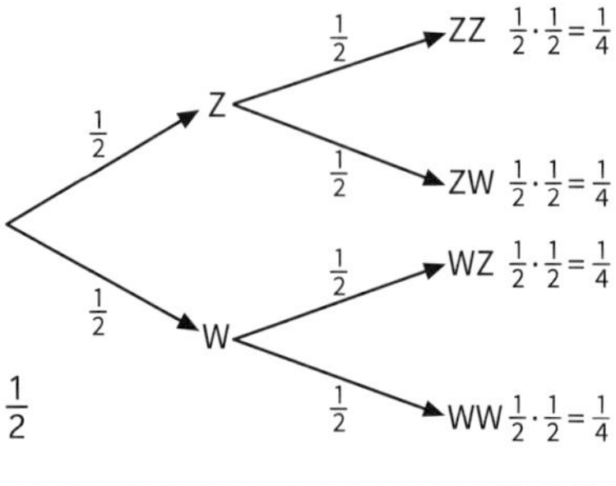

Flächenberechnungen

Quadrat

$A = a \cdot a$
oder
$A = a^2$

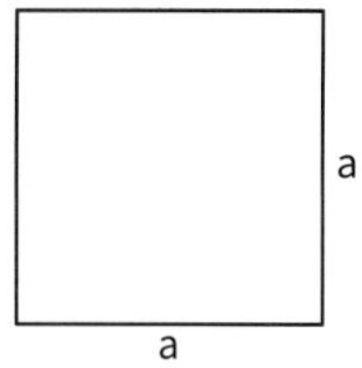

Rechteck

$A = a \cdot b$

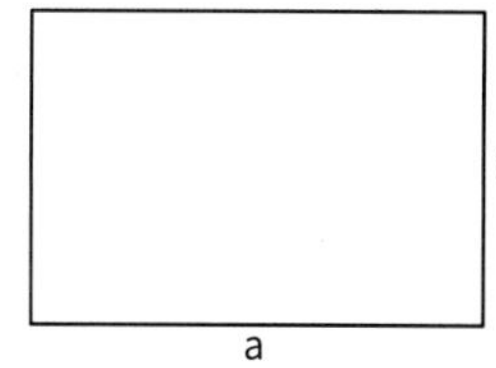

Dreieck

$A = \frac{g \cdot h}{2}$

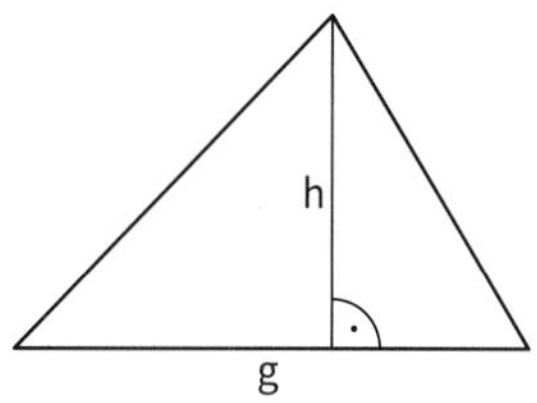

Parallelogramm

$A = g \cdot h$

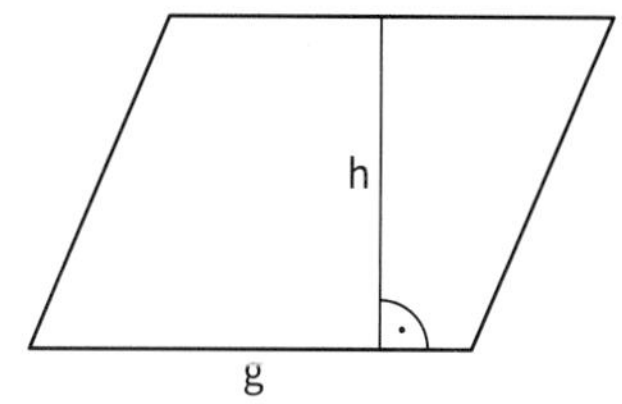

Trapez

$A = \frac{a + c}{2} \cdot h$

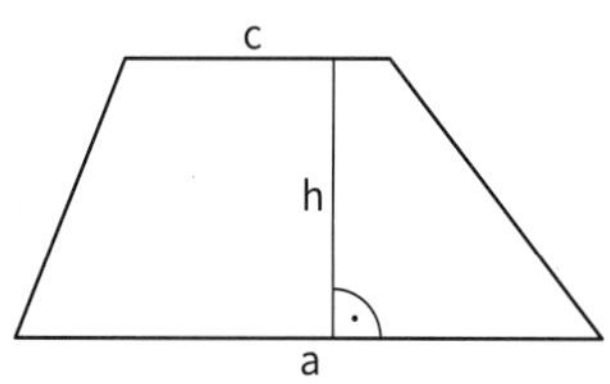

Kreis

$A = \pi \cdot r^2$

$u = 2\pi \cdot r$

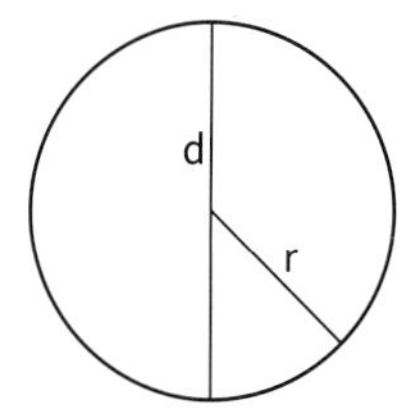

Kreisring

$A_{KR} = \pi r_a^2 - \pi r_i^2$

$u_{KR} = 2\pi r_a + 2\pi r_i$

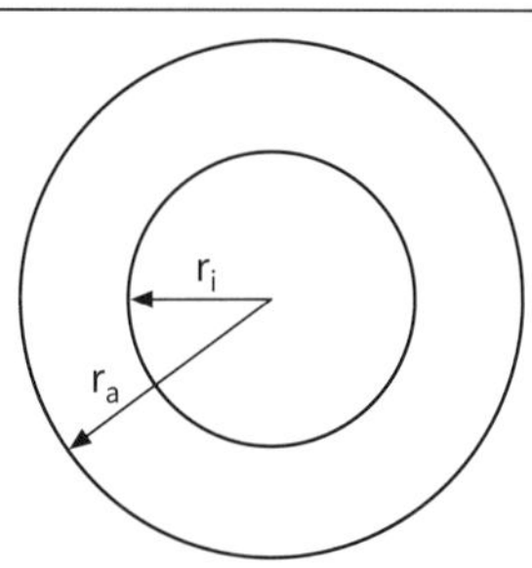

Kreisausschnitt

$A_{KA} = \pi r^2 \cdot \frac{\alpha}{360°}$

$b = 2\pi r \cdot \frac{\alpha}{360°}$

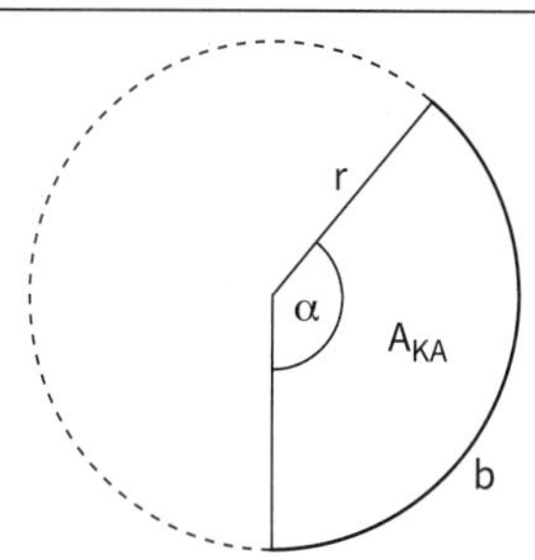

Körperberechnungen

Würfel

$V = a \cdot a \cdot a = a^3$

$O = 6 \cdot a^2$

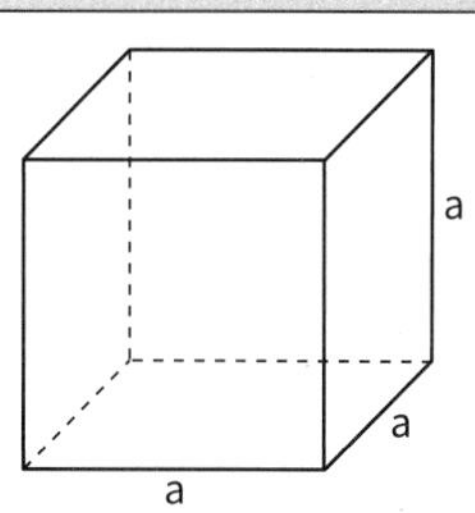

Quader

$V = a \cdot b \cdot c$

$O = 2 \cdot ab + 2 \cdot ac + 2 \cdot bc$

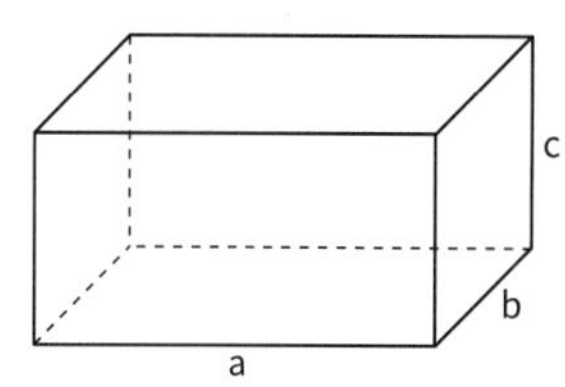

Prisma

$V = G \cdot h_k$

$M = u \cdot h_k$
$O = 2 \cdot G + M$

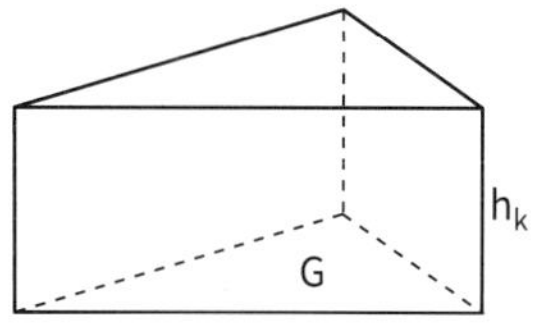

Zylinder

$V = G \cdot h_k$
oder
$V = \pi \cdot r^2 \cdot h_k$

$O = 2 \cdot G + M$
oder
$O = 2 \cdot \pi \cdot r^2 + 2\pi \cdot r \cdot h_k$

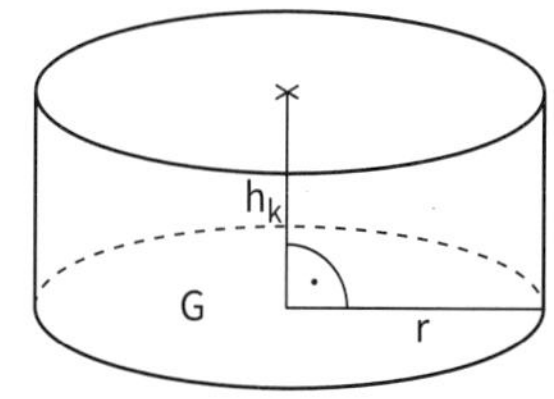

Quadratische Pyramide

$V = \frac{1}{3} a^2 \cdot h_K$

$M = 4 \cdot \frac{a \cdot h_a}{2}$

$O = a^2 + 4 \cdot \frac{a \cdot h_a}{2}$

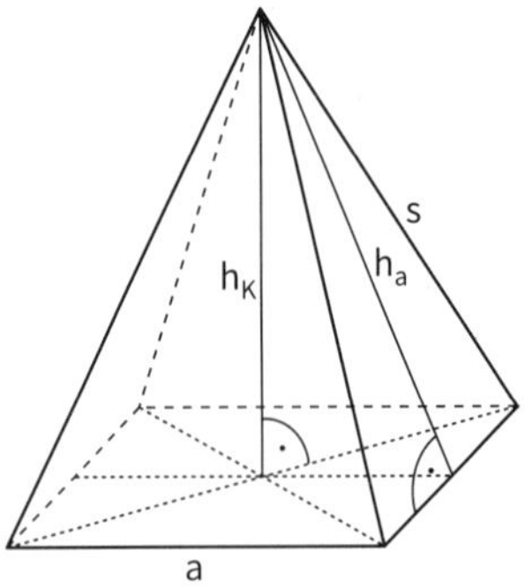

Kegel

$V = \frac{1}{3} \pi \cdot r^2 \cdot h_K$

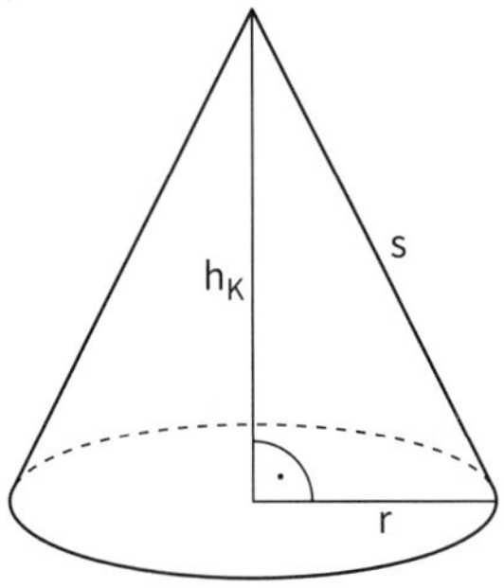

Kugel $V = \frac{4}{3} \pi \cdot r^3$ $O = 4\pi \cdot r^2$

Pythagoras

In einem rechtwinkligen Dreieck gilt: $a^2 + b^2 = c^2$

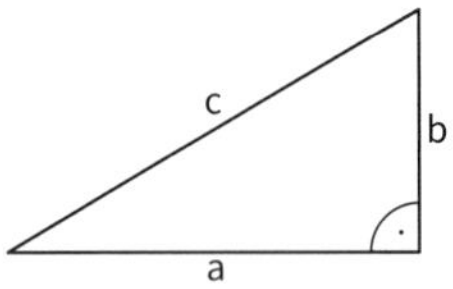

Prozentformel

$P = G \cdot \frac{p}{100}$

Zinsformel

$Z = K \cdot \frac{p}{100} \cdot \frac{t}{360}$

Zineszins

$K_n = K_0 \cdot \left(1 + \frac{p}{100}\right)^n$

$K_n = K_0 \cdot q^n$

Trigonometrie

Im rechtwinkligen Dreieck gilt:

$\sin(\text{Winkel}) = \frac{\text{Gegenkathete}}{\text{Hypotenuse}}$

$\cos(\text{Winkel}) = \frac{\text{Ankathete}}{\text{Hypotenuse}}$

$\tan(\text{Winkel}) = \frac{\text{Gegenkathete}}{\text{Ankathete}}$

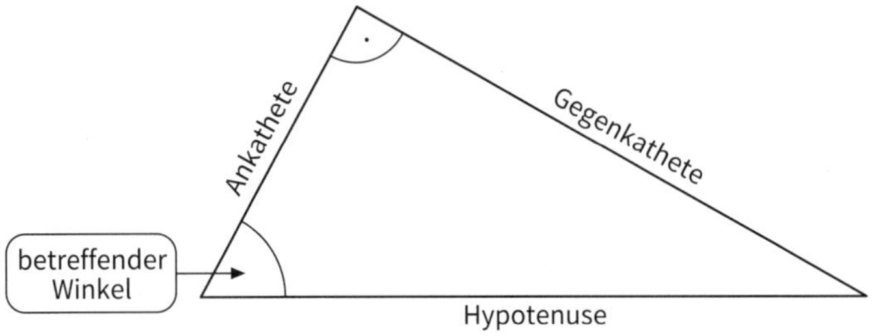

Wahrscheinlichkeitsrechnung

Laplace – Wahrscheinlichkeit:	Sind alle Ereignisse eines Zufallsexperimentes gleich wahrscheinlich, gilt: $P(E) = \frac{\textit{Anzahl der günstigen Ereignisse}}{\textit{Anzahl aller möglichen Ereignisse}}$
1. Pfadregel (Produktregel):	Die Wahrscheinlichkeit eines Ereignisses ist gleich dem Produkt der Wahrscheinlichkeiten entlang des jeweiligen Pfades im Baumdiagramm.
2. Pfadregel (Summenregel):	Die Wahrscheinlichkeit eines Ereignisses ist gleich der Summe der Wahrscheinlichkeiten aller der Pfade, bei denen das Ereignis eintritt.

Hier im Lösungsheft befinden sich **Kurzlösungen** zu den Aufgaben des Eingangstests (S. 6–11).
Ausführliche Lösungen zum Eingangstest befinden sich im Arbeitsbuch selbst (S. 14–33).

Kurzlösungen – Eingangstest Teil A Basisaufgaben

Arithmetik/Algebra (Eingangstest)

S. 6

1 Rechnen und Ordnen
a) (1) 0,5 (2) −0,7 (3) 0,6 (4) $1\frac{3}{5}$ (5) $\frac{3}{4}$ (6) $-\frac{1}{2}$
b) $-0{,}7 < -\frac{1}{2} < 0{,}5 < 0{,}6 < \frac{3}{4} < \frac{4}{3} < 1\frac{3}{5}$

2 Schätzen
a) 2,05 m b) 1,4 t c) 21,7 cm d) 40 dm^3

3 Lineare Gleichungen
a) x = 12 b) x = 21

S. 7

4 Prozente
a) 75 € b) 5 % c) 200 kg d) 24,80 €

5 Gleichungssysteme
a) x = 2 und y = −1
b) Seiten des Rechtecks:
6,5 cm und 8,5 cm

Funktionen (Eingangstest)

6 Zuordnungen
Richtig anzukreuzen ist jeweils ...
1) p (proportional)
2) k (keins von beiden)
3) p (proportional)
4) a (antiproportional)
5) k (keines von beiden)
6) a (antiproportional)

7 Passend dargestellt
Zu (1) passt am besten der Graph C, zu (2) passt am besten der Graph D.

S. 8

8 Radfahren
In einer Stunde legt Mareike 15 km zurück.

9 Graphen und Gleichungen
g_1: y = −x + 2 g_2: y = −x − 1 g_3: y = x + 1 g_4: y = 2x − 1

10 Lineare Funktion – Füllmenge
a) 150 *l* b) Abnahme pro Minute: 2 *l* c) y = − 2x + 150

Geometrie (Eingangstest)

11 Flächeninhalt und Umfang eines Rechtecks
a) A = a · b =8 cm · 6 cm = 48 cm^2
b) u = 8 cm + 6 cm + 8 cm + 6 cm = 28 cm

S. 9

12 Buchstaben-Design
Länge des Querstrichs: $\overline{CD} \approx 2{,}0$ cm

13 Zylinder
a) Oberflächeninhalt: $O = 2 \cdot \pi \cdot r^2 + 2 \cdot \pi \cdot r \cdot h = 2 \cdot \pi \cdot (14\text{ cm})^2 + 2 \cdot \pi \cdot 14\text{ cm} \cdot 8\text{ cm} \approx 1935\text{ cm}^2$
Volumen $V = \pi \cdot r^2 \cdot h = \pi \cdot (14\text{ cm})^2 \cdot 8\text{ cm} \approx 4926\text{ cm}^3$
b) Masse des Zylinders: $4926 \cdot 7{,}8\text{ g} \approx 38{,}4\text{ kg}$

14 Schiffscontainer
$V = a \cdot b \cdot c = 12{,}03\text{ m} \cdot 2{,}35\text{ m} \cdot 2{,}39\text{ m} \approx 67{,}57\text{ m}^3$

15 Winkelbestimmung
$\alpha = 180° - 81° - 44° = 55°$ $2\gamma = 180° - 104° = 76° \rightarrow \gamma = 38°\ (= \beta)$

S. 10

16 Flächenberechnung
$A = 12\text{ cm} \cdot 5\text{ cm} = 60\text{ cm}^2$
$\overline{AD} = \sqrt{(4\text{ cm}^2) + (5\text{ cm})^2} \approx 6{,}4\text{ cm}$
Umfang $u = 2 \cdot 12\text{ cm} + 2 \cdot 6{,}4\text{ cm} = 36{,}8\text{ cm}$

17 Dreieck im Koordinatensystem
a) P (2 | 3); Q (6 | 3); R (5 | 6)
b) $A = 6\text{ cm}^2$
c) PQSR ist ein Parallelogramm.
d) $\overline{PR} = \sqrt{(3\text{ cm})^2 + (3\text{ cm})^2} \approx 4{,}2\text{ cm}$
$u = 2 \cdot 4\text{ cm} + 2 \cdot 4{,}2\text{ cm}$
$u = 16,\ 2\text{ cm}$

Daten und Zufall (Eingangstest)

18 Tablet
a) Median: 269 € Spannweite: 68 € arithmetisches Mittel: 275,20 €
b) Median unverändert: 269 € arithmetisches Mittel kleiner: ≈ 274,17 €

S. 11

19 Werbung
a)

	Rang 1	Rang 2	Rang 3
Medium	Fernsehen	Tageszeitungen	Anzeigenblätter
Einnahmen (in Mio. €)	4420	2650	1810

b) ca. 29 %
c) Längen im Streifendiagramm
Fernsehen: 20 mm
Tageszeitungen: 17 mm
Anzeigeblätter 12 mm
Online und Mobile: 9 mm
Zeitschriften: 7 mm
Sonstige: 26 mm

20 Hausaufgaben
a) $P = \frac{1}{24}$ b) $P = \frac{9}{24} = \frac{3}{8}$

Übungsaufgaben Teil A Basisaufgaben

Arithmetik/Algebra (Übungsaufgaben)

S. 14

1 a) $30{,}57 - 7{,}8 = 22{,}77$ c) $12 \cdot 7{,}6 = 91{,}2$ e) $19{,}54 : 100 = 0{,}1954$
b) $20 - 2{,}5 + 0{,}05 - 5{,}25 = 12{,}3$ d) $0{,}45 \cdot 105 = 47{,}25$ f) $0{,}27 : 9 = 0{,}03$

2 a) $\frac{2}{5} + \frac{3}{10} = \frac{4}{10} + \frac{3}{10} = \frac{7}{10}$ b) $\frac{1}{3} \cdot \frac{2}{5} = \frac{2}{15}$ c) $\frac{1}{3} + \frac{2}{5} = \frac{5}{15} + \frac{6}{15} = \frac{11}{15}$ d) $\frac{1}{3} : \frac{2}{5} = \frac{1}{3} \cdot \frac{5}{2} = \frac{5}{6}$

3 a) $\frac{2}{4} - \frac{3}{4} = -\frac{1}{4}$ b) $0{,}5 + 1{,}5 = 2$ c) $-\frac{2}{4} + \frac{5}{4} = \frac{3}{4}$
d) $0{,}7 - 2{,}2 = -1{,}5$ e) $-0{,}25 + 2{,}75 = 2{,}5$ f) $1{,}5 - 0{,}25 = 1{,}25$

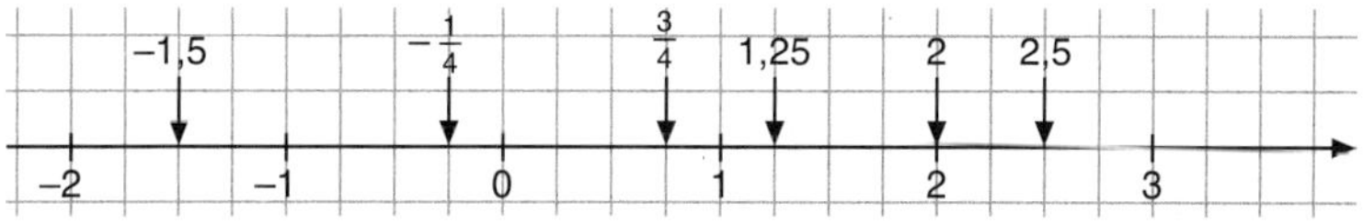

4 Es ist sinnvoll, die Zahlen zum besseren Vergleich dezimal zu schreiben.

a) $0{,}4$ $\frac{3}{6} = 0{,}5$ $0{,}38$ $\frac{1}{4} = 0{,}25$ $\frac{3}{5} = 0{,}6$ $0{,}2$
$0{,}2 < \frac{1}{4} < 0{,}38 < 0{,}4 < \frac{3}{6} < \frac{3}{5}$

b) $-1\frac{1}{2} = -1{,}5$ $-\frac{7}{5} = -1{,}4$ $-\frac{3}{4} = -0{,}75$ $-0{,}8$ $-1\frac{1}{4} = -1{,}25$ $-1{,}3$
Bei negativen Zahlen hat die größere Zahl den kleineren Betrag.
$-1\frac{1}{2} < -\frac{7}{5} < -1{,}3 < -1\frac{1}{4} < -0{,}8 < -\frac{3}{4}$

c) $0{,}7$ $-\frac{3}{4} = -0{,}75$ $-1{,}3$ $\frac{4}{5} = 0{,}8$ $-1\frac{1}{2} = -1{,}5$ $\frac{9}{10} = 0{,}9$
$-1\frac{1}{2} < -1{,}3 < -\frac{3}{4} < 0{,}7 < \frac{4}{5} < \frac{9}{10}$

d) $2{,}8$ $-0{,}41$ $-\frac{2}{5} = -0{,}4$ $\frac{29}{10} = 2{,}9$ $-\frac{9}{2} = -4{,}5$ $2{,}805$
$-\frac{9}{2} < -0{,}41 < -\frac{2}{5} < 2{,}8 < 2{,}805 < \frac{29}{10}$

S. 15

1 Hier muss man überschlagen: Die Schülerin ist 6 Zeitstunden pro Tag, 5 Tage in der Woche, 40 Wochen im Jahr und 10 Jahre lang in der Schule.
$6\text{ h} \cdot 5 \cdot 40 \cdot 10 = 12\,000\text{ h}$; $12\,000\text{ h} = 12\,000 \cdot 60 \cdot 60\text{ s} \approx 43$ Mio. s
Von den Auswahllösungen kommen nur 36 000 000 s in Frage.

2 Ein 20 €-Schein ist 133 mm lang und 72 mm breit.
$A = 133\text{ mm} \cdot 72\text{ mm}$, $A = 9\,576\text{ mm}^2$ (= $95{,}76\text{ cm}^2$ bzw. $0{,}9576\text{ dm}^2$)
Von den Auswahllösungen passt nur $9\,576\text{ mm}^2$.

3 a) Die Größe gibt man in m^2 an.
$720\text{ dm}^2 = 7{,}2\text{ m}^2$, $720\,000\text{ mm}^2 = 0{,}72\text{ m}^2$, $7\,200\text{ dm}^2 = 72\text{ m}^2$
Weniger als 1 m^2 kann nicht zutreffend sein. 72 m^2 ist zu groß.
Richtig kann also nur die Angabe $720\text{ dm}^2 = 7{,}2\text{ m}^2$ sein.

b) Um die Mengen besser vergleichen zu können, rechnet man alle Angaben in die Einheit „m^3“ um.
$37\text{ hl} = 3{,}7\text{ m}^3$ ($1\text{ hl} = 100\ l$), $370\,000\text{ ml} = 0{,}37\text{ m}^3$, $37\,000\ l = 37\text{ m}^3$
$3{,}7\text{ m}^3$ oder gar 37 m^3 sind sicherlich zu viel, $0{,}037\text{ m}^3$ sind gerade einmal $37\ l$ und sicherlich zu wenig. Es passt nur die Angabe 370 000 ml ($370\ l = 0{,}37\text{ m}^3$).

4 a) 500 g = 0,5 kg c) $25\text{ ha} = 250\,000\text{ m}^2$ e) $4\,500\ l = 4{,}5\text{ m}^3$ g) 1,2 h = 72 min
b) 1,8 t = 1 800 kg d) $4\,600\text{ cm}^2 = 0{,}46\text{ m}^2$ f) 180 s = 3 min

5 a) 35 cm = 350 mm b) $2{,}5\text{ m}^2 = 250\text{ dm}^2$ c) 85 min = 5 100 s

6 a) 56 000 mm = 5 600 cm b) $5\,050\text{ m}^2 = 50{,}5$ a c) 150 min = 2,5 h

S. 16

1 a) $3x - 7 = 35 \quad |+7$
$3x = 42 \quad |:3$
$x = 14$

b) $9 - 4x = 13 \quad |-9$
$-4x = 4 \quad |:(-4)$
$x = -1$

c) $7(3x - 2) + 1 = 50$
$21x - 14 + 1 = 50$
$21x - 13 = 50 \quad |+13$
$21x = 63 \quad |:21$
$x = 3$

d) $8 - (2x + 6) - 5x = 16$
$8 - 2x - 6 - 5x = 16$
$2 - 7x = 16 \quad |-2$
$-7x = 14 \quad |:(-7)$
$x = -2$

2 (1) Preis der Kinokarte für eine Person: x
Preis für Popcorn: 17 €
Gleichung: $5x + 17 = 57$. Passt.
(2) Preis für 1 Flasche Wein: x; Preis für 1 Flasche Sekt: y
Gleichung: $5x + 17y = 57$. Passt nicht.
(3) Hierzu lässt sich keine sinnvolle Gleichung aufstellen.
(4) Ladung des kleinen Lkw: x; Ladung des großen Lkw: 17
Gleichung: $5x + 17 = 57$. Passt.
(5) Länge des Rechtecks: x; Breite des Rechtecks: 5
Gleichung: $5x + 17 = 57$ Passt.

3 a) $9x - 7 = 47 \quad |+7$
$9x = 54 \quad |:9$
$x = 6$

b) $\frac{x}{3} + 17 = 30 \quad |-17$
$\frac{x}{3} = 13 \quad |\cdot 3$
$x = 39$

c) $8x - 9 + 3 = 26$
$8x - 6 = 26 \quad |+6$
$8x = 32 \quad |:8$
$x = 4$

S. 17

1 a) $40\,\% = \frac{40}{100} = 0{,}4 \quad 0{,}4 \cdot 650\,€ = 260\,€$

b) $0{,}23 \cdot 40\text{ m} = 9{,}20\text{ m}$

2 a) $p\,\% = \frac{374}{800} = 0{,}4675 = 46{,}75\,\%$

b) $p\,\% = \frac{35\,€}{1400\,€} = 0{,}025 = 2{,}5\,\%$

3 Gesucht ist jeweils der Grundwert G.
a) $20\,\% = 0{,}2 \quad 0{,}2 \cdot G = 100\,€ \quad |:0{,}2$
$G = \frac{100\,€}{0{,}2} \quad G = 500\,€$ 20 % von 500 € sind 100 €.
b) $0{,}45 \cdot G = 288\text{ m} \quad |:0{,}45$
$G = \frac{288\text{ m}}{0{,}45} \quad G = 640\text{ m}$ 45 % von 640 m sind 288 m.

4 a) $Z = 0{,}005 \cdot 3200\,€ = 16\,€$

b) $Z = 0{,}012 \cdot 560\,€ = 6{,}72\,€$; $\frac{1}{2}$ Jahr: 3,36 €

5 $16\text{ ha} = 160\,000\text{ m}^2$
$W = 13\,\% \cdot 160\,000\text{ m}^2$
$W = 0{,}13 \cdot 160\,000\text{ m}^2$
$W = 20\,800\text{ m}^2$
Das Fußballstadion nimmt 20 800 m^2 ein.

6 $\frac{43}{827} \approx 0{,}052$, also ca. 5,2 %
5,2 % der kontrollierten Fahrzeuge waren mit Mängeln versehen.

7 a) $W = 0{,}035 \cdot 550\,€ = 19{,}25\,€$

b) $550\,€ + 19{,}25\,€ = 569{,}25\,€$

S. 18

1 Es sind immer mehrere Lösungsverfahren möglich. Abgebildet wird jeweils eine Lösung.

a) Lösung mit dem Gleichsetzungsverfahren

I. $x + 9y = -41$
II. $x - 4y = 24$

Ia. $x = -41 - 9y$
IIa. $x = 24 + 4y$

Ia. = IIa. $24 + 4y = -41 - 9y \quad |+9y - 24$
$13y = -65 \quad |:13$
III. $y = -5$

III. eingesetzt in II.: $x - 4 \cdot (-5) = 24$
$x + 20 = 24 \quad |-20$
$x = 4$

Lösung: $x = 4$ und $y = -5$

b) Lösung mit dem Einsetzungsverfahren

I. $x + 5y = 17$
II. $2x - 4y = 20$

Ia. $x = 17 - 5y$

Ia. in II. eingesetzt:
$2 \cdot (17 - 5y) - 4y = 20$
$34 - 10y - 4y = 20 \quad |-34$
$-14y = -14 \quad |:(-14)$
III. $y = 1$

III. eingesetzt in I.: $x + 5 \cdot 1 = 17 \quad |-5$
$x = 12$

Lösung: $x - 12$ und $y = 1$

c) Lösung mit dem Additionsverfahren

I. $2x - 3y = 8$
II. $5x + 6y = 20$

Ia. $4x - 6y = 16$
II. $5x + 6y = 20$

Ia. + II.: $9x = 36 \quad |:9$
III. $x = 4$

III. eingesetzt in I.: $2 \cdot 4 - 3y = 8 \quad |-8$
$-3y = 0 \quad |:(-3)$
$y = 0$

Lösung: $x = 4$ und $y = 0$

d) Lösung mit dem Subtraktionsverfahren

I. $3x + 4y = 1$
II. $6x + 8y = 0$

Ia. $6x + 8y = 2$
II. $6x + 8y = 0$

Ia. – II. $0 = 2$

Dies ist jedoch für alle Wertepaare x und y falsch. Deshalb gibt es keine Lösungen.

2 Gegeben: $p\,\% = 45\,\% = 0{,}45$; $W = 288$ m

x: Anzahl der kleinen Scheine (5-€-Scheine); y: Anzahl der größeren Scheine (10-€-Scheine)

I. $5x + 10y = 50$
II. $x = 3y$

II. eingesetzt in I.: $5 \cdot 3y + 10y = 50$
$25y = 50 \quad |:25$
III. $y = 2$

III. eingesetzt in II.: $x = 3 \cdot 2$
$x = 6$

Es sind zwei 10 €-Scheine und sechs 5-€-Scheine.

3 Lösung mit Gleichungen:

x = Preis der Flasche (in €); y = Preis des Korkens (in €)

I. $x + y = 1{,}1$
II. $x = y + 1$

II. eingesetzt in I.: $(y + 1) + y = 1{,}1$
$2y + 1 = 1{,}1 \quad |-1$
$2y = 0{,}1 \quad |:2$
III. $y = 0{,}05$

III. eingesetzt in II.: $x = 0{,}05 + 1 = 1{,}05$

Die Flasche kostet 1,05 € und der Korken 0,05 € (5 Cent).

4 a) I. $a + b = 43$
II. $a - b = 9$

I. + II. $2a = 52 \quad |:2$
III. $a = 26$

III. eingesetzt in I.: $26 + b = 43 \quad |-26$
$b = 17$

Lösung: $a = 26$ und $b = 17$

S. 18

b) I. $a + 12 = 3b$
II. $4b - 6a = 2$

Ia. $a = 3b - 12$

Ia. in II. eingesetzt:

$$\begin{aligned} 4b - 6\,(3b - 12) &= 2 \\ 4b - 18b + 72 &= 2 \\ -14b + 72 &= 2 \qquad |-72 \\ -14b &= -70 \qquad |:(-14) \\ \text{III.} \quad b &= 5 \end{aligned}$$

III. in I. eingesetzt: $a + 12 = 15 \quad |-12$
$a = 3$

Lösung: $a = 3$ und $b = 5$

Funktionen (Übungsaufgaben)

S. 19

1 Zuordnung (A) ist proportional, weil zum Doppelten der Ausgangsgröße das Doppelte der zugeordneten Größe gehört bzw. weil der Preis pro Stück immer konstant ist.
Zuordnung (B) ist nicht proportional, weil z. B. der Summe der beiden Ausgangsgrößen 2 und 3 nicht die Summe der jeweils zugeordneten Größen (1 200 m + 1 800 m = 3 000 m) zugeordnet wird.

2 a) Bei proportionalen Zuordnungen ist der Quotient aus Ausgangs- und Eingangsgröße stets gleich. Beim ersten Zahlenpaar beträgt dieser Quotient 4,5 : 1,5 = 3.
Also:

x	1,5	3
y	4,5	**9**

3 · 3

b) Bei antiproportionalen Zuordnungen ist das Produkt aus Ausgangs- und Eingangsgröße stets gleich. Beim ersten Zahlenpaar beträgt dieses Produkt 20 · 7,5 = 150.
Also:

x	7,5	2,5
y	20	**60**

150 : 2,5

oder: Weil zu einem Drittel der Ausgangsgröße das Dreifache der zugeordneten Größe gehört.

3 (1) Verdoppelt man die Menge an Eiern, bleibt die Kochzeit gleich; also weder proportional noch antiproportional.
(2) Verdoppelt man die durchschnittliche Geschwindigkeit, so verdoppelt sich auch die zurückgelegte Strecke; also proportional.
(3) Zwischen dem Gewicht eines Menschen und seiner Schuhgröße besteht kein Zusammenhang; also weder proportional noch antiproportional.
(4) Verdoppelt man die Anzahl der Kinder, so halbiert sich die Menge an Eistee, die jeder bekommt; also antiproportional.
(5) Verdoppelt man die Menge an Kartoffeln, so verdoppelt sich auch der Preis dafür; also proportional.

4 a) Da die Kerze gleichmäßig abbrennt, verliert sie jede Stunde 0,5 cm (= 10 cm – 9 cm)

Brenndauer (in h)	Höhe der Kerze (in cm)
0	10
1	9,5
2	9,5 – 0,5 = 9
3	9 – 0,5 = 8,5
6	10 – 0,5 · 6 = 10 – 3 = 7
8	10 – 0,5 · 8 = 10 – 4 = 6

S. 19

b) Um den Graphen der Zuordnung zu zeichnen, wählst du zwei Wertepaare aus der Tabelle aus, markierst die zugehörigen Punkte im Koordinatensystem und legst durch sie eine Gerade.

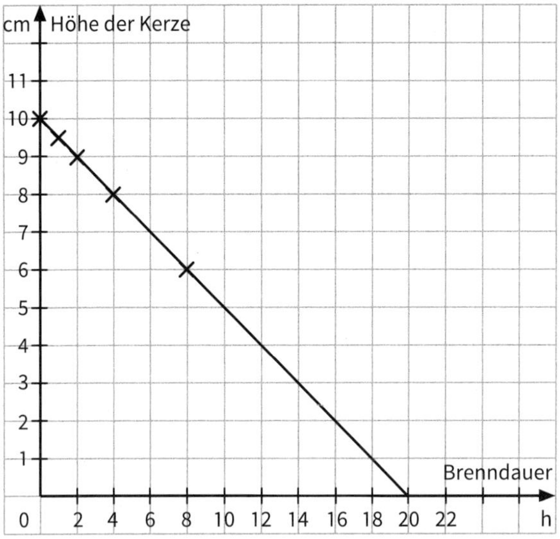

S. 20

1 Darstellung (1) zeigt eine Gerade, die nicht durch den Ursprung (0 | 0) des Koordinatensystems verläuft. Die Gerade ist also der Graph einer linearen Zuordnung $x \to y$. Die zugeordnete Größe y nimmt in gleichen Abständen immer um den gleichen Betrag zu. Hierzu passt nur B (Handytarif mit Grundgebühr und sekundengenauer Abrechnung).
Darstellung (2) zeigt eine stückweise lineare Funktion, die zugeordnete Größe y nimmt „in Sprüngen" zu. Hierzu passt nur C (Eintrittspreise ins Schwimmbad gestaffelt nach Aufenthaltsdauer).
Darstellung (3) zeigt eine Kurve mit sehr wechselhaftem Verlauf. Hierzu passt nur A (Wertentwicklung einer Aktie).
Darstellung (4) zeigt eine Gerade, die durch den Ursprung (0 | 0) des Koordinatensystems verläuft. Die Gerade ist also der Graph einer proportionalen Zuordnung $x \to y$. Zum Doppelten der Eingangsgröße x gehört das Doppelte der zugeordneten Größe y. Hierzu passt nur D (Preis für getankte Bezinmenge).

2 Die Wertetabelle(A) gehört zu einer linearen Funktion, deren Graph den y-Achsenabschnitt 3,60 hat und steigt. Dazu passt nur der Graph g_3.
Die Wertetabelle(B) gehört zu einer linearen Funktion, deren Graph den y-Achsenabschnitt 20 hat und fällt. Dazu passt nur der Graph g_4.
Die Wertetabelle (C) gehört zu einer proportionalen Zuordnung. Der zugehörige Graph ist ein vom Ursprung ausgehender Strahl. Dazu passt nur der Graph g_2.
Die Wertetabelle (D) gehört zu einer antiproportionalen Zuordnung. Der zugehörige Graph ist eine Hyperbel. Dazu passt nur der Graph g_1.

3 a) Hatice startet um 11:50 Uhr.

b) Die Wartezeit an der Ampel erkennst du daran, dass Hatice in dieser Zeit keinen Weg zurücklegt und der Graph daher parallel zur x-Achse verläuft.
Hatice wartet 5 Minuten an der Ampel.

c) Die Geschwindigkeit von Hatice ist dann am größten, wenn sie pro Minute die größte Entfernung zurücklegt. Dies ist in der Zeit von 12:00 Uhr bis 12:15 Uhr der Fall. Am Graph ist dies das Teilstück mit der größten Steigung.

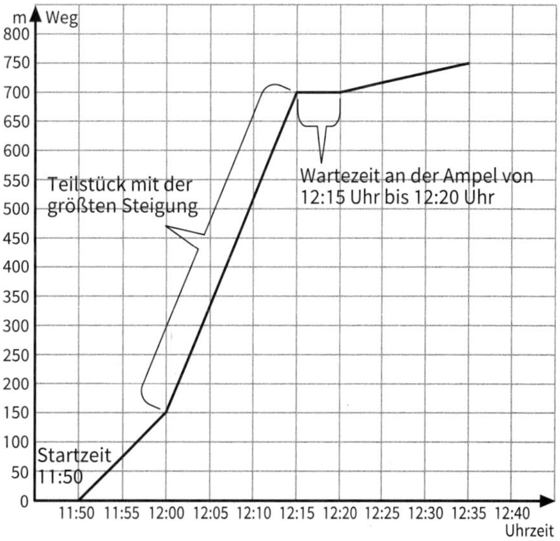

S. 21

1 a) 3 Äpfel kosten 1,50 €.
6 Äpfel kosten 3,00 €.

b) 4 Liter Saft kosten 8,20 €.
2 Liter Saft kosten 4,10 €.

c) 10 kg Mehl kosten 12,40 €.
20 kg Mehl kosten 24,80 €.

d) 12 Brötchen kosten 7,20 €.
3 Brötchen kosten 1,80 €.

2 a)

: 4	4 Personen	2 000 g	: 4
· 6	1 Person	500 g	· 6
	6 Personen	**3 000 g**	

b) Tomatenmark:

: 4	4 Personen	40 g	: 4
· 6	1 Person	10 g	· 6
	6 Personen	**60 g**	

Butter:

: 4	4 Personen	30 g	: 4
· 6	1 Person	7,5 g	· 6
	6 Personen	**45 g**	

Öl:

: 4	4 Personen	4 EL	: 4
· 6	1 Person	1 EL	· 6
	6 Personen	**6 EL**	

Schlagsahne:

: 4	4 Personen	150 ml	: 4
· 6	1 Person	37,5 ml	· 6
	6 Personen	**225 ml**	

3 a)

3 kg	36 €
1 kg	**12 €**
5 kg	**60 €**

b)

24 *l*	72 €
1 *l*	**3 €**
7 *l*	**21 €**

c)

40 Stück	18 €
1 Stück	**0,45 €**
9 Stück	**4,05 €**

d)

200 g	4,20 €
1 g	**0,021 €**
40 g	**0,84 €**

4

: 3	3 km	18 min	: 3
· 7	1 km	6 min	· 7
	7 km	42 min	

Für die Umrundung des Sees (7 km) benötigen sie 42 Minuten.

5 Sportcenter Megafit: 30 Minuten kosten 3,50 €. Dann kosten 90 Minuten (= 3 · 30 Minuten) den dreifachen Preis, also 3,50 € · 3 = 10,50 €.
Sportoase: 45 Minuten kosten 5,50 €. Dann kosten 90 Minuten (= 2 · 45 Minuten) den doppelten Preis, also 5,50 € · 2 = 11,00 €.
Das Angebot des Sportcenters Megafit ist günstiger.

S. 22

1 a)

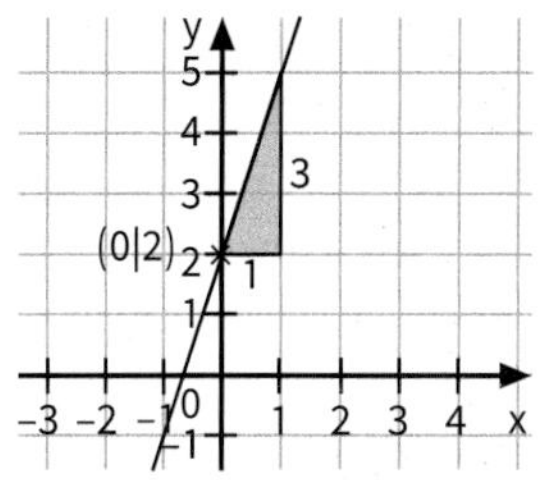

Der y-Achsenabschnitt ist 2, die Steigung ist + 3.
Die zugehörige Funktionsgleichung lautet also: $y = 3x + 2$

b)

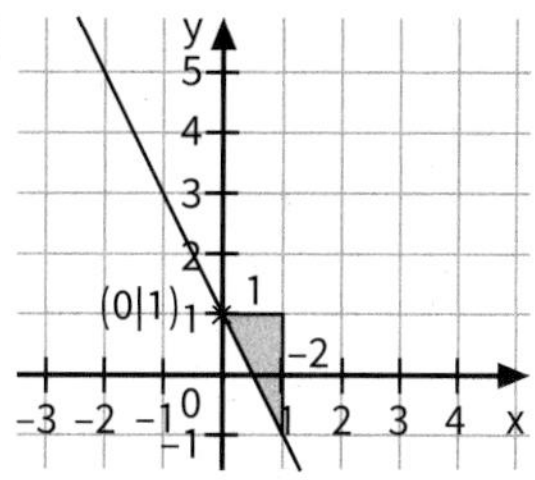

Der y-Achsenabschnitt ist 1, die Steigung ist – 2.
Die zugehörige Funktionsgleichung lautet also: $y = -2x + 1$

c)

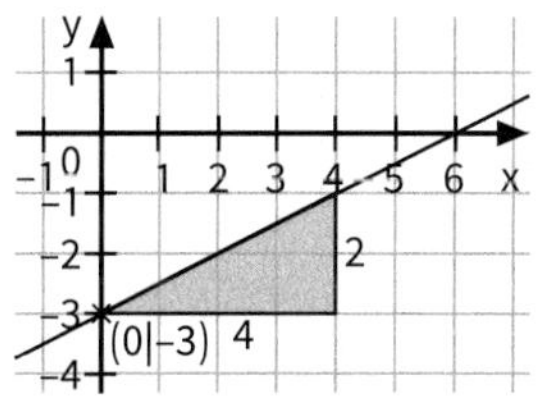

Der y-Achsenabschnitt ist – 3, die Steigung ist $+\frac{1}{2}$.
Die zugehörige Funktionsgleichung lautet also: $y = \frac{1}{2}x - 3$

d)

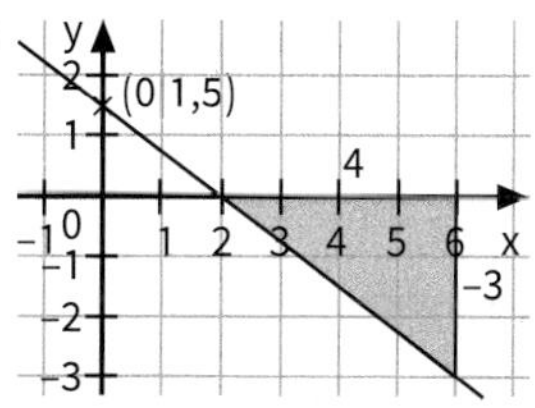

Der y-Achsenabschnitt ist 1,5. Die Steigung ist $-\frac{3}{4}$. Die zugehörige Funktionsgleichung lautet also: $y = -\frac{3}{4}x + 1,5$

2

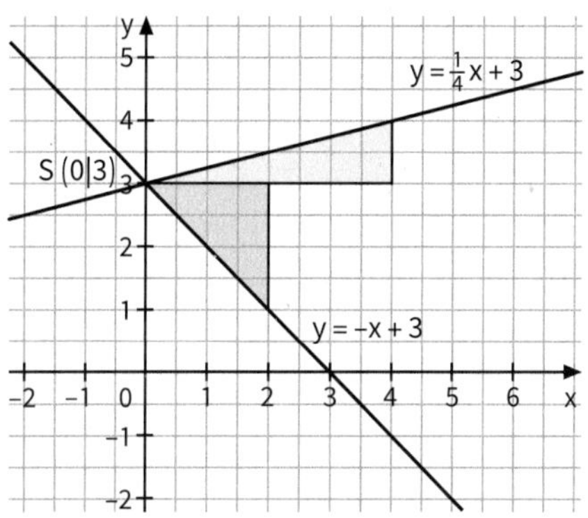

Beide Funktionsgleichungen haben denselben y-Achsenabschnitt n = 3. Die Koordinaten des Schnittpunkts S lauten also: S (0 | 3).
Bei der ersten Funktion beträgt die Steigung $m = \frac{1}{4}$. Vom Punkt (0 | 3) geht man vier Einheiten nach rechts und eine Einheit nach oben. Bei der zweiten Funktion ist die Steigung m = – 1. Hier kann man von (0 | 3) aus eine Einheit nach rechts und eine Einheit nach unten gehen, genauer wird es, wenn man das Steigungsdreieck größer zeichnet, z. B. zwei Einheiten nach rechts und zwei Einheiten nach unten.

3 *Zeichnerische Lösung:*
Verbinde die beiden Punkte A (– 2 | 5) und B (3 | 2,5) durch eine Gerade. Aus der Zeichnung kannst du ablesen, dass der y-Achsenabschnitt n = 4 beträgt.

Die Steigung beträgt $m = -\frac{1,5}{3} = -\frac{1}{2}$.

Die Funktionsgleichung lautet damit: $y = -\frac{1}{2}x + 4$

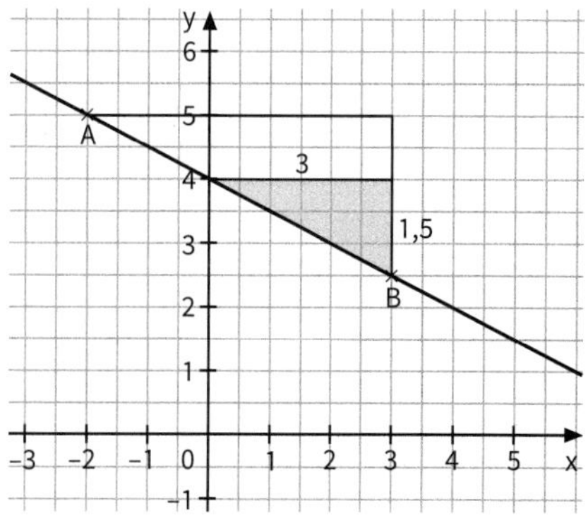

Rechnerische Lösung:
Die Steigung m kannst du berechnen, indem du den Unterschied der y-Werte geteilt durch den Unterschied der x-Werte der beiden Punkte A (– 2 | 5) und B (3 | 2,5) bestimmst.

$m = \frac{5 - 2,5}{-2 - 3} = \frac{2,5}{-5} = -\frac{1}{2}$

Du weißt jetzt, dass der Funktionsterm $y = -\frac{1}{2}x + n$ lauten muss.

S. 22

Den y-Achsenabschnitt n kannst du bestimmen, indem du die Koordinaten eines der beiden Punkten A oder B in die halb fertige Funktionsgleichung $y = -\frac{1}{2}x + n$ einsetzt und dann die Gleichung nach n auflöst.
Für den Punkt A(−2|5) sieht das so aus:

$5 = -\frac{1}{2} \cdot (-2) + n$ | Zusammenfassen

$5 = 1 + n$ | −1

$4 = n$

Die zugehörige Funktionsgleichung lautet also: $y = -\frac{1}{2}x + 4$

4 a) Du findest die passenden Funktionsgleichungen, indem du für jeden der drei vorgegebenen Graphen den y-Achsenabschnitt n bestimmst und schaust, ob die Gerade fällt (negative Steigung m) oder steigt (Steigung m positiv).
Bei g_1 ist der y-Achsenabschnitt n = +1 und die Steigung m negativ, dazu passt die Funktionsgleichung $y = -x + 1$.
Bei g_2 ist der y-Achsenabschnitt n = +1 und die Steigung ist positiv, dazu passt $y = 2x + 1$.
Bei g_3 ist der y-Achsenabschnitt n = −2 und die Steigung ist positiv, dazu passt $y = x - 2$.

b) Die Graphen der beiden übrigen Funktionen zeichnest du mithilfe des jeweiligen y-Achsenabschnitts und eines Steigungsdreiecks.
Zu $y = x + 2$ gehört der y-Achsenabschnitt n = 2 und die Steigung m = 1: Beginne auf der y-Achse bei 2 und gehe 1 nach rechts und 1 nach oben (oder größer, z. B. 3 nach rechts und 3 nach oben).
Bei $y = 2x - 1$ ist der y-Achsenabschnitt n = −1 und die Steigung m = 2. Beginne auf der y-Achse bei −1 und gehe 1 nach rechts und 2 nach oben (oder 2 nach rechts und 4 nach oben). Verlängere die längste Seite im Steigungsdreieck zu einer Geraden.

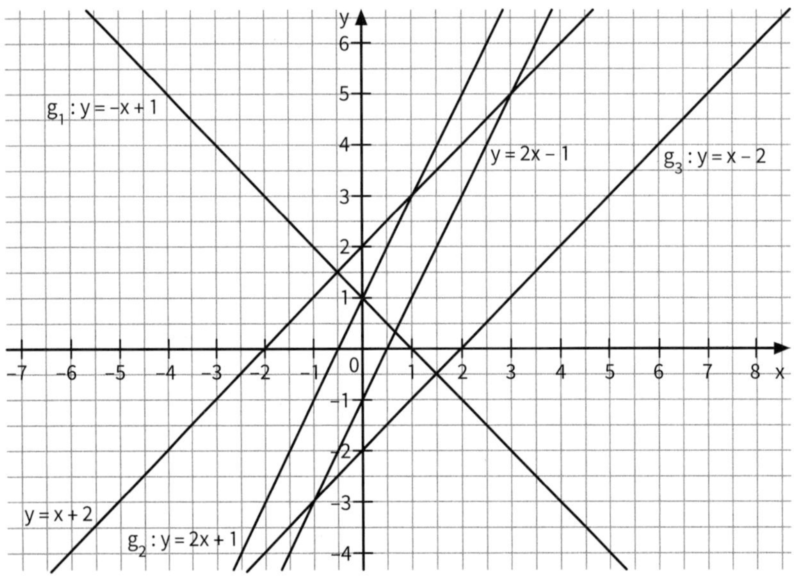

S. 23

1 Bei der Sachsituation (A) wird eine Grundgebühr von 4 € verlangt, dazu passt der Graph g, der den y-Achsenabschnitt von 4 hat.
Bei der Sachsituation (B) handelt es sich um eine proportionale Zuordnung, da der doppelten Menge von Äpfeln der doppelte Preis zugeordnet wird. Hierzu passt der Graph h, der im Ursprung beginnt.

S. 23

2 a) Der Graph schneidet die y-Achse an der Stelle 100.
Am Anfang sind 100 kg Futter vorhanden.

b) Der Graph schneidet die x-Achse an der Stelle 20.
Nach 20 Tagen ist das Futter aufgebraucht.

c) Bei der Funktionsgleichung $y = mx + n$ steht n für den y-Achsenabschnitt und m für die Steigung.
Aus a) ist bekannt: $n = 100$
Aus b) kann man folgern: $m = -\frac{20}{100} = -5$
Die Funktionsgleichung lautet also: $y = -5x + 100$

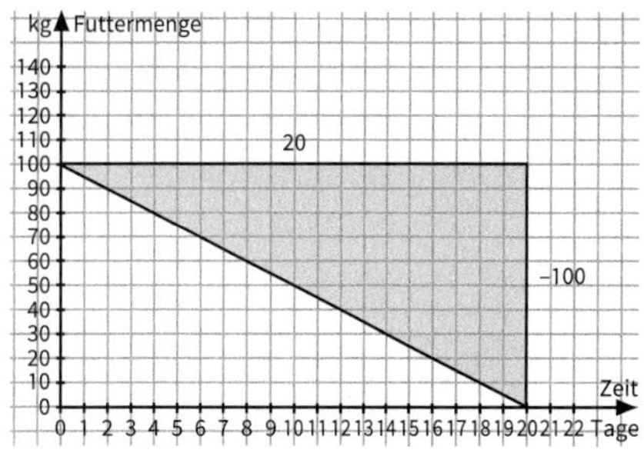

3 *1. Schritt:*
Um die Graphen der beiden linearen Funktionen in ein Koordinatensystem einzuzeichnen, kann man aus den Funktionsgleichungen den y-Achsenabschnitt und die Steigung ablesen:
Bei $y = -3x + 4$ ist der y-Achsenabschnitt 4 und die Steigung –3.
Bei $y = 4x - 3$ ist der y-Achsenabschnitt –3 und die Steigung 4.

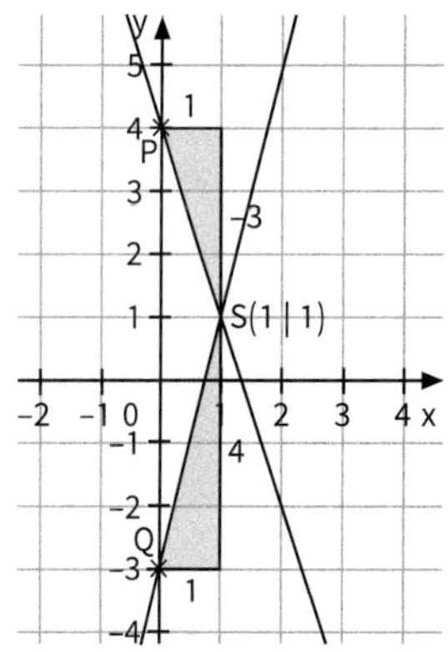

2. Schritt:
Dann stellt man die Steigungen als Bruch dar.

Bei $y = -3x + 4$: $m = -3 = \frac{-3}{1}$

Bei $y = 4x - 3$: $m = 4 = \frac{4}{1}$

3. Schritt:
Markiere jeweils den y-Achsenabschnitt und trage von dem markierten Punkt die zugehörige Steigung ab.
Bei $y = -3x + 4$: Gehe vom Punkt P (0 | 4) um 1 nach rechts und um 3 nach unten. Verbinde dann diesen Punkt mit dem Punkt P durch eine Gerade.
Bei $y = 4x - 3$: Gehe vom Punkt Q (0 | –3) um 1 nach rechts und um 4 nach oben. Verbinde dann diesen Punkt mit dem Punkt Q durch eine Gerade.
Den Schnittpunkt der beiden Graphen kannst du aus dem Koordinatensystem ablesen: S (1 | 1)

Geometrie (Übungsaufgaben)

S. 24

1 $a = 7\text{ cm}$; $b = 7\text{ cm} + 3\text{ cm} = 10\text{ cm}$
$A = 7\text{ cm} \cdot 10\text{ cm} = 70\text{ cm}^2$ $u = 2 \cdot 7\text{ cm} + 2 \cdot 10\text{ cm} = 34\text{ cm}$

2 Die folgende Tabelle zeigt alle ganzzahligen Möglichkeiten.

Breite	Länge
2 cm	10 cm
4 cm	8 cm
5 cm	7 cm
6 cm	6 cm
1 cm	11 cm
3 cm	9 cm

3 Man kann die Fläche in zwei Rechtecke zerlegen.
$A = 5\text{ m} \cdot 65\text{ m} + 8\text{ m} \cdot 35\text{ m} = 605\text{ m}^2$
$u = 5\text{ m} + 30\text{ m} + 8\text{ m} + 35\text{ m} + 13\text{ m} + 65\text{ m}$
$u = 156\text{ m}$

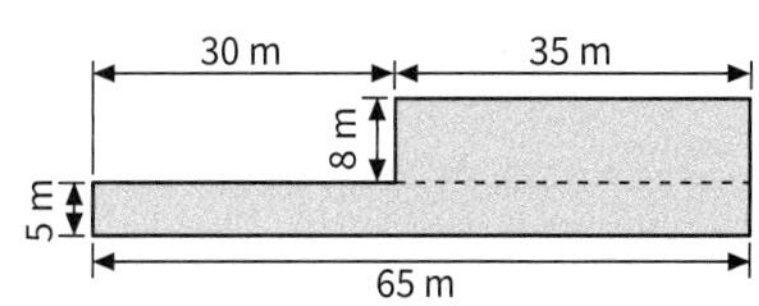

4 a) $A = 32\text{ m} \cdot 24\text{ m}$
$A = 768\text{ m}^2$

b) Wenn 1 m² 75 € kostet, dann kosten 768 m²
$75\text{ €} \cdot 768 = 57\,600\text{ €}$.

S. 24

5 a) Es muss der Umfang des Sportplatzes berechnet und davon drei Meter abgezogen werden (3 Türen von je 1 m Breite).
$u - 3\,m = 2 \cdot 45\,m + 2 \cdot 26\,m - 3\,m = 139\,m$ Es werden 139 m Zaun benötigt.

b) Flächeninhalt = Länge · Breite
$A = 26\,m \cdot 45\,m = 1\,170\,m^2$ Es müssen 1 170 m² neu belegt werden.

S. 25

1 a) Nach dem Strahlensatz gilt: $\frac{x}{3} = \frac{2{,}2}{2{,}2 + 1{,}9}$, also $x = 3 \cdot \frac{2{,}2}{4{,}1} \approx 1{,}6$

b) Das Verhältnis entsprechender Streckenabschnitte ist gleich:

$\frac{x}{1{,}5} = \frac{2}{1{,}3} \quad | \cdot 1{,}5$

$x = \frac{2 \cdot 1{,}5}{1{,}3} \approx 2{,}31$

2 a) Da die Schnittkante der Länge x parallel zur Seite $\overline{AB}$ verläuft, treten zwei ähnliche Dreiecke auf und es gilt: x : 60 cm = 110 cm : 150 cm

$\frac{x}{60\,cm} = \frac{110\,cm}{150\,cm} \qquad x = \frac{110\,cm \cdot 60\,cm}{150\,cm} \qquad x = 44\,cm$

Die Schnittkante ist 44 cm lang.

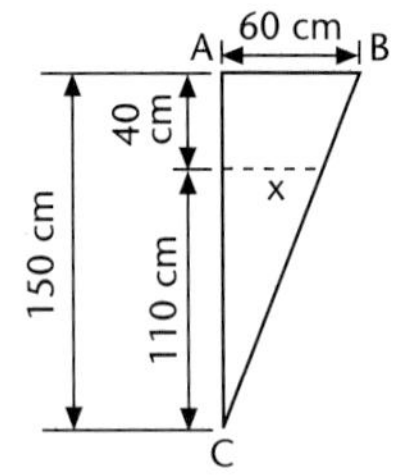

b) dreieckiges Brett ΔABC: $A = \frac{1{,}5\,m \,.\, 0{,}6\,m}{2} = 0{,}45\,m^2$

unteres Dreieck: $A_D = \frac{1{,}1\,m \cdot 0{,}44\,m}{2} \qquad A_D = 0{,}242\,m^2$

$A_{\text{abgeschnittenes Stück}} = A_{\Delta ABC} - A_D$
$= 0{,}45\,m^2 - 0{,}242\,m^2$
$= 0{,}208\,m^2$

3 Da die beiden Seiten $\overline{XY}$ und $\overline{VW}$ parallel zueinander sind, kann man den Strahlensatz anwenden. Dieser besagt, dass das Verhältnis der beiden Seitenlängen $\overline{UX}$ und $\overline{UV}$ gleich dem Verhältnis der beiden Seitenlängen $\overline{XY}$ und $\overline{VW}$ ist. Aus der Gleichung $\frac{1}{3}\overline{UX} = \overline{UV}$ erkennt man, dass $\overline{UX}$ dreimal so lang ist wie $\overline{UV}$. Also muss auch $\overline{XY}$ dreimal so lang sein wie $\overline{VW}$; also gilt: $3 \cdot \overline{VW} = \overline{XY}$.

4 Größe von Sebastian: x
Berechnung von x mit dem Strahlensatz:

$\frac{x}{1{,}45\,m} = \frac{1{,}50\,m}{1{,}20\,m} \qquad | \cdot 1{,}45\,m$

$x = \frac{1{,}50\,m \cdot 1{,}45\,m}{1{,}20\,m}$

$x \approx 1{,}81\,m$

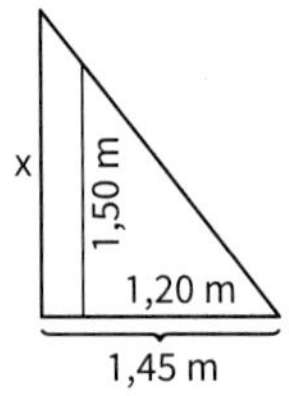

S. 26

1 a) $d = 2 \cdot r = 9\,cm$; $u = 2\pi \cdot r = 2\pi \cdot 4{,}5\,cm \approx 28{,}3\,cm$;

$A = \pi \cdot r^2 = \pi \cdot (4{,}5\,cm)^2 \approx 63{,}3\,cm^2$

b) $r = \frac{d}{2} = 6{,}3\,cm$; $u = 2\pi \cdot r = 2\pi \cdot 6{,}3\,cm \approx 39{,}6\,cm$;

$A = \pi \cdot r^2 = \pi \cdot (6{,}3\,cm)^2 \approx 124{,}7\,cm^2$

c) $\pi \cdot d = u$, also $d = \frac{u}{\pi} = \frac{20{,}1\,cm}{\pi} \approx 6{,}4\,cm$;

$r = \frac{d}{2} = 3{,}2\,cm$;

$A = \pi \cdot r^2 = \pi \cdot (3{,}2\,cm)^2 \approx 32{,}2\,cm^2$

2 a) Der Mantel ist ein Rechteck mit der Höhe 7 cm. Die Länge entspricht dem Umfang eines Kreises.
Größe der Mantelfläche: $M = 2 \cdot \pi \cdot r \cdot h \qquad M = 2 \cdot \pi \cdot 5\,cm \cdot 7\,cm \approx 219{,}9\,cm^2$

b) Die Oberfläche setzt sich aus den beiden Kreisen und der Mantelfläche zusammen.
Oberflächeninhalt: $O = 2 \cdot \pi \cdot r^2 + M \qquad O = 2 \cdot \pi \cdot (5\,cm)^2 + 219{,}9\,cm^2 \approx 377\,cm^2$

S. 26

3 a) Der Mantel ist ein Rechteck, siehe nebenstehende Abbildung.
$M = 2 \cdot \pi \cdot r \cdot h$
$M = 2 \cdot \pi \cdot 4\text{ cm} \cdot 15\text{ cm}$
$M \approx 377\text{ cm}^2$

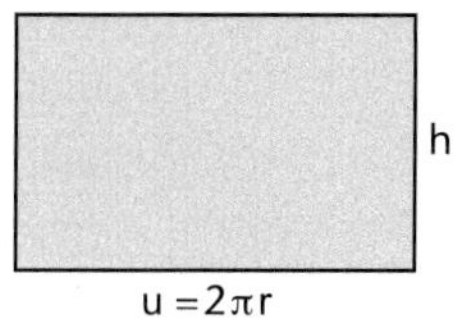

b) $O = 2 \cdot G + M \quad O = 2 \cdot \pi \cdot r^2 + M$
$O \approx 2 \cdot \pi \cdot (4\text{ cm})^2 + 377\text{ cm}^2 \quad O \approx 477{,}5\text{ cm}^2$

c) Wegen 1 l = 1 dm^3 wird bei der Volumenberechnung mit der Einheit „dm" gearbeitet.
$r = 0{,}4\text{ dm}; \quad h = 1{,}5\text{ dm}$
$V = \pi \cdot r^2 \cdot h \quad V = \pi \cdot (0{,}4\text{ dm})^2 \cdot 1{,}5\text{ dm} \quad V \approx 0{,}754\text{ dm}^3$, also $V \approx 0{,}754\ l$

4 a) 1 000 ml = 1 000 cm^3
Bei der Volumenberechnung wird deshalb mit der Einheit „cm" gearbeitet.
$r = 10{,}4\text{ cm} : 2 = 5{,}2\text{ cm}; \ h = 12\text{ cm}$
$V = \pi \cdot r^2 \cdot h \quad V = \pi \cdot (5{,}2\text{ cm})^2 \cdot 12\text{ cm} \quad V = 1\,019\text{ cm}^3 \approx 1\,000\text{ cm}^3$
Die Inhaltsangabe trifft zu.

b) 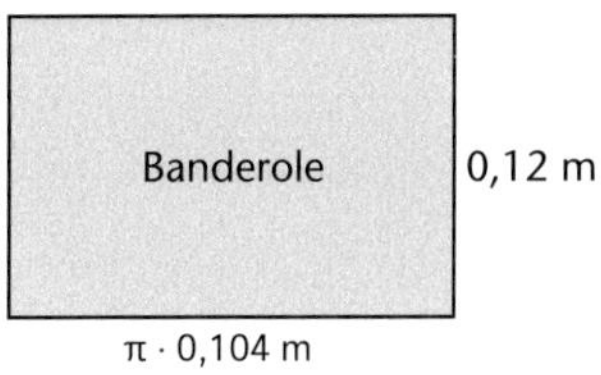

Da der Papierbedarf in „m²" angegeben werden soll, wird mit der Einheit „m" gerechnet. Die Banderole entspricht dem Mantel der zylinderförmigen Dose.
$M = 2 \cdot \pi \cdot r \cdot h = \pi \cdot d \cdot h$
$M = \pi \cdot 0{,}104\text{ m} \cdot 0{,}12\text{ m} \approx 0{,}039\text{ m}^2$
$50\,000 \cdot M = 50\,000 \cdot 0{,}039\text{ m}^2$
$M \approx 1\,950\text{ m}^2$
Es werden ungefähr 1 950 m² Papier benötigt.

5 a) Der Umfang der kreisförmigen Grundfläche beträgt 1,5 dm = 15 cm.
Da $u = \pi \cdot d$, folgt für den Durchmesser d:
$d = \frac{u}{\pi}$
$d = \frac{15\text{ cm}}{\pi} \approx 4{,}77\text{ cm}, \ r \approx 2{,}39\text{ cm}$

b) $V = \pi \cdot r^2 \cdot h \quad V = \pi \cdot (2{,}39\text{ cm})^2 \cdot 8\text{ cm} \quad V \approx 143{,}56\text{ cm}^3$

c) $m = 143{,}56\text{ cm}^3 \cdot 8{,}9\,\frac{\text{g}}{\text{cm}^3} \qquad m \approx 1278\text{ g}$

S. 27

1 $V = 2\text{ m} \cdot 4{,}5\text{ m} \cdot 5\text{ m} \qquad V = 45\text{ m}^3$

2 Da 1 l = 1 dm^3 gilt, rechnet man am besten in der Einheit dm.
$V = 8\text{ dm} \cdot 4{,}5\text{ dm} \cdot 5{,}5\text{ dm} \qquad$ Höhe: 6 dm – 0,5 dm = 5,5 dm
$V = 198\text{ dm}^3 = 198\ l$
Es befinden sich 198 l Wasser im Aquarium.

3 Das Schwimmbecken ist 8 · 1,50 m, also 12 m breit. Für die Wassermenge gilt die Formel für das Volumen eines Quaders. Die Höhe h entspricht hier der Wassertiefe, sodass man diese Gleichung nach h umstellen kann.
$25\text{ m} \cdot 12\text{ m} \cdot h = 750\text{ m}^3$
$300\text{ m}^2 \cdot h = 750\text{ m}^3 \quad |: 300\text{ m}^2$
$h = \frac{750\text{ m}^3}{300\text{ m}^2}$
$h = 2{,}5\text{ m}$
Das Schwimmbecken ist 2,5 m tief.

4 a) großer Karton: $V_{groß} = 23\text{ cm} \cdot 17\text{ cm} \cdot 10{,}1\text{ cm} = 3\,949{,}1\text{ cm}^3$
mittlerer Karton: $V_{mittel} = 15\text{ cm} \cdot 11\text{ cm} \cdot 7{,}3\text{ cm} = 1\,204{,}5\text{ cm}^3$
kleiner Karton: $V_{klein} = 7\text{ cm} \cdot 5\text{ cm} \cdot 4{,}5\text{ cm} = 157{,}5\text{ cm}^3$

b) Auf den Boden des großen Kartons kann man neun von den kleinen Kartons legen (siehe Skizze). Darüber passt noch eine Schicht kleiner Kartons, also passen insgesamt 18 kleine Kartons in den großen.

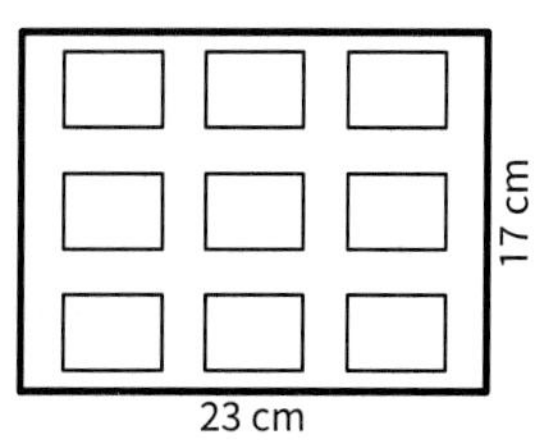

S. 27

5 ① Man findet die Lösung durch Probieren:

Breite	Länge	Höhe	Volumen
1 cm	2 cm	3 cm	$6\ cm^3$
2 cm	4 cm	6 cm	$48\ cm^3$

② Man kann die Breite x nennen, dann beschreiben die Terme 2x die Länge und 3x die Höhe – und es gilt die Gleichung:

$x \cdot 2x \cdot 3x = 48$

$6x^3 = 48 \quad |:6$

$x^3 = 8$

$x = 2$

Beide Wege führen zur Lösung: Der Quader ist 2 cm breit.

S. 28

1 Der Winkel ∢AMC ergänzt die beiden Winkel 46° und 52° zur Winkelsumme 180°.
∢AMC = 180° – 46° – 52° = 180° – 98° ∢AMC = 82°

2 a) Es gilt: $90° + 38° + \gamma = 180°$, der fehlende Winkel beträgt also $\gamma = 180° - 90° - 38° = 52°$.

b) In einem gleichschenkligen Dreieck sind die Basiswinkel gleich groß, also $\beta = 75°$. Zusammen betragen sie 150°. Um auf 180° zu kommen, muss der fehlende Winkel γ also 30° groß sein.

3 Es gilt $\beta = \alpha + 20°$ und $\gamma = \beta + 26°$, also $\gamma = \alpha + 20° + 26° = \alpha + 46°$

$\alpha + \beta + \gamma = 180°$

$\alpha + (\alpha + 20°) + (\alpha + 46°) = 180°$

$3\alpha + 66° = 180° \quad |-66°$

$3\alpha = 114° \quad |:3$

$\alpha = 38°$

$\beta = 58°\ (38° + 20°) \qquad \gamma = 84°\ (58° + 26°)$

Man könnte auch probieren, z. B. $\alpha = 40° \rightarrow \beta = 60°$ und $\gamma = 86°$; $40° + 60° + 86° = 186°\ (> 180°)$
$\alpha = 35° \rightarrow \beta = 55°$ und $\gamma = 81°$; $35° + 55° + 81° = 171°\ (< 180°)$

Es muss $35° < \alpha < 40°$gelten. Durch weiteres Probieren kommt man auf die Lösung $\alpha = 38°$.

4 Im Parallelogramm sind gegenüberliegende Winkel gleich groß. Man kann das begründen über den Stufenwinkelsatz und den Wechselwinkelsatz (s. Zeichnung).
Der Winkel β im Parallelogramm ist ein Nebenwinkel zu 50°, also 180° – 50° = 130° groß. Der gegenüberliegende Winkel δ ist dann ebenfalls 130° groß.

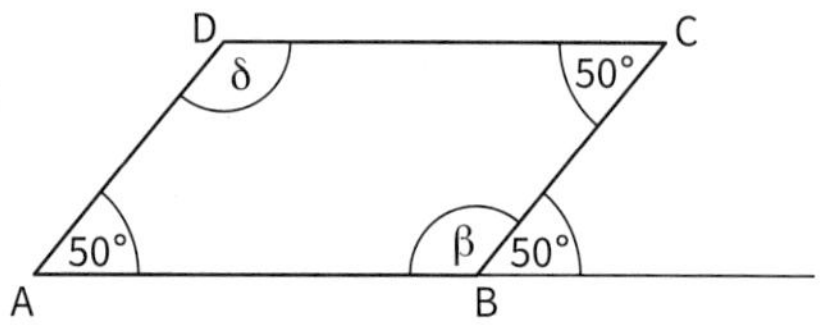

Ein anderer Lösungsweg benutzt, dass die Summe der Innenwinkel in einem Viereck 360° beträgt. Subtrahiert man davon die Summe der beiden spitzen Winkel (50° + 50° = 100°), erhält man die Summe der beiden stumpfen Winkel: 360° – 100° = 260°. Da beide Winkel gleich groß sind, misst jeder Winkel 130°.

5 Da in einem Viereck für die Summe der Innenwinkel gilt: $\alpha + \beta + \gamma + \delta = 360°$, folgt:
$\delta = 360° - 60° - 114° - 105° \rightarrow \delta = 81°$.

S. 29

1 a) Die Figur kann in zwei Rechtecke zerlegt werden. Das untere ist 18 mm lang und 6 mm breit, hat also einen Flächeninhalt von $A_1 = 18\ mm \cdot 6\ mm = 108\ mm^2$. Das obere Rechteck hat die Seitenlängen 12 mm und 3 mm und den Flächeninhalt $A_2 = 12\ mm \cdot 3\ mm = 36\ mm^2$. Damit hat die gesamte Figur den Flächeninhalt $A = 108\ mm^2 + 36\ mm^2 = 144\ mm^2$.

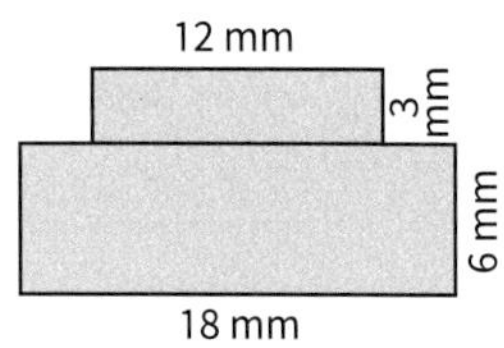

b) Das große Rechteck hat die Seitenlängen 18 mm und 6 mm + 3 mm = 9 mm. Es hat einen Flächeninhalt von $A_R = 18\ mm \cdot 9\ mm = 162\ mm^2$. Davon müssen die beiden Quadratflächen subtrahiert werden. Diese haben jeweils einen Flächeninhalt von $(3\ mm)^2 = 9\ mm^2$. Der Flächeninhalt der gefärbten Figur ist dann $A = 162\ mm^2 - 2 \cdot 9\ mm^2 = 144\ mm^2$.

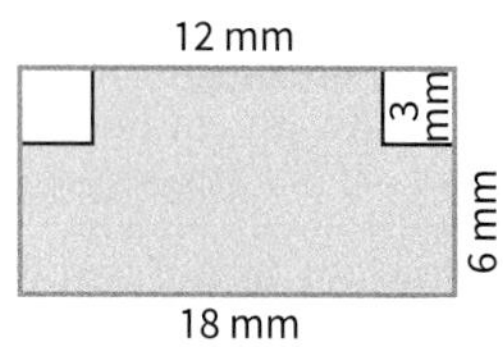

S. 29

2 a) Es handelt sich um ein Parallelogramm mit der Grundseite $g = 2\text{ cm} + 4\text{ cm} = 6\text{ cm}$ und der Höhe $h = 4\text{ cm}$. Sein Flächeninhalt beträgt $A = g \cdot h = 6\text{ cm} \cdot 4\text{ cm} = 24\text{ cm}^2$.
Für die fehlende Seitenlänge c gilt nach dem Satz des Pythagoras

$c = \sqrt{(2\text{ cm})^2 + (4\text{ cm})^2} = \sqrt{20\text{ cm}^2} \approx 4{,}5\text{ cm}$

Der Umfang beträgt damit $u = 2 \cdot 6\text{ cm} + 2 \cdot 4{,}5\text{ cm} = 21\text{ cm}$.

b) Es handelt sich um ein symmetrisches Trapez mit $a = 42{,}8\text{ cm}$, $c = 37{,}5\text{ cm}$ und $h = 15\text{ cm}$. Der Flächeninhalt ist

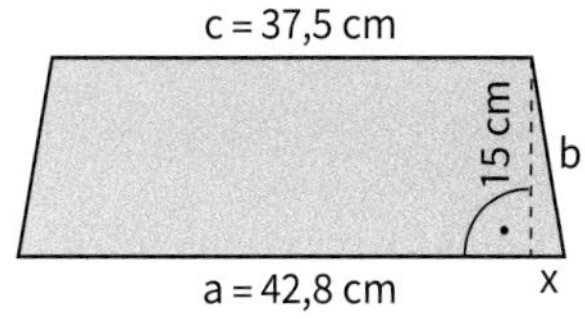

$A = \frac{a + c}{2} \cdot h = \frac{42{,}8\text{ cm} + 37{,}5\text{ cm}}{2} \cdot 15\text{ cm} = 602{,}25\text{ cm}^2$

Für den Umfang wird die Länge der Seite b mit dem Satz des Pythagoras berechnet. Für die Kathete x gilt:
$x = (42{,}8\text{ cm} - 37{,}5\text{ cm}) : 2 = 2{,}65\text{ cm}$.

$b = \sqrt{(2{,}65\text{ cm})^2 + (15\text{ cm})^2} \approx 15{,}23\text{ cm}$

Der Umfang beträgt damit $u = 2 \cdot 15{,}23\text{ cm} + 42{,}8\text{ cm} + 37{,}5\text{ cm} = 110{,}76\text{ cm}$.

c) Es handelt sich um ein gleichschenkliges Dreieck mit einer Grundseite $g = 1{,}5\text{ cm} + 1{,}5\text{ cm} = 3\text{ cm}$ und einer Höhe $h = 1\text{ cm}$. Der Flächeninhalt ist

$A = \frac{g \cdot h}{2} = \frac{3\text{ cm} \cdot 1\text{ cm}}{2} = 1{,}5\text{ cm}^2$.

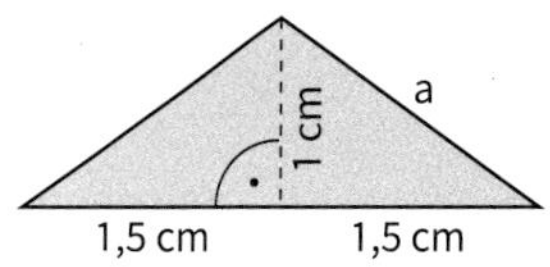

Im rechten Teildreieck gilt mit dem Satz des Pythagoras:

$a = \sqrt{(1{,}5\text{ cm})^2 + (1\text{ cm})^2} \approx 1{,}8\text{ cm}$.

Der Umfang beträgt: $u = 3\text{ cm} + 2 \cdot 1{,}8\text{ cm} = 6{,}6\text{ cm}$.

d) Es handelt sich um eine Raute. Alle vier Seiten sind gleich lang und die Diagonalen halbieren sich in der Mitte. Für die Seitenlänge gilt nach dem Satz des Pythagoras:

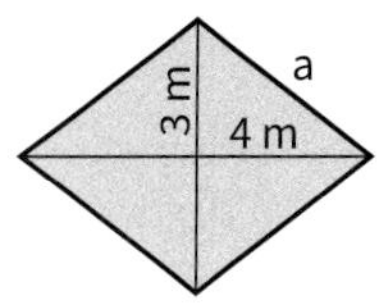

$a = \sqrt{(3\text{ m})^2 + (4\text{ m})^2} = 5\text{ m}$.

Der Umfang beträgt $u = 4 \cdot 5\text{ cm} = 20\text{ cm}$.
Die vier Teildreiecke haben jeweils den Flächeninhalt $A_\Delta = \frac{4\text{ m} \cdot 3\text{ m}}{2} = 6\text{ m}^2$. Die Raute hat einen Flächeninhalt von $4 \cdot 6\text{ m}^2 = 24\text{ m}^2$.

S. 30

1 und **2**

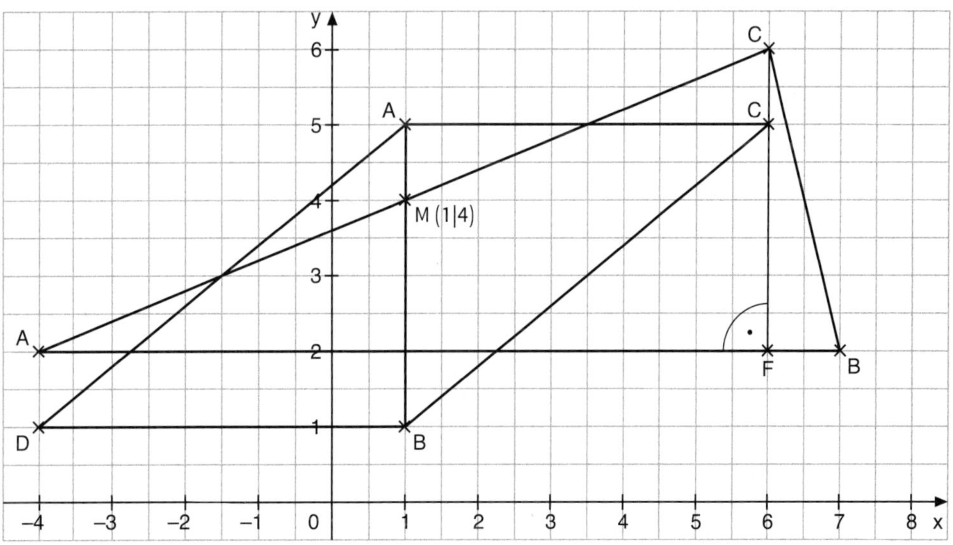

1 a) Das Dreieck ist ein halbes Rechteck: $A_\Delta = \frac{4\text{ cm} \cdot 5\text{ cm}}{2} = 10\text{ cm}^2$.

b) s. Zeichnung

c) ABCD ist ein Parallelogramm. Der Flächeninhalt beträgt $A = g \cdot h = 5\text{ cm} \cdot 4\text{ cm} = 20\text{ cm}^2$.

S. 30

2 a) Da die Teildreiecke AFC und FBC rechtwinklig sind, kann man die Strecken $\overline{AC}$ und $\overline{BC}$ auch mit dem Satz des Pythagoras berechnen.

$\overline{AC} = \sqrt{\overline{AF}^2 + \overline{FC}^2} = \sqrt{(10\text{ cm})^2 + (4\text{ cm})^2} \approx 10{,}8\text{ cm}$

$\overline{BC} = \sqrt{\overline{FB}^2 + \overline{FC}^2} = \sqrt{(1\text{ cm})^2 + (4\text{ cm})^2} \approx 4{,}1\text{ cm}$

Da außerdem $\overline{AB} = 11$ cm lang ist, beträgt der Umfang: u = 11 cm + 10,8 cm + 4,1 cm = 25,9 cm.

b) M(1 | 4)

c) (1) ΔABC: $A_1 = \frac{11\text{ cm} \cdot 4\text{ cm}}{2} = 22\text{ cm}^2$ (3) ΔBCM: $A_3 = A_1 - A_2 = 11\text{ cm}^2$

(2) ΔABM: $A_2 = \frac{11\text{ cm} \cdot 2\text{ cm}}{2} = 11\text{ cm}^2$

Daten und Zufall (Übungsaufgaben)

S. 31

1 a) Daten der Größe nach geordnet: 65,80 €; 84,30 €; 99,70 €; 107,20 €; 111,40 €
Spannweite ist die Differenz zwischen größtem und kleinstem Wert:
111,40 – 65,80 € = 45,60 €.
Der Median ist bei ungerader Anzahl von Daten der Wert in der Mitte: 99,70 €
arithmetisches Mittel:

$\frac{65{,}80\text{ €} + 84{,}30\text{ €} + 99{,}70\text{ €} + 107{,}20\text{ €} + 111{,}40\text{ €}}{5} = 93{,}68\text{ €}$

b) Daten der Größe nach geordnet: 4,20 m; 4,50 m; 4,60 m; 4,80 m; 5,10 m; 5,30 m
Spannweite: 5,30 m – 4,20 m = 1,10 m
Der Median ist bei gerader Anzahl von Daten der Mittelwert der beiden mittleren Werte:

$\frac{4{,}60\text{ m} + 4{,}80\text{ m}}{2} = 4{,}70\text{ m}$

arithmetisches Mittel:

$\frac{4{,}20\text{ m} + 4{,}50\text{ m} + 4{,}60\text{ m} + 4{,}80\text{ m} + 5{,}10\text{ m} + 5{,}30\text{ m}}{6} = 4{,}75\text{ m}$

2 Das arithmetische Mittel (Summe aller 12 Gewichte, geteilt durch 12) ist $77{,}9\overline{3}$ kg.
Der Durchschnitt von 80 kg wird also unterschritten.

3 In der Liste der Laufzeiten sind 5 Werte größer als 4 h 10 min, ein Wert ist kleiner. Damit 4 h 10 min der Median der Laufzeiten wird, müssen 4 Werte hinzugefügt werden, die kleiner als 4 h 10 min, also noch vier, selbst ausgedachte Zeiten unter 4 h 10 min, z. B. 2 h 40 min, 2 h 55 min, 3 h 10 min, 4 h 5 min.

S. 32

1 Man kann anhand der abgebildeten Skala die Werte für die verschiedenen Bereiche ungefähr ablesen.

Bekleidung:	42 %	$0{,}42 \cdot 128{,}6$ Mio. € ≈ 54,0 Mio. €
Elektrogeräte:	10 %	$0{,}10 \cdot 128{,}6$ Mio. € ≈ 12,9 Mio. €
Spielwaren:	20 %	$0{,}20 \cdot 128{,}6$ Mio. € ≈ 25,7 Mio. €
Lebensmittel:	28 %	$0{,}28 \cdot 128{,}6$ Mio. € ≈ 36,0 Mio. €

2 Auf der Hochachse steht 1 cm für 100 Schülerinnen/Schüler.
Gerundet sind die Säulen also 3,9 cm, 2,5 cm, 2,1 cm und 1 cm hoch.

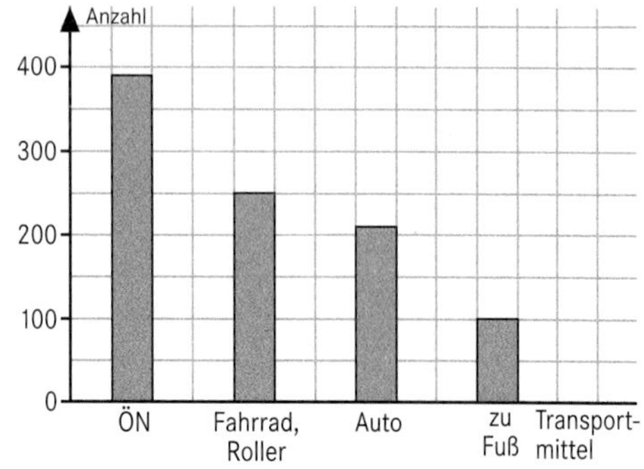

S. 32

3 Um den Anteil einer Verbrauchsart am Gesamtverbrauch zu berechnen, wird die Literzahl durch 126 dividiert, z. B. $\frac{45}{126} = 0{,}36 = 36\,\%$.

126 Liter entsprechen 100 %.

Wenn der Streifen 10 cm lang ist (= 100 mm), entspricht jedes Prozent 1 mm.

Verbrauchsart	Verbrauch	Anteil
Baden/Duschen	45	ca. 36 %
Toilette	34	ca. 27 %
Wäsche	15	ca. 12 %
Sonstiges	32	ca. 25 %

S. 33

1 $\text{Wahrscheinlichkeit} = \frac{\text{Anzahl der günstigen Ergebnisse}}{\text{Anzahl der möglichen Ergebnisse}}$

a) A: Günstige Ergebnisse: 2; 4; 6

$P(A) = \frac{3}{6} = \frac{1}{2}$

B: Günstige Ergebnisse: 5; 6

$P(B) = \frac{2}{6} = \frac{1}{3}$

C: Günstige Ergebnisse: 6

$P(C) = \frac{1}{6}$

b) Das Ereignis muss zwei günstige Ergebnisse haben, z. B. Augenzahl ist kleiner als 3 (günstig: 1;2).

2 Es sind 12 Kugeln im Behälter.

$\frac{1}{6}$ von 12 = 2; $\frac{1}{3}$ von 12 = 4; $\frac{1}{2}$ von 12 = 6

2 Kugeln müssen rot, 4 Kugeln blau und 6 Kugeln grün gefärbt werden.

3 Im Behälter befinden sich 20 Kugeln, davon sind 6 Kugeln blau, 12 Kugeln gelb und 2 Kugeln rot.

$P(\text{blaue Kugel}) = \frac{12}{20} = \frac{3}{5} = 60\,\%$

4 $100\,\% \triangleq 360°$
$1\,\% \triangleq 3{,}6°$

Farbe	Winkel	Wahrscheinlichkeit
rot	90°	25 %
gelb	144°	40 %
blau	126°	35 %

360° – 90° – 144° (blau, Winkel) | 144° : 3,6° (gelb, Wahrscheinlichkeit) | 100 % – 25 % – 40 % (blau, Wahrscheinlichkeit)

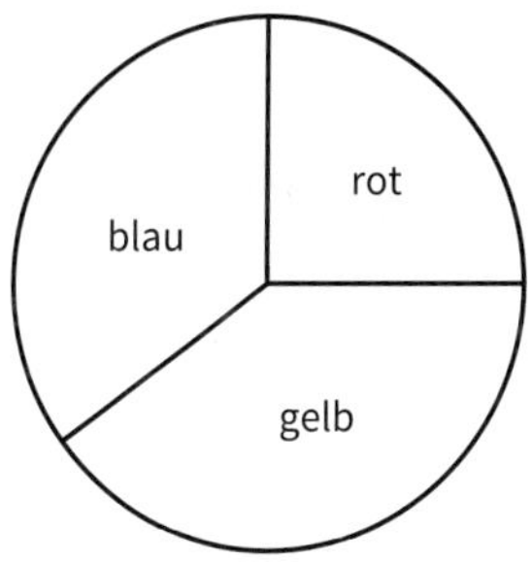

Abschlusstest Teil A Basisaufgaben

S. 34

1 Rechnen und Ordnen

a) (1) $(2 + 3 \cdot 4) : 28 = 0{,}5$ (2) $2{,}4 - 3{,}2 = -0{,}8$ (3) $5^2 : 100 = 0{,}25$

(4) $-\frac{1}{8} + \frac{1}{4} - \frac{1}{2} = -\frac{3}{8}$ (5) $1{,}5 - \frac{3}{4} = 0{,}75$ (6) $\frac{60 : 4 - 3}{1 + 2 + 3 + 4} = \frac{12}{10} = \frac{6}{5} = 1\frac{1}{5}$

b)

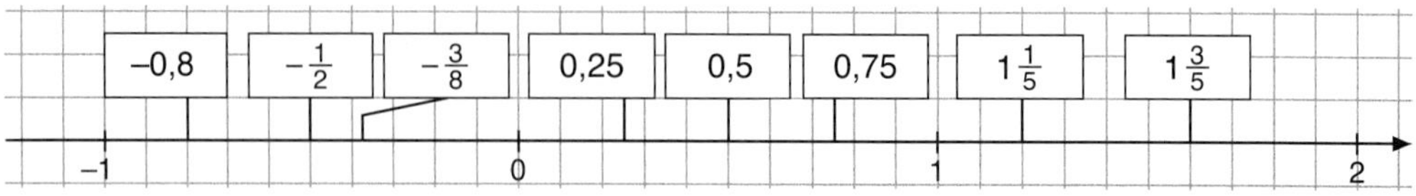

2 Quadrat und Rechteck

a) u = Summe aller Seitenlängen
Seitenlänge: $\sqrt{36\text{ cm}^2} = 6$ cm
$u = 4 \cdot 6$ cm $= 24$ cm

b) Der Flächeninhalt ist das Produkt der beiden Seitenlängen. Gesucht sind deshalb alle Paare von zwei Seitenlängen a und b, deren Produkt 36 cm² beträgt. Ganzzahlige Möglichkeiten sind z. B.
a = 1 cm, b = 36 cm; a = 2 cm, b = 18 cm; a = 3 cm, b = 12 cm usw.

3 Abschlussfahrt

a) Für Venedig ist jeder Vierte, das sind 20 Schülerinnen und Schüler (80 : 4 = 20).
20 % sind für Paris, das sind 16 Schülerinnen und Schüler ($80 \cdot 0{,}2 = 16$).
Nach London oder Prag wollen somit 80 – 20 – 16 = 44 Schülerinnen und Schüler.
Diese teilen wir im Verhältnis 3 : 1 auf:
44 : 4 = 11 $11 \cdot 3 = 33$ (London)
$11 \cdot 1 = 11$ (Prag)

Nach London wollen 33 Schülerinnen und Schüler, nach Prag 11.

b) Venedig: $\frac{1}{4} = 25\,\%$

Paris: 20 %

London: 33 von 80 $= \frac{33}{80} = 0{,}4125 \approx 41\,\%$

Prag: 11 von 80 $= \frac{11}{80} = 0{,}1375 \approx 14\,\%$

	relative Häufigkeit (in %)
Venedig	25 %
Paris	20 %
London	41 %
Prag	14 %

c) Das Streifendiagramm ist insgesamt 10 cm lang, sodass 1 mm genau 1 % entspricht.

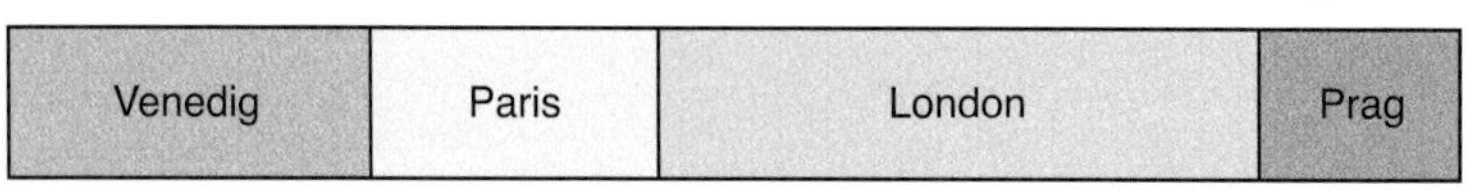

S. 35

4 Punkte

Ein Punkt (x | y), der zur Gerade der Funktion gehört, erfüllt die Gleichung. Um die Aufgabe zu lösen, setzen wir die Koordinaten der zur Auswahl stehenden Punkte in die Gleichung ein. Ergibt sich eine wahre Aussage, verläuft die Gerade durch diesen Punkt.

Punkt (x | y)	eingesetzt in y = –x + 3	
(0 | 0)	0 = 0 + 3	falsch
(1 | 3)	3 = –1 + 3	falsch
(9 | –6)	–6 = –9 + 3	wahr
(3 | 0)	0 = –3 + 3	wahr
(–6 | –10)	–10 = 6 + 3	falsch
(0 | 3)	3 = 0 + 3	wahr
(5 | 5)	5 = –5 + 3	falsch
(9 | 12)	12 = –9 + 3	falsch

Die Punkte (0 | 3), (9 | –6) und (3 | 0) liegen auf der Geraden.

S. 35

5 Wochenendfahrt

a) Herr Fuchs braucht 4 Stunden (Wert in Zelle A3).

b) Wenn die Fahrzeit doppelt so lang ist, ist die Durchschnittsgeschwindigkeit nur halb so groß.
In B4 muss deshalb 75 : 2 = 37,5 eingetragen werden.
Rechnung für den Wert in A5:

$$\begin{array}{lcl} & 4 \rightarrow 75 & \\ \cdot 3 & & :3 \\ & 12 \rightarrow 25 & \\ :4 & & \cdot 4 \\ & 3 \rightarrow 100 & \end{array}$$

In Zelle A5 muss 3 eingetragen werden.

c) B3: =300/A3　　　B4: =300/A4

6 Zuordnungen

1: Verdoppelt man die Wandfläche, so verdoppelt sich auch die benötigte Farbe; also p.
2: Die erzielten Tore nehmen nicht gleichmäßig mit der Spieldauer zu; also k.
3: Die Verdoppelung des Geldbetrages führt auch zu einer Verdoppelung der Zinsen; also p.
4: Verdoppelt man die Anzahl der leistungsgleichen Wasserpumpen, so halbiert sich die Dauer, bis das Becken gefüllt ist; also a.
5: Die Anzahl der umgerissenen Bäume steigt zwar meist mit der Windgeschwindigkeit, aber nicht proportional; also k.

7 Dreieck im Koordinatensystem

a)

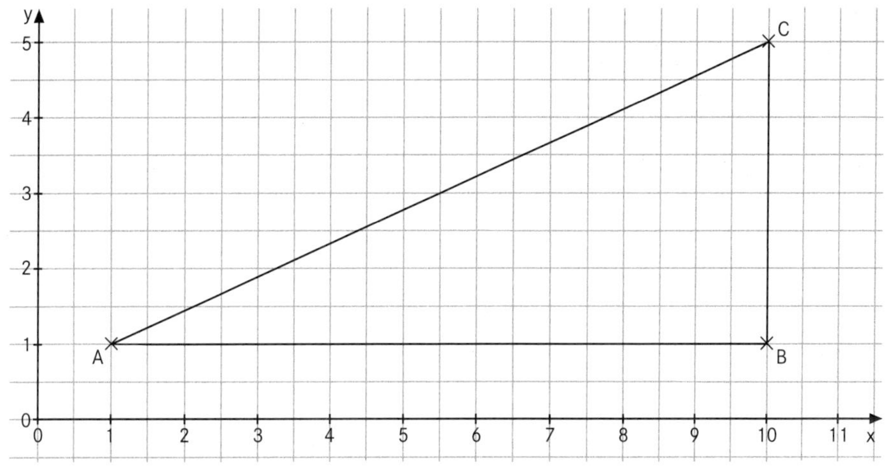

b) Länge der Strecken: $\overline{AB} = 9$ cm, $\overline{BC} = 4$ cm, $\overline{AC} \approx 9{,}8$ cm (gemessen)
Die Länge der Strecke $\overline{AC}$ kann man auch mit dem Satz des Pythagoras berechnen.

$$(\overline{AC})^2 = (\overline{AB})^2 + (\overline{BC})^2$$
$$= (9\text{ cm})^2 + (4\text{ cm})^2$$
$$= 97\text{ cm}^2$$
$$\overline{AC} \approx 9{,}85\text{ cm}$$

u = Summe aller Seitenlängen
u = 9 cm + 4 cm + 9,8 cm = 22,8 cm

S. 36

8 Mensch ärgere Dich nicht

Für jede Zahl des sechseitigen Würfels beträgt die Wahrscheinlichkeit $\frac{1}{6}$.

a) Damit Emil genau auf das oberste Zielfeld kommt, muss er eine „5" würfeln. Hierfür beträgt die Wahrscheinlichkeit $\frac{1}{6}$.

b) Damit Emil zumindest auf ein sicheres Zielfeld kommt, muss er eine der vier Zahlen „2", „3", „4" oder „5" würfeln.
Günstige Ergebnisse sind: {2, 3, 4, 5}　　　Mögliche Ergebnisse sind: {1, 2, 3, 4, 5, 6}
Um die Wahrscheinlichkeit dafür zu bestimmen, muss man nun die Anzahl der günstigen Ergebnisse durch die Anzahl der möglichen Ergebnisse teilen; also erhält man $\frac{4}{6}$ oder gekürzt $\frac{2}{3}$ als Wahrscheinlichkeit.

S. 36

9 Kinobesucher

a) arithmetisches Mittel: $\frac{(625 + 745 + 820 + 655 + 423 + 388 + 495)}{7} = \frac{4151}{7} = 593$

b) Nein, die Aussage stimmt nicht. Um den Median zu bestimmen, muss man die Daten erst der Größe nach sortieren: 388, 423, 495, 625, 655, 745, 820.
Die mittlere Zahl in der sortierten Reihe ist der Median, hier: 625.

10 Größen ordnen

a) Flächen-Angaben erkennt man an „Quadrat-Maßeinheiten"; („hoch 2").
Von den 8 angegebenen Größen sind drei Flächen-Angaben:
$200\ mm^2$ $\quad 0{,}1\ m^2$ $\quad 20\ cm^2$

b) Zur Erinnerung: $1\ m^2 = 100 \cdot 100\ cm^2 = 10\,000\ cm^2$; $0{,}1\ m^2 = 1\,000\ cm^2$
$1\ cm^2 = 10 \cdot 10\ mm^2 = 100\ mm^2$; $200\ mm^2 = 2\ cm^2$
also: $200\ mm^2 < 20\ cm^2 < 0{,}1\ m^2$

11 Gleichungen und Graphen

Die im Koordinatensystem abgebildeten Graphen sind Geraden, also Graphen von linearen Funktionen mit der allgemeinen Form $y = m \cdot x + n$.

Der Graph g_1 fällt und schneidet die y-Achse im Punkt (0|0), also ist $m < 0$ und $n = 0$. Dies trifft nur auf eine der angebotenen Gleichungen zu, nämlich auf $y = -x$.
Der Graph g_2 steigt und schneidet die y-Achse im Punkt (0|1), also ist $m > 0$ und $n = 1$. Zu g_2 gehört also die Funktionsgleichung $y = 4x + 1$.
Der Graph g_3 steigt und schneidet die y-Achse im Punkt (0|0), also ist $m > 0$ und $n = 0$. Dies trifft nur auf eine der angegebenen Funktionsgleichungen zu. Zu g_3 gehört also $y = 2x$.
Richtig ist also:

g_3	$y = 2x$
—	$y = -2x - 1$
g_1	$y = -x$

—	$y = x + 4$
g_2	$y = 4x + 1$
—	$y = -x + 4$

S. 37

12 Netz eines Körpers

a) Quader

b) $V = a \cdot b \cdot c$
$= 5\ cm \cdot 3\ cm \cdot 3\ cm$
$= 45\ cm^3$

c) $m = 45\ cm^3 \cdot 2{,}7\ \frac{g}{cm^3}$
$m = 121{,}5\ g$

13 Winkelberechnung im Dreieck

$\alpha + \beta + 98° = 180°$, also $\alpha + \beta = 180° - 98° = 82°$
Wären α und β gleich groß, würde jeder Winkel 41° (82° : 2) messen.
Da aber α um 10° größer ist als β, müssen jeweils 5° von 41° abgezogen bzw. zu 41° addiert werden.
$\alpha = 41° + 5°$ $\qquad \beta = 41° - 5°$
$\alpha = 46°$ $\qquad \beta = 36°$
Beide Winkel sind zusammen 82° groß, und α ist um 10° größer als β.

14 Fass

Das Fass hat die Form eines Zylinders.
Für Zylinder mit dem Radius r und der Höhe h gilt:
$V = \pi \cdot r^2 \cdot h$ oder $V = \pi \cdot (3\ dm)^2 \cdot 8\ dm$
$V = \pi \cdot (30\ cm)^2 \cdot 80\ cm$ $\qquad V \approx 226{,}19\ dm^3$
$V \approx 226\,194{,}7\ cm^3$ $\qquad 1\ l = 1\ dm^3$
Dies entspricht etwa 226,19 *l*.

S. 37

15 Größen bestimmen

Ladevolumen eines Lasters: Der Ladebereich kann als Quader z. B. mit den Maßen: Breite 2,5 m, Höhe 2,5 m, Länge 8 m geschätzt werden. Als Volumen ergibt sich daraus
2,5 m · 2,5 m · 8 m = 50 m^3. Da 1 m^3 = 1 000 *l* gilt, muss 50 000 *l* angekreuzt werden.

Länge eines Springseils: Die Länge eines Springseils muss länger sein als die Körpergröße (bzw. als zweimal die halbe Körpergröße). Es muss aber kürzer als 5 m sein, sonst kann es nicht zum Springen benutzt werden. Entsprechend kann die Länge des Seils auf ungefähr 2,5 m geschätzt werden, was 25 dm entspricht (Für die anderen Längen gilt: 250 000 mm = 250 m; 2 500 cm = 0,025 km = 25 m).

Fläche eines Handballfeldes: Die Maße des Handballfeldes können mit 20 m Breite und 40 m Länge geschätzt werden, sodass sich ein Flächeninhalt von 800 m^2 ergibt (Für die anderen Flächeninhalte gilt: 80 000 cm^2 = 8 m^2; 8000 dm^2 = 80 m^2; 0,8 km^2 = 800 000 m^2).

S. 38

16 Gleichung

a) In die Gleichung setzt man für x die Zahl 7 ein und rechnet:
$y = 20 - 5 \cdot (7 - 6)$
$y = 20 - 5 \cdot 1$
$y = 15$
Für x = 7 beträgt der y-Wert 15.

b) Man setzt für y die Zahl 0 ein und löst die Gleichung:
$0 = 20 - 5 \cdot (x - 6) \quad | - 20$
$-20 = -5 \cdot (x - 6) \quad | : (-5)$
$4 = x - 6 \quad | + 6$
$10 = x$
Für y = 0 beträgt der x-Wert 10.

17 50 % einer Zahl

(2) $\frac{50}{100}a = \frac{1}{2}a$ (4) $a : 2 = \frac{1}{2}a$
(3) $0{,}5a = \frac{1}{2}a$ (5) $\frac{1}{2}a$

Alle Terme stellen die Hälfte oder 50 % einer beliebigen Zahl a dar.

18 Prozente

a) *1. Methode:* 10 % von 130 € sind 13 €, 40 % sind dann 4 · 13 € = 52 €.

2. Methode:
100 % → 130 €
1 % → 1,30 €
40 % → 52 €

3. Methode:
W = 130 € · 40 % = 130 € · 0,4 = 52 €

b) *1. Methode:*
4 % → 12 kg
1 % → 3 kg
100 % → 300 kg

2. Methode: G · 4 % = 12 kg
also: G · 0,04 = 12 kg |: 0,04
G = 300 kg

3. Methode: $W = G \cdot p\,\% = G \cdot \frac{p}{100}$
umformen: $W \cdot \frac{100}{p} = G$
einsetzen: $G = 12\text{ kg} \cdot \frac{100}{4} = 300\text{ kg}$

c) *1. Methode:* 24 cm von 6 m bzw. 24 cm von 600 cm?
6 cm sind 1 % von 600 cm, dann sind 24 cm genau viermal so viel, also 4 % von 600 cm bzw. 4 % von 6 m.

2. Methode:
600 cm → 100 %
6 cm → 1 %
24 cm → 4 %

3. Methode: $p\,\% = \frac{W}{G} = \frac{24\text{ cm}}{6\text{ m}} = \frac{24\text{ cm}}{600\text{ cm}} = 0{,}04 = 4\,\%$

S. 38

d) *1. Methode:* 100 % → 760 €
1 % → 7,60 €
3 % → 22,80 €
2. Methode: $Z = K \cdot p\,\%$
$760\,€ \cdot 3\,\% = 760\,€ \cdot 0{,}03 = 22{,}80\,€$

19 **Schatten**

Nach dem Strahlensatz gilt (Maße in m):

$$\frac{x}{1{,}8} = \frac{24}{1{,}35} \qquad | \cdot 1{,}8$$

$$x = \frac{24 \cdot 1{,}8}{1{,}35} = 32$$

Höhe: Der Turm ist 32 m hoch.

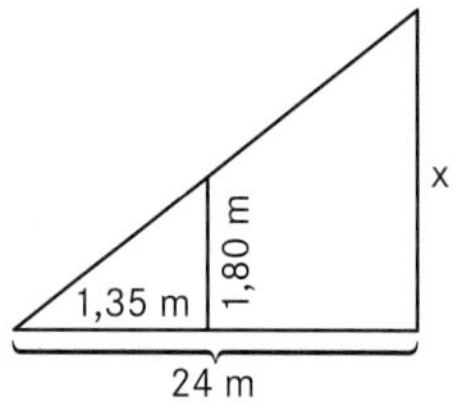

S. 39

20 **Pfannkuchen selbst gemacht**

Zunächst muss der Anteil der vorhandenen Buttermenge an der Buttermenge im Rezept berechnet werden:
125 g von 200 g = 125 : 200 = 62,5 %
Dieser Anteil muss auch von den Mengen im Rezept für Zucker und Eigelb genommen werden.
62,5 % von 400 g = 0,625 · 400 g
= 250 g (Zucker)
62,5 % von 16 Eigelb = 0,625 · 16 Eigelb
= 10 Eigelb

21 **400-m-Lauf**

Der Innenbereich des Stadions setzt sich zusammen aus einem Rechteck und zwei Halbkreisen mit dem Radius r = 36,50 m. Eine Seite des Rechtecks ist genauso lang wie der Durchmesser der Halbkreise, also 2 · 36,50 m = 73 m, die andere Seite ist 84,40 m lang.

a) Flächeninhalt des Rechtecks: $A_R = a \cdot b$ $\quad A = 73\text{ m} \cdot 84{,}4\text{ m} = 6\,161{,}2\text{ m}^2$.
Zusammen bilden die beiden Halbkreise einen Vollkreis mit dem Flächeninhalt $A_K = \pi \cdot r^2$.
$A_K = \pi \cdot (36{,}5\text{ m})^2 \approx 4\,185{,}4\text{ m}^2$.
Gesamtflächeninhalt des Innenbereichs: $A = 6\,161{,}2\text{ m}^2 + 4\,185{,}4\text{ m}^2 = 10\,346{,}6\text{ m}^2$

b) Um die beiden Halbkreise bewegt sich die Läuferin auf einem Kreisbogen mit dem Radius $r = 36{,}5\text{ m} + 0{,}3\text{ m} = 36{,}8\text{ m}$. Sie legt dabei um einen Halbkreis eine Strecke von
$s_1 = \frac{1}{2} \cdot 2\pi \cdot r = \pi \cdot 36{,}8\text{ m} \approx 115{,}61\text{ m}$ zurück.
Die gesamte Laufstrecke auf einer Runde hat die Länge
$s = 115{,}61\text{ m} + 84{,}4\text{ m} + 115{,}61\text{ m} + 84{,}4\text{ m} = 400{,}02\text{ m} \approx 400\text{ m}$.

22 **Veränderungen**

Stimmen die im Text beschriebenen Veränderungen mit denen im Verlauf des Graphen überein, so passen Graph und Text zueinander.

(1) Das Körpergewicht nimmt anfangs ab (Graph fällt). Danach erfolgt keine Gewichtszunahme und keine Gewichtsabnahme (Graph fällt nicht und steigt nicht, er verläuft in etwa parallel zur x-Achse). Der passende Graph ist E.

(2) Die Besucherzahlen waren bei der Eröffnung (anfangs) sehr hoch und nahmen dann nach und nach ab (Graph fällt). Eine Zeit lang kam nicht eine einzige Person (Der Graph berührt die x-Achse). Dann kommen mehr und mehr Besucher, aber nicht mehr als zur Eröffnung (der Graph steigt, ohne die anfängliche Höhe zu erreichen). Der passende Graph ist B.

Hier im Lösungsheft befinden sich **Kurzlösungen** zu den Aufgaben des Eingangstests (S. 40 – 49). **Ausführliche Lösungen** zum Eingangstest befinden sich im Arbeitsbuch selbst (S. 50 – 75).

Kurzlösungen – Eingangstest Teil B Komplexe Aufgaben

S. 40

1 **Abtransport von Boden**

a) Der Lkw benötigt 50 Fahrten.
b) Insgesamt dauert das Ausheben drei Tage.

2 **Geänderte Preise**

a) neue Ladenmiete: 2 700 €
b) neuer Preis: 480€

3 **Straßenbahnfahrplan**

a) Die Entfernung zwischen den Haltestellen Bahnhof und Tierpark beträgt 14 km.
b) Vom Bahnhof bis zum Stadion fährt die Straßenbahn zwischen den Haltestellen mit gleicher Durchschnittsgeschwindigkeit $\left(\frac{1\text{ km}}{2\text{ min}}\right.$, also $30\ \frac{\text{km}}{\text{h}}\left.\right)$.
Vom Stadion bis zum Tierpark fährt sie schneller $\left(\frac{2\text{ km}}{2\text{ min}}\right.$, also $60\ \frac{\text{km}}{\text{h}}\left.\right)$.
c)

Haltestelle	**Uhrzeit**	
Bahnhof	ab	14:10
Rosentor	an	14:14
	ab	14:15
Nordheide	an	14:19
	ab	14:20
Stadion	an	14:24
	ab	14:25
Tierpark	an	14:33

S. 41

4 **Fahrradurlaub**

a) Ein Auto ohne Aufbau, das 85 $\frac{\text{km}}{\text{h}}$ schnell fährt, verbraucht ca. 4 Liter pro 100 km.
b) Der Verbrauch steigt um ungefähr 71 %.
c) Lennards Aussage stimmt nicht.

5 **Jugend-Triathlon**

a) Jan benötigte für alle drei Sportarten zusammen 43 min 20 s.
b) Jan fuhr die Radrennstrecke also mit einer Geschwindigkeit von etwa 30 $\frac{\text{km}}{\text{h}}$.

S. 42

6 **Konservendosen**

a) Karim: $2 \cdot 24\text{ cm} + 2 \cdot 16\text{ cm} = 80\text{ cm}$
Anke: $u \approx 3{,}14 \cdot 8\text{ cm} = 25{,}12\text{ cm}$
$b = 6 \cdot 25{,}12\text{ cm} = 150{,}72\text{ cm}$
Mia: $b = 4\text{ cm} + 4\text{ cm} + \frac{1}{4}u + 4\text{ cm} + 4\text{ cm} + \frac{1}{4}u + 4\text{ cm} + 4\text{ cm}$
$+ 4\text{ cm} + 4\text{ cm} + \frac{1}{4}u + 4\text{ cm} + 4\text{ cm} + \frac{1}{4}u + 4\text{ cm} + 4\text{ cm}$
$= 4 \cdot \frac{1}{4}u + 12 \cdot 4\text{ cm}$
$= u + 48\text{ cm}$
$\approx 3{,}14 \cdot 8\text{ cm} + 48\text{ cm} = 73{,}12\text{ cm}$
b) Mia hat richtig gerechnet und die Rundungen berücksichtigt.

S. 42

7 **Statistik**

a) Die Besucherzahlen haben sich nicht halbiert. Der falsche Eindruck wird dadurch vermittelt, dass die Achse mit den Besucherzahlen nicht bei Null beginnt.

b)

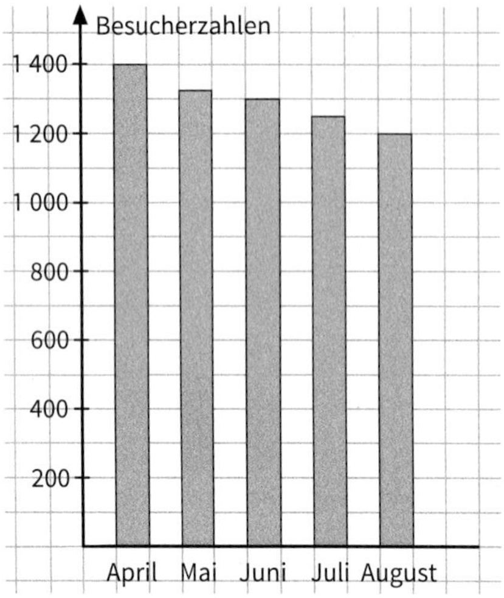

8 **Agenturmeldung**

Die Meldung ist fehlerhaft. Richtig müsste die Meldung also lauten: „Laut einer Umfrage besitzen etwa neun von zehn Frauen (87,4 Prozent) eine weiße Bluse."

S. 43

9 **Erdgaskosten**

a) Bei einem monatlichen Verbrauch von 1 000 kWh sind nach Tarif I 80 € und nach Tarif II 65 € zu bezahlen.

b)

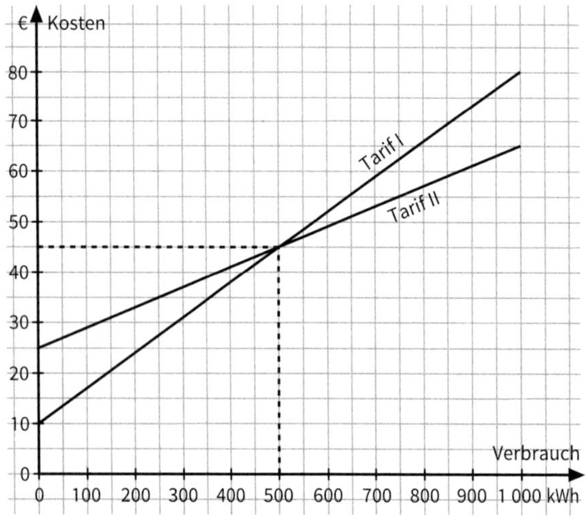

c) Familie Firat sollte Tarif II wählen.

d) Bei einem Monatsverbrauch von 500 kWh sind beide Tarife gleich teuer.

10 **Elfmeter**

Der Ball legte bis zur Torlinie ungefähr 11,60 m zurück.

S. 44

11 **Kontakte**

a) 30 % aller 16- bis 18-Jährigen nutzen das Handy, um zu telefonieren.

b) Die größten Unterschiede treten auf bei „sozialen Netzwerken" und bei „telefonieren per Festnetz".

c) Rund 482 der befragten Jugendlichen schicken sich Kurznachrichten.

S. 44

12 Pkw-Antriebe und Kosten

a)

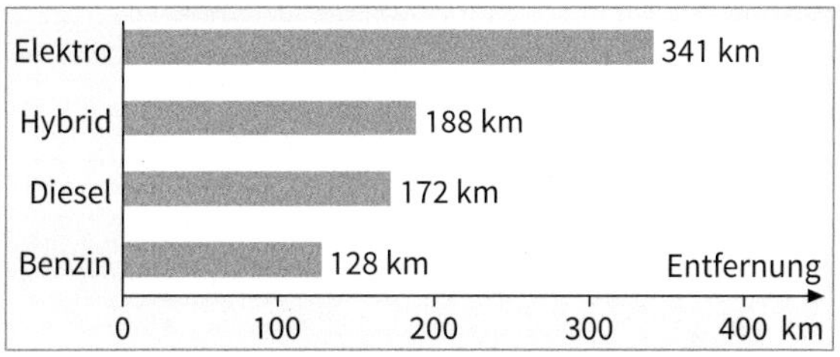

b) Der Anteil der Energiesteuer beträgt rund 50 %.
c) Für 100 000 km ergibt sich deshalb eine Ersparnis von 2 470 €.

S. 45

13 Werkstück

a) Der Körper wiegt rund 124 kg.
b) Die Oberfläche ist weniger als $\frac{1}{2}$ m² groß, also reicht eine halbe kleine Dose.

14 Stundenlohn

a) Der Stundenlohn von Herrn Adrian beträgt 15,50 €.
b) Frau Meis erhält 8,10 € zu wenig Lohn.
c) Es ergibt sich ein Gesamtlohn von 1 860 €.

15 Würfel

(1) Würfel (1) P (4) ≈ 33 %
(2) Würfel (2) P (4) ≈ 67 %
(3) rH (4) ≈ 70% Da die relative Häufigkeit knapp über $\frac{2}{3}$ liegt, ist mit großer Berechtigung davon auszugehen, dass mit dem Würfel (2) gewürfelt wurde.

S. 46

16 Behälter mit Kugeln

a) (1) P (rot; blau) = $\frac{5}{18}$
(2) P (blau; blau) = $\frac{5}{18}$
(3) P (rot; rot) = $\frac{1}{6}$

b) P (verschiedene Farben) = $\frac{5}{9}$

17 Fußballduell

a) p % = 78 %
b) um das 2,3-Fache
c) 30,58 Mio. €

S. 47

18 Zahlenrätsel

a) Die Gleichung 3x – 7 = x + 23 gehört zum Zahlenrätsel (1).
b) x = 15
c) Zahlenrätsel (2): 23 – 7x = 3 · 3, also 23 – 7x = 9
Zahlenrätsel (3): 7x – 3x = 23 – 3

19 Smartphone-Nutzung

a) Spannweite: 140; Median (Zentralwert): 45; unteres Quartil: 40; oberes Quartil: 60
b) Die Aussage ist falsch.

20 Fläche Niedersachsen

Fläche von Niedersachsen: ca. 49 400 km²

S. 48

21 Fahrradreparatur

	Gesamtpreis
a) Schalt-/Bremszug	24,00 €
Nabendynamo	54,00 €
Arbeitsstunden	100,00 €

b) 0,19 · 178,00 € = 33,82 €

c) D7: =D4+D5+D6

S. 48

22 **Glücksrad**

a) (1) P (blau) = $\frac{1}{4}$ (2) P (schwarz) = $\frac{1}{12}$

b) Gewinn von 192 €

23 **Angebote**

a) A-Bank: 103 020 €

b) bestes Angebot: C-Bank mit 103 022,50 €

S. 49

24 **Haus mit Satteldach**

a) V = 780 m^3

b) Dachfläche: ≈ 154 m^2

c) (1) $\alpha \approx 39°$

(2) $\alpha \approx 38{,}66°$

25 **Fehler**

Richtige Lösungen:

(1)
$$\begin{aligned} 10 - 5x &= 2x + 24 &&|-10\\ -5x &= 2x + 14 &&|-2x\\ -7x &= 14 &&|(-7)\\ x &= -2 \end{aligned}$$

(2)
$$\begin{aligned} 6y - 3 &= y + 7 &&|+33\\ 6y &= y + 40 &&|-y\\ 5y &= 40 &&|:5\\ y &= 8 \end{aligned}$$

(3)
$$\begin{aligned} 8x - 15 &= 3x + 35 &&|+15\\ 8x &= 3x + 50 &&|-3x\\ 5x &= 50 &&|:5\\ x &= 10 \end{aligned}$$

26 **Riesenmaschine**

a) Höhe des Einstiegs: 2,8 m

b) Anzahl der Radumdrehungen: ca. 133

Übungsaufgaben Teil B Komplexe Aufgaben

S. 50

1 Aus dem angegebenen Gesamtpreis für sechs Runden lässt sich der Preis für eine Runde berechnen: 10,50 € : 6 = 1,75 €. Silke zahlt 14 €, sie ist also 8 Runden gefahren. (Rechnung: 14 € : 1,75 € = 8)

2

	Anzahl der Pumpen	Zeit (in h)	
: 2	2	10	· 2
· 5	1	20	: 5
	5	4	

Die Zuordnung ist antiproportional.
Fünf Pumpen gleicher Leistung füllen das Becken in 4 Stunden.

3 a) Das Volumen des benötigten Sandes entspricht dem Volumen eines Quaders mit quadratischer Grundfläche (Kantenlänge 120 cm = 1,20 m) und der Höhe 30 cm = 0,3 m.
Also: $V = 1{,}2\text{ m} \cdot 1{,}2\text{ m} \cdot 0{,}3\text{ m} = 0{,}432\text{ m}^3$
Es werden $0{,}432\text{ m}^3$, also knapp ein halber Kubikmeter Sand benötigt.

b) Zur Beantwortung dieser Frage muss entweder in Liter oder m^3 umgewandelt werden.
Es gilt: $1\text{ m}^3 = 1000\ l \rightarrow 0{,}432\text{ m}^3 = 432\ l$ $\quad 432\ l : 25\ l = 17{,}28$
Da im Baumarkt nur ganze Säcke verkauft werden, müssen 18 Sandsäcke gekauft werden, um den Sandkasten 30 cm hoch befüllen zu können.

4 Mit 11 Pfosten im Abstand von 2,10 m wird eine Schallschutzmauer errichtet, die aus 10 Feldern (Zwischenraum zwischen den Pfosten) von 2,10 m Länge besteht und damit insgesamt 21 m lang ist. Wird der Abstand der Pfosten auf 1,50 m verringert, dann vergrößert sich die Anzahl der Felder.
Länge der Mauer: 2,10 m · 10 = 21 m
Anzahl neue Felder: 21 m : 1,5 m = 14
Bei einem Abstand von 1,50 m werden 15 Pfosten benötigt.

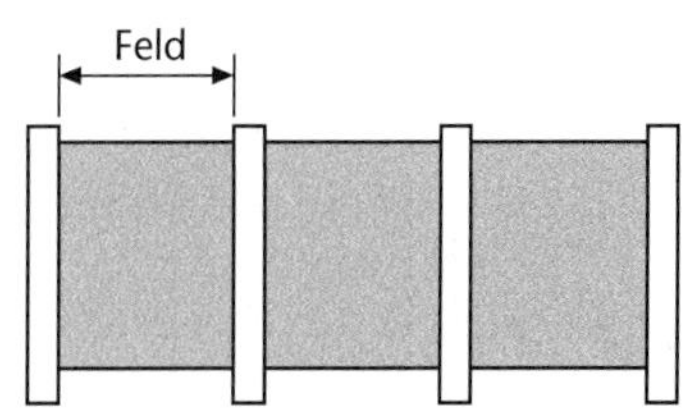

4 Pfosten ergeben 4 – 1 = 3 Felder.
11 Pfosten ergeben 11 – 1 = 10 Felder.

5 Zwei mögliche Lösungswege sind:
① In der ersten Stunde leeren vier Müllfahrzeuge 840 : 6 = 140 Hausmülltonnen. Jedes Müllfahrzeug leert damit stündlich 140 : 4 = 35 Mülltonnen. Fünf Müllfahrzeuge müssen jetzt nur noch 840 – 140 = 700 Mülltonnen leeren. Ein Müllfahrzeug würde für diese Arbeit 700 : 35 = 20 Std. benötigen. Fünf Müllfahrzeuge benötigen dann nur ein Fünftel dieser Zeit, also 4 Std.
② Wir wissen, dass die Leerung aller Hausmülltonnen im Neubaugebiet von vier Müllfahrzeugen in 6 h erledigt wird. Für 840 Mülltonnen werden also 4 · 6 h = 24 „Müllfahrzeugstunden" benötigt. In der ersten Stunde leisten vier Fahrzeuge vier Müllfahrzeugstunden. Die restlichen 20 Müllfahrzeugstunden werden nun von fünf Müllfahrzeugen geleistet, dies schaffen sie in 20 h : 5 = 4 h. Da man die erste Stunde, in der vier Müllfahrzeuge im Einsatz sind, bei der Frage nach der Gesamtzeit berücksichtigen muss, lautet die Antwort: Jetzt sind in fünf Stunden alle Hausmülltonnen im Neubaugebiet geleert.

6 a) Ein Planwagen bietet Platz für 12 Personen; 7 Planwagen für 7 · 12 = 84 Personen.
Für 88 Schülerinnen und Schüler müssen also 8 Planwagen gemietet werden.

b) 88 Schülerinnen und Schüler zahlen insgesamt 88 · 6 € = 528 € Miete für die Fahrt mit acht Planwagen. Acht Planwagen bieten Platz für 8 · 12 = 96 Personen. Könnte man den Gesamtmietpreis auf 96 Personen umlegen, hätte jede Person 528 € : 96 = 5,50 € zu zahlen.

S. 51

1 a) Preiserhöhung: 450 € · 0,04 = 18 €
neuer Preis: 450 € + 18 € = 468 €

b) Preiserhöhung: 3 800 € · 0,12 = 456 €
neuer Preis: 3 800 € + 456 € = 4 256 €

c) Preiserhöhung: 900 € · 0,25 = 225 €
(oder 900 € : 4, da 25 % = $\frac{1}{4}$)
neuer Preis: 900 € + 225 € = 1 125 €

d) Die Preiserhöhung um 100 % bedeutet, dass der Preis verdoppelt wird.
neuer Preis: 8 500 € · 2 = 17 000 €

2 a) Preissenkung: 900 € · 0,05 = 45 €
neuer Preis: 900 € – 45 € = 855 €

b) Preissenkung: 1 800 € · 0,2 = 360 €
neuer Preis: 1 800 € – 360 € = 1 440 €

c) Preissenkung um 50 % bedeutet, dass der Preis halbiert wird. neuer Preis: 6 400 € : 2 = 3 200 €

S. 51

3 Endpreis: 82,20 € · 1,19 = 97,818 € ≈ 97,82 €

4 Eine Preissenkung um 30 % entspricht einer Preissenkung auf 70 % des alten Preises.
Hose: 89 € · 0,7 = 62,30 €
T-Shirt: 24 € · 0,7 = 16,80 €
Schuhe: 130 € · 0,7 = 91 €
Nur der Preis für das T-Shirt stimmt.

5 a) $\frac{1}{2}$ = 50 % ; neuer Preis: 100 % – 50 % = 50 % b) $\frac{1}{4}$ = 25 % ; neuer Preis: 100 % – 25 % = 75 %

c) $\frac{3}{10}$ = 30 % ; neuer Preis: 100 % – 30 % = 70 % d) $\frac{2}{5}$ = 40 % ; neuer Preis: 100 % – 40 % = 60 %

6 Preis nach Erhöhung: 250 € · 1,2 = 300 €
Preis nach Preissenkung: 300 € · 0,8 = 240 €
Mara hat nicht recht, der Ski kostet nun weniger als zu Beginn.
(Begründung: 20 % von 300 € sind mehr als 20 % von 250 €.)

7 Gewicht der Verpackung: 7,2 t · 0,23 = 1,656 t = 1 656 kg
Gewicht der Maschine: 7 200 kg – 1 656 kg = 5 544 kg (= 5,544 t)

S. 52

1 Im Koordinatensystem ist die Fahrt von Ina zum Jugendheim dargestellt. Aus dem Graphen ist abzulesen:

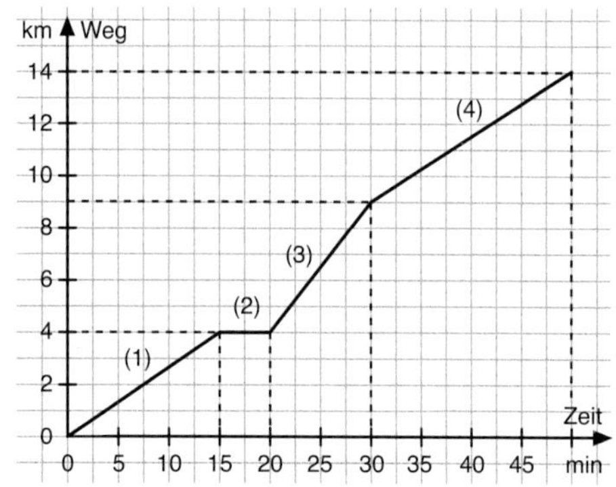

(1) Während des ersten Teils ihrer Fahrt legt Ina eine Strecke von 4 km in 15 Minuten zurück. Sie fährt also mit einer durchschnittlichen Geschwindigkeit von 16 $\frac{km}{h}$.
(2) Im zweiten Teilstück legt Ina für fünf Minuten keinen Weg zurück. Sie unterbricht also ihre Fahrt und bleibt stehen.
(3) Der dritte Teil der Fahrt dauert zehn Minuten. Ina legt in dieser Zeit 5 km zurück. Ihre durchschnittliche Geschwindigkeit beträgt auf diesem Teilstück also 30 $\frac{km}{h}$.
(4) Auf dem vierten Teilstück legt Ina in 20 Minuten 5 km zurück. Sie radelt also durchschnittlich nur noch halb so schnell wie auf dem dritten Teilstück, nämlich 15 $\frac{km}{h}$.
Insgesamt dauert Inas Fahrt 50 Minuten. Da sie um 8:00 Uhr gestartet ist, trifft sie um 8:50 Uhr am vereinbarten Treffpunkt ein.
Wir nutzen die vorangestellten Überlegungen, um zu beurteilen, welche der folgenden Aussagen zutreffen können.
„Nach einer Viertelstunde hat Ina bereits 5 km zurückgelegt." Nein; siehe (1).
„Zwischendurch macht Ina eine Rast von fünf Minuten." Ja; siehe (2)
„Anfangs fährt Ina am schnellsten." Nein; siehe (1) und (3).

2 a)/b) Eine mögliche Lösung ist im Koordinatensystem dargestellt. Je langsamer die Wandergeschwindigkeit ist, desto geringer ist die Steigung des entsprechenden Graphenabschnitts.

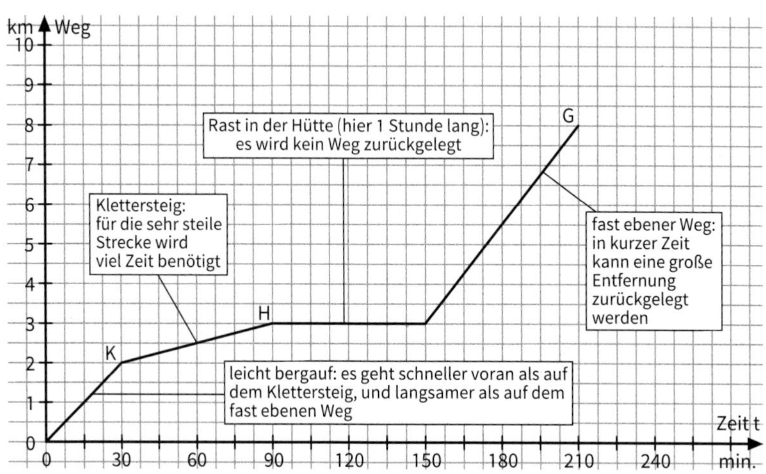

S. 53

1 a) Die Aktie ist von G = 33,90 € auf 30,20 € gesunken, also um W = 3,70 €.

$p\,\% = \frac{W}{G} \quad p\,\% = \frac{3{,}70\,€}{33{,}90\,€} \approx 0{,}109 = 10{,}9\,\%$

b) $\frac{33{,}60\,€ + 32{,}10\,€ + 34{,}10\,€ + 34{,}60\,€ + 33{,}90\,€ + 30{,}20\,€}{6} = 33{,}08\overline{3}\,€$

Den Durchschnitt des letzten Jahres hat die Aktie nicht erreicht.

c) Der Eindruck entsteht dadurch, dass die Hochachse nicht bei 0 €, sondern bei 30 € beginnt.

d)

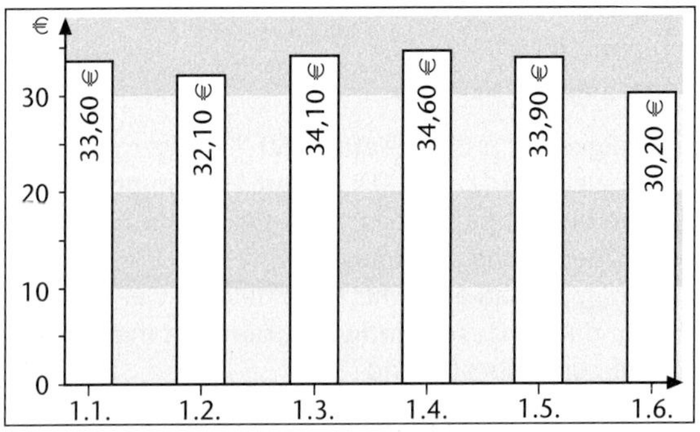

2 a) 80 % (24 von 30) der Schülerinnen und Schüler aus der Klasse 9a haben an der Umfrage teilgenommen.

b) Die beiden Säulen für Jungen und Mädchen müssen jeweils gleich hoch sein, da jeweils 16 Jungen und Mädchen in der Klasse sind. Allerdings sind bei den Mädchen nur zwei und bei den Jungen vier nicht befragt worden.

c) Da die Summe der Prozentsätze über 100 % beträgt, eignet sich kein Kreisdiagramm, wohl aber ein Säulendiagramm zur Darstellung der Ergebnisse.

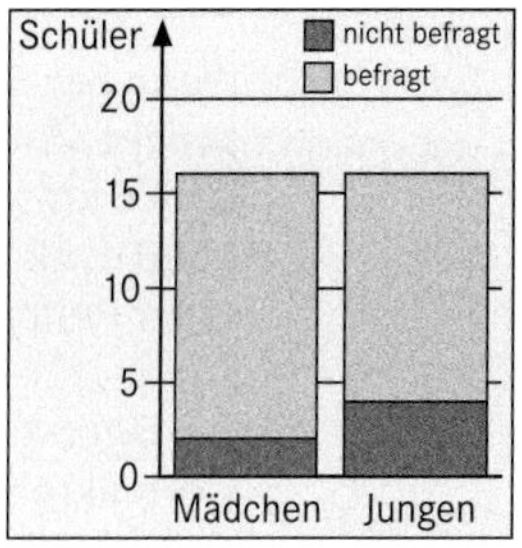

S. 54

1 Der Zeitraum von 5:15 Uhr bis 21:38 Uhr umfasst 16 h und 23 min.

2 Rechnet man von 16:07 Uhr eine Stunde zurück, erhält man die Uhrzeit 15:07 Uhr. Die Zugfahrt dauerte aber noch weitere 24 Minuten.
Also: 15 h 7 min – 24 min = 14 h 67 min – 24 min = 14 h 43 min.
Jürgen begann seine Bahnfahrt um 14:43 Uhr.

3 Aus dem Aufgabentext sind folgende Zeiten zu entnehmen:

Sportart	Zeiten von Sebastian Kienle
3,8 km Schwimmen	54 min 38 s
180 km Rad fahren	4 h 20 min 46 s
Marathon über 42,195 km	2 h 54 min 36 s

Um die Gesamtzeit für alle drei Sportarten zu ermitteln, addiert man die Zeiten.
54 min 38 s + 4 h 20 min 46 s + 2 h 54 min 36 s =
4 h + 2 h + 54 min + 20 min + 54 min + 38 s + 46 s + 36 s =

6 h + 128 min + 120 s =

6 h + 2 h 8 min + 2 min = 8 h 10 min

4 Martina muss eine Stunde vor Abflug, also um 14:10 Uhr am Flughafen sein. Für die Autofahrt zum Flughafen veranschlagt sie 45 Minuten. Dann muss sie also um 13:25 Uhr aufbrechen, um pünktlich am Check-in-Schalter zu sein.

S. 54

5 a) Zunächst ist es egal, an welcher Stelle des Zuges Tim sich aufhält. Da der Zug mit gleichbleibender Geschwindigkeit durch den Tunnel fährt, dauert die Tunneldurchfahrt für alle Reisenden dieselbe Zeit.
Wir wissen: Der Zug fährt 150 km in 60 min (das bedeutet 150 $\frac{km}{h}$).
Mithilfe des Zweisatzes berechnen wir nun die gesuchte Zeitdauer für die 10 km lange Tunnelstrecke.

	zurückgelegter Weg (in km)	Zeit (in min)	
: 15	150	60	: 15
	10	4	

Für Tim dauert die Fahrt durch den Tunnel 4 Minuten.

b) Fährt man mit doppelter Geschwindigkeit (z. B 300 $\frac{km}{h}$ statt 150 $\frac{km}{h}$), legt man pro Stunde (wie auch pro Minute) den doppelten Weg zurück (z. B. 300 km statt 150 km pro Stunde).
Für die gleiche Strecke benötigt man bei doppelter Geschwindigkeit nur halb so lang.
Also: Überlegung (1) stimmt nicht, Überlegung (2) dagegen trifft zu.
Halbiert man seine Geschwindigkeit, legt man auch nur noch halb so viel Weg in einer bestimmten Zeit zurück. Reist man mit halber Geschwindigkeit, benötigt man die doppelte Zeit.
Überlegung (3) trifft zu. Anzukreuzen sind also (2) und (3).

S. 55

1 a) Der Durchmesser eines Reifens beträgt 26 Zoll. Dann ist $d = 26 \cdot 2{,}54\ cm = 66{,}04\ cm$.
Umfang: $u = \pi \cdot d$ $\quad u = \pi \cdot 66{,}04\ cm \approx 207{,}5\ cm$

b) Wenn der Reifen sich einmal dreht, legt das Rad eine Strecke zurück, die dem Umfang entspricht. Zu berechnen ist, wie oft der Umfang in den 4,6 km langen Schulweg passt.
Da 4,6 km = 4 600 m und 207,5 cm = 2,075 m, gilt:
4 600 m : 2,075 m = 2 217.
Jeder Reifen dreht sich auf dem Weg zur Schule ungefähr 2 200 mal.

2 a) Die Figur A wird durch zwei Strecken der Länge 3 cm sowie durch einen Halbkreis und zwei Vierteilkreise begrenzt, deren Radius jeweils 3 cm beträgt. Die Kreisbögen lassen sich zu einem Vollkreis zusammensetzen. Der Umfang der Figur A setzt sich also zusammen aus:
$u_A = 2 \cdot 3\ cm + 2 \cdot \pi \cdot 3\ cm \approx 6\ cm + 18{,}85\ cm = 24{,}85\ cm$.
Die Figuren B und C werden durch Kreisbögen mit dem Radius 3 cm begrenzt. Diese Kreisbögen lassen sich bei jeder dieser Figuren zu einem Vollkreis zusammensetzen.
Der Umfang u der Figuren B und C ist also gleich groß. Es gilt:
$u_B = u_C = 2 \cdot \pi \cdot 3\ cm \approx 18{,}85\ cm$.
Der Umfang der Figur D setzt sich zusammen aus dem Umfang eines Kreises mit dem Radius von 1,5 cm und dem Umfang eines Kreises mit dem Radius von 3 cm. Es gilt daher:
$u_D = 2 \cdot \pi \cdot 1{,}5\ cm + 2\pi \cdot 3\ cm \approx 9{,}42\ cm + 18{,}85\ cm = 28{,}27\ cm$.
Die Figur D hat also einen größeren Umfang als die anderen drei Figuren.
Richtig ist daher: $u_D > u_A > u_B = u_C$

b) Bestimmen des Flächeninhalts des größeren Kreises K_1 mit dem Radius 3 cm:
$A_{K_1} = \pi \cdot r^2 = \pi \cdot (3\ cm)^2 \approx 28{,}27\ cm^2$
Bestimmen des Flächeninhalts des kleinen Kreises K_2 mit dem Radius 1,5 cm:
$A_{K_2} = \pi \cdot r^2 = \pi \cdot (1{,}5\ cm)^2 \approx 7{,}07\ cm^2$
Berechnen der Differenz:
$A_{K_1} - A_{K_2} \approx 28{,}27\ cm^2 - 7{,}07\ cm^2 = 21{,}2\ cm^2$
Der Flächeninhalt der Figur D beträgt etwa 21,2 cm².

3 Der innere Kreis hat den Radius $r_i = 9\ cm : 2 = 4{,}5\ cm$.
Sein Flächeninhalt beträgt dann: $A_i = \pi \cdot (4{,}5\ cm)^2 = 63{,}62\ cm^2$.
Der äußere Kreis hat den Radius $r_a = 14\ cm : 2 = 7\ cm$.
Sein Flächeninhalt beträgt somit: $A_a = \pi \cdot (7\ cm)^2 = 153{,}94\ cm^2$.
Flächeninhalt des Kreisrings: $A = A_a - A_i$
$A = 153{,}94\ cm^2 - 63{,}62\ cm^2$
$A = 90{,}32\ cm^2$
Der Flächeninhalt des Kreisrings beträgt 90,32 cm².

S. 55

4 Es gilt $A = 0{,}25\ m^2$ — Der Kreis hat einen Durchmesser von 0,5 m und deshalb einen Radius von 0,25 m.

$a^2 = 0{,}25\ m^2$

$a = 0{,}5\ m$

a) $A_K = \pi \cdot (0{,}25\ m)^2$ — $u_K = 2 \cdot \pi \cdot 0{,}25\ m$

$A_K \approx 0{,}196\ m^2$ — $u_K \approx 1{,}57\ m$

b) Die Platte hat ursprünglich einen Flächeninhalt von $0{,}25\ m^2$, der ausgesägte Kreis von etwa $0{,}196\ m^2$. Der abgesägte Teil (Abfall) beträgt also etwa $0{,}054\ m^2$ ($= 0{,}25\ m^2 - 0{,}916\ m^2$).

Der gesuchte Anteil in p % ist dann: $p\,\% = \frac{0{,}054\ m^2}{0{,}25\ m^2} = 0{,}216 = 21{,}6\,\%$

S. 56

1 Der Anstieg kann durch eine feinere Einteilung der senkrechten Achse und durch die Darstellung eines Ausschnittes der senkrechten Achse optisch verdeutlicht werden.

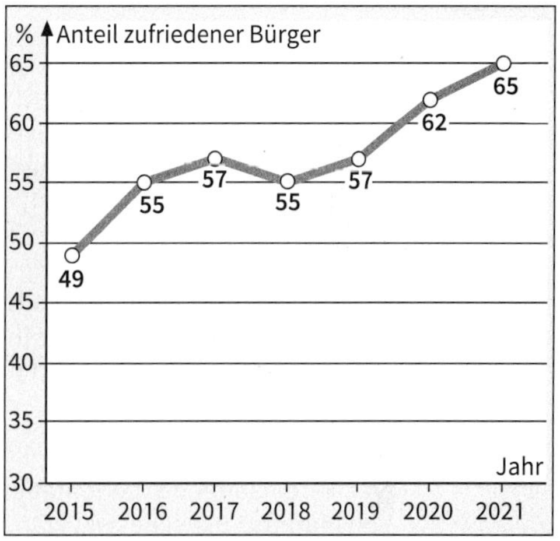

2 a) Die Länge der Balken unterscheidet sich kaum. Um Unterschiede feststellen zu können, muss man die Zahlen vergleichen.

b) Die waagerechte Achse kann feiner eingeteilt werden.

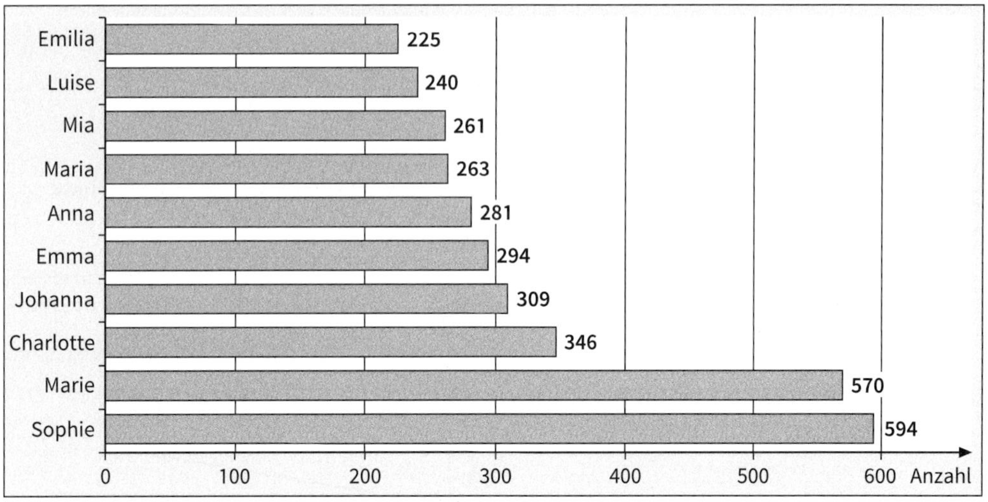

3 Darstellung A ist richtig. Begründung: Die Fläche stellt den Kaffeepreis dar. In der Darstellung B ist jedes Seitenmaß um $\frac{1}{4}$ kleiner dargestellt, d. h. jede Seitenlänge beträgt $\frac{3}{4}$ der ursprünglichen Länge. Betrachtet man den Sack näherungsweise als Rechteck, dann beträgt die Fläche im Bild B nur $\frac{3}{4} \cdot \frac{3}{4} = \frac{9}{16}$ der ursprünglichen Fläche. Um den Sachverhalt richtig darzustellen, muss aber die Fläche $\frac{3}{4}$ der ursprünglichen Fläche betragen wie im Bild A.

S. 57

1 Die Meldung beinhaltet zwei Fehler.
- Der erste Fehler steckt in der Formulierung „Die letzte Saison fiel dagegen deutlich besser aus". Jedes dritte Spiel zu gewinnen, bedeutet z. B. bei vier von zwölf Spielen als Sieger vom Platz zu gehen.
  Jedes sechste Spiel zu gewinnen, bedeutet dagegen in diesem Beispiel nur bei zwei von zwölf Spielen siegreich zu sein.
- Der zweite Fehler liegt in der Angabe „Steigerung um 50 %".
  Tatsächlich gewinnt die C-Mannschaft nur noch halb so viele Spiele; richtig wäre es also von einer Verminderung um 50 % zu sprechen.

2 Die Meldung beinhaltet zwei Fehler.
Der erste mathematische Fehler steckt in der Formulierung „nur noch".
Früher: Jeder zehnte Autofahrer rast. Heute: Jeder fünfte Autofahrer rast.
Wenn also heute jeder fünfte statt früher jeder zehnte Autofahrer zu schnell fährt, dann hat sich die Zahl der Raser erhöht.
Der zweite Fehler liegt in der Angabe „fünf Prozent".
Jeder fünfte Autofahrer bedeutet, dass sich unter jeweils fünf Autofahrern ein Raser befindet. Unter 100 Autofahrern sind dann 20 Raser zu finden, also: 20 von 100 oder 20 % der Autofahrer fahren zu schnell.
Richtig müsste die Meldung also lauten: „Fuhr vor einigen Jahren noch jeder zehnte Autofahrer zu schnell, so ist es heute sogar jeder fünfte. 20 Prozent sind natürlich viel zu viel und so wird weiterhin kontrolliert und die Schnellfahrer haben zu zahlen."

3 a) $\frac{1}{5}$ von 20 000 € = 4 000 € $\qquad$ $\frac{1}{10}$ von 20 000 € = 2 000 €

Das Vereinsangebot bedeutet ein neues Monatsgehalt in Höhe von 24 000 €, die Forderung von Markus Lukascheswki wäre ein Monatsgehalt in Höhe von 22 000 €, also ist das Vereinsangebot besser.

b) $\frac{1}{5} = \frac{2}{10}$, also gilt $\frac{1}{5} > \frac{1}{10}$ (nämlich genau doppelt so groß)

Unabhängig vom Gehalt ist eine Erhöhung um $\frac{1}{5}$ stets besser als eine Erhöhung um $\frac{1}{10}$.

4 a) richtig sind nur $\frac{1}{10} = 10\,\%$ und $\frac{1}{100} = 1\,\%$

b) $\frac{1}{2} = 50\,\%$ $\quad \frac{1}{4} = 25\,\%$ $\quad \frac{1}{5} = 20\,\%$ $\quad \frac{1}{10} = 10\,\%$

$\frac{1}{20} = 5\,\%$ $\quad \frac{1}{25} = 4\,\%$ $\quad \frac{1}{50} = 2\,\%$ $\quad \frac{1}{100} = 1\,\%$

S. 58

1 a) Um die Grafik zeichnen zu können, benötigt man von jedem Tarif zwei Punkte.
Tarif (1): (3000 | 575) und (3600 | 575) (€-Betrag gerundet: 574,98 ≈ 575)
Tarif (2): (3000 | 555) und (3600 | 650)

$5{,}72 \cdot 12 + 3000 \cdot 0{,}1632 = 555{,}54 \approx 555$ $\qquad$ $5{,}72 \cdot 12 + 3600 \cdot 0{,}1623 = 652{,}92 \approx 650$

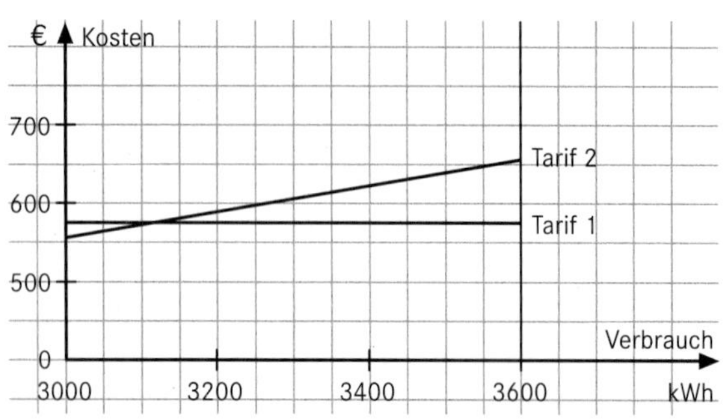

b) Man kann zum Anbieter (1) raten. Dessen Graph verläuft in dem Bereich zwischen 3 200 kWh und 3 600 kWh unterhalb des Graphen von Anbieter (2), Anbieter (1) ist also billiger.

S. 58

c) – bei 3 100 kWh: Anbieter (1) 574,98 €
Anbieter (2) 5,72 € · 12 + 3 100 · 0,1623 € = 571,77 €
Hier ist Anbieter (2) günstiger.

– bei 5 800 kWh: Anbieter (1) 574,98 € + (5 800 – 3 600) · 0,216 € = 1 050,18 €
Anbieter (2) 5,72 € · 12 + 5 800 · 0,1623 € = 1 009,98 €
Auch hier ist Anbieter (2) günstiger.

2 a) In der nachfolgenden Tabelle stehen gerundet die Kosten für 0 m^3 (das sind nur die Grundgebühren) und 300 m^3 Wasserverbrauch pro Jahr. Damit kann man die Wasserpreise grafisch darstellen.
Gerechnet wurde bei 300 m^2 so: Grundgebühr + Verbrauch · Preis pro Kubikmeter.

	0 m^3	300 m^3
Ahlstadt	90 €	765 €
Bündhausen	160 €	715 €

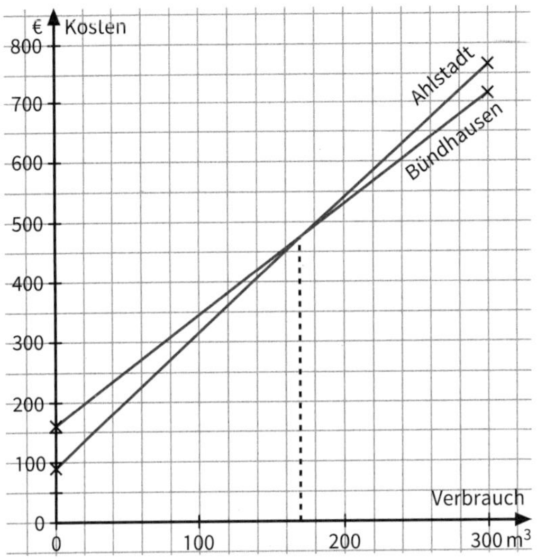

b) Jahresverbrauch der Familie Lenz: 375 *l* · 365 = 136 875 *l*
Umrechnung in m^3: 136 875 *l* = 136,875 m^3 (1 000 *l* = 1 m^3)
Kosten in Ahlstadt: 90 € + 136,875 · 2,25 € = 397,97 €
Familie Lenz hat eine Jahresrechnung in Höhe von 397,97 € zu erwarten.

c) (1) Abgelesen: Für ca. 170 m^3 ist die Jahresrechnung in beiden Gemeinden gleich hoch.
(2) Rechnung: Kosten y (in €) bei einem Verbrauch von x m^3 Wasser
in Ahlstadt: $y = 2{,}25x + 90$
in Bündhausen: $y = 1{,}85x + 160$
Gleichsetzen: $2{,}25x + 90 = 1{,}85x + 160 \quad | -1{,}85x \mid -90$
$0{,}4x = 70 \quad |:0{,}4$
$x = 175$

Für 175 m^3 Wasser ist die Jahresrechnung in beiden Gemeinden gleich hoch. Sie beträgt dann 2,25 € · 175 + 90 € = 483,75 €.

S. 59

1 a) Hier geht es um den Flächeninhalt des Anstoßkreises, den sich 22 Spieler teilen.
$A = \pi \cdot r^2$
$A = \pi \cdot (9{,}15\ m)^2$
$A \approx 263\ m^2$
$263\ m^2 : 22 \approx 11{,}955\ m^2$
Jeder Spieler hätte ungefähr 12 m^2 Platz.

b) Hier geht es um den Umfang des Anstoßkreises, auf dem sich 22 Spieler verteilen.
$u = \pi \cdot d$
$u = \pi \cdot 18{,}30\ m$
$u \approx 57{,}49\ m$
$57{,}49 : 22 \approx 2{,}61$
Die Spieler stünden rund 2,60 m voneinander entfernt auf dem Anstoßkreis.

S. 59

2 a) Um die Längen der Böschungen zu berechnen, zeichnet man drei rechtwinklige Dreiecke in die Grafik ein. Ein Abschnitt einer Böschung entspricht jeweils der Hypotenuse des Dreiecks. Für die Länge der Hypotenuse c gilt nach dem Satz von Pythagoras: $c = \sqrt{a^2 + b^2}$.

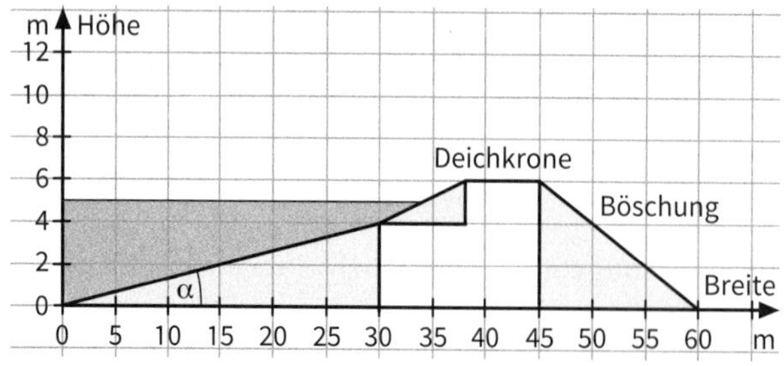

Für das rechte Dreieck (Landseite) gilt:
$a = 6$ m, $b = 60$ m − 45 m = 15 m und $c_{Land} = \sqrt{6^2 + 15^2}$ m ≈ 16,16 m.
Die Böschung ist also ca. 16,2 m lang.
Auf der Wasserseite setzt sich die Böschung aus zwei Teilstücken zusammen:
$c_{Wasser,\,links} = \sqrt{30^2 + 4^2}$ m ≈ 30,27 m und $c_{Wasser,\,rechts} = \sqrt{8^2 + 2^2}$ m ≈ 8,25 m.
30,27 m + 8,25 m = 38,52 m
Die Böschung ist auf der Wasserseite insgesamt ca. 38,5 m lang.

b) $\tan\alpha = \frac{\text{Gegenkathete}}{\text{Ankathete}}$

Am Querschnitt lesen wir ab: $\tan\alpha = \frac{4\text{ m}}{30\text{ m}} = 0{,}133\ldots$
Daraus folgt: α = 7,6°.

3 a) Der Bildschirm setzt sich aus 768 Reihen mit je 1 024 Bildpunkten zusammen.
1 024 : 4 = 256 und 768 : 3 = 256. D. h. in der Länge passen 4-mal 256 Bildpunkte nebeneinander und in der Breite sind es 3-mal 256 Bildpunkte. Die Bildschirmpunkte verhalten sich damit wie 4 : 3.

b) Nach dem Satz von Pythagoras gilt in dem Rechteck: $d = \sqrt{3^2 + 4^2}$ cm = $\sqrt{25}$ cm = 5 cm.
Die Diagonale ist also 5 cm lang.

c) Die Diagonale des Tablets ist 25 cm lang. Damit ist sie fünfmal so lang wie die Diagonale des Rechtecks aus b). Weil der Bildschirm des Tablets aus der Werbung die gleichen Seitenverhältnisse 4 : 3 hat wie das Rechteck aus b), sind auch die anderen entsprechenden Seiten fünfmal so lang. Der Bildschirm des Tablets hat also eine Länge von 4 cm · 5 = 20 cm. Die Breite beträgt 3 cm · 5 = 15 cm.

4 a) Der Strafraum mit Torraum ist ein Rechteck mit einer Breite von 16,5 m und einer Länge von 16,5 m + 7,32 m + 16,5 m, also 40,32 m.
A_1 = 16,5 m · 40,32 m = 665,28 m²
Der Torraum ist 5,5 m breit und 18,32 m lang.
A_2 = 5,5 m · 18,32 m = 100,76 m²
$A_1 - A_2$ = 665,28 m² − 100,76 m²
= 564,52 m²
Der Strafraum außerhalb des Torraums ist ungefähr 564,5 m² groß.

b) Zunächst wird die Entfernung y vom 11-m-Punkt bis zum Fußpunkt des Tores berechnet (siehe Zeichnung). 3,66 m ist die Hälfte von 7,32 m.

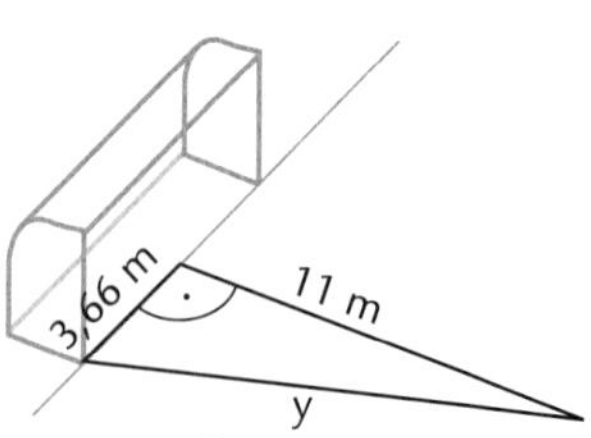

$y^2 = (11\text{ m})^2 + (3{,}66\text{ m})^2$
$y^2 = 134{,}3956\text{ m}^2$ (y ≈ 11,59 m)
Für die eigentlich gesuchte Strecke x gilt die zweite Zeichnung.
2,44 m ist die Höhe des Tores.

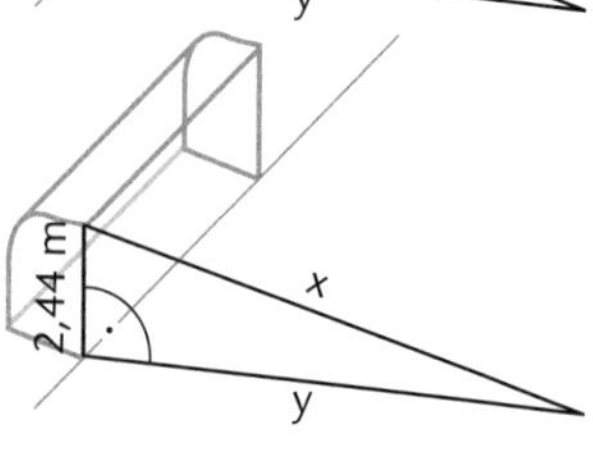

$x^2 = y^2 + (2{,}44\text{ m})^2$
$x^2 = 134{,}3956\text{ m}^2 + 5{,}9536\text{ m}^2$
$x^2 = 140{,}3492\text{ m}^2$
x ≈ 11,85 m
Der Ball legt rund 11,85 m zurück.

S. 59

c) $\tan\alpha = \frac{2{,}44}{11{,}59} \approx 0{,}2105$

$\alpha \approx 11{,}9°$

Der Ball hebt unter einem Winkel von etwa 12° vom Boden ab.

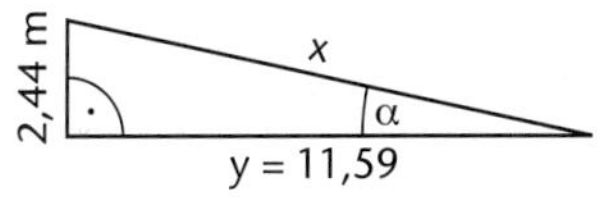

S. 60

1 a) Zu jedem Nahrungsmittelbestandteil werden die Balken übereinander gezeichnet.

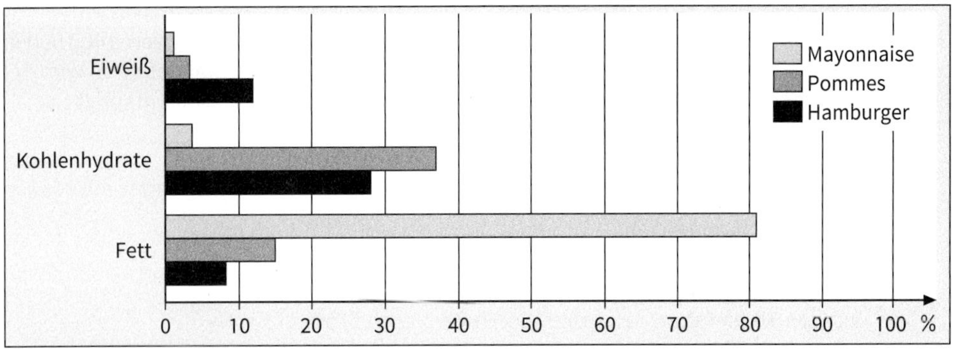

b) Erklärung am Beispiel des Hamburgers: Für 100 % wird ein 10 cm langer Streifen gezeichnet. 1 % entspricht dann 1 mm in diesem Streifen, 10 % entsprechen 1 cm.
Für 8,3 % Fett werden dann 8,3 mm in diesem Streifen eingefärbt.
Für 28 % Kohlenhydrate färbt man dann 2,8 cm und für 12 % Eiweiß 12 mm = 1,2 cm.
Der Rest des 10 cm langen Streifens steht für den Anteil des Hamburgers, der aus sonstigen Stoffen, z. B. Wasser, besteht.

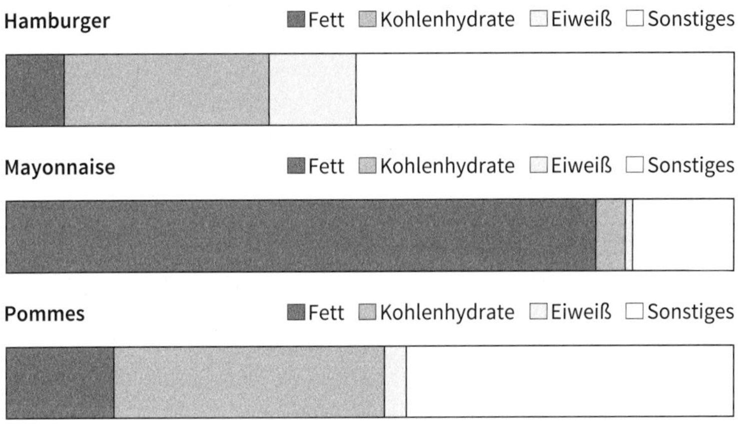

2 a) Man muss schauen, welche Säule am höchsten ist.
(1) Die grauen Säulen gehören zu den 16- bis 18-Jährigen, dort ist das Smartphone das meistgenannte Gerät. Ca. 89 % der 16- bis 18-Jährigen Internetnutzer verwenden ein Smartphone.
(2) Die blauen Säulen gehören zu den Nutzern ab 19 Jahren. Dort ist ein Desktop PC das meistgenannte Gerät, um ins Internet zu gelangen, der Anteil beträgt ca. 72 %.

b) Aus dem Diagramm kann man ablesen, dass 20 % aller Nutzer ab 19 Jahren mit einem Tablet ins Internet gehen. 20 % von 936 sind $0{,}2 \cdot 936 = 187{,}2$.
Also gehen etwa 187 der befragten Personen mit einem Tablet ins Internet.

c) Bei einem Streifendiagramm ergeben die Prozentsätze aller Anteile addiert insgesamt 100 %. In dieser Umfrage kommt man in jeder Altersgruppe in der Summe aber über 100 %, weil die Befragten mehrere Geräte nennen durften. Dann würde ein Anteil von z. B. 52 % bei den Desktop PCs nicht mehr den halben Streifen füllen.
Nur bei Umfragen, bei denen man nur eine Antwort geben kann, ist die Darstellung der Ergebnisse in Streifen- und Kreisdiagrammen sinnvoll.

S. 61

1

1 Stunde	für 72 km
30 Minuten	für 36 km
1 Stunde 30 Minuten	für 108 km

Die Bahnstrecke ist 108 km lang.

S. 61

2 a) Für Wohnen/Energie geben die Bundesbürger etwa fünfmal so viel aus wie für Telekommunikation. Für Freizeit/Kultur geben die Bundesbürger etwa doppelt so viel aus wie für Gaststätten/Hotels. Für Essen/Trinken geben die Bundesbürger etwa doppelt so viel aus wie für Telekommunikation.

b) Familie Wagner gibt für Wohnen/Energie etwa 9 600 € aus (das 30-Fache von 320 €), für Verkehr etwa 4 200 € (das 30-Fache von 140 €).

3 Für 215 km benötigt der Regionalexpress etwa 3 h. Die Jahresleistung von 3 400 000 km bedeutet, dass diese Strecke im Jahr etwa 3 400 000 km : 215 km = 15 814-mal befahren wird.
Ein einziger Zug würde hierfür 15 814 · 3 h = 47 442 h benötigen. Das entspricht ca. 1 977 Tagen, d. h. fast 66 Monaten bzw. $5\frac{1}{2}$ Jahren.

S. 62

1 a) Zu berechnen sind ein Kegel mit r = 1 m und h = 3 m sowie ein Zylinder mit r = 1 m und h = 5 m.

$V_{Kegel} = \frac{1}{3}\pi \cdot (1\text{ m})^2 \cdot 3\text{ m} \approx 3{,}142\text{ m}^3$

$V_{Zylinder} = \pi \cdot (1\text{ m})^2 \cdot 5\text{ m} \approx 15{,}708\text{ m}^3$

$V_{Gesamt} \approx 18{,}85\text{ m}^3$

Jeder Kubikmeter wiegt 0,7 t, also ist die Masse m ≈ 18,85 · 0,7 t ≈ 13,195 t.
Das Modell wiegt knapp 13,2 t.

b) Hier geht es um den Oberflächeninhalt O, der aus den Mantelflächen des Kegels M_K, des Zylinders M_Z und der Grundfläche G besteht. Zunächst muss s mit dem Satz des Pythagoras berechnet werden:

$s^2 = h^2 + r^2$
$s^2 = 9\text{ m}^2 + 1\text{ m}^2$
$s^2 = 10\text{ m}^2$
$s \approx 3{,}16\text{ m}$
$M_K = \pi \cdot r \cdot s \approx \pi \cdot 1\text{ m} \cdot 3{,}16\text{ m} \approx 9{,}93\text{ m}^2$
$M_Z = 2 \cdot \pi \cdot r \cdot h \approx 2\pi \cdot 1\text{ m} \cdot 5\text{ m} \approx 31{,}42\text{ m}^2$
$G = \pi \cdot r^2 = \pi \cdot (1\text{ m})^2 \approx 3{,}14\text{ m}^2$
$O = M_K + M_Z + G \approx 9{,}93\text{ m}^2 + 31{,}42\text{ m}^2 + 3{,}14\text{ m}^2 \approx 44{,}49\text{ m}^2$

Das sind knapp 44,5 m². Da man pro m² einen halben Liter Farbe braucht, sind 44,5 · 0,5 *l* = 22,25 *l* Farbe erforderlich.

2 $V_Q = 9\text{ cm} \cdot 9\text{ cm} \cdot 7\text{ cm} = 567\text{ cm}^3$ $\quad V_Z = \pi \cdot (1{,}5\text{ cm})^2 \cdot 7\text{ cm} \approx 49{,}48\text{ cm}^3$
$V_{Körper} = V_Q - V_Z = 567\text{ cm}^3 - 49{,}48\text{ cm}^3$
$V_{Körper} = 517{,}52\text{ cm}^3$

Masse = $517{,}52\text{ cm}^3 \cdot 2{,}7\,\frac{\text{g}}{\text{cm}^3} \approx 1\,397\text{ g} \approx 1{,}4\text{ kg}$

Der Körper wiegt ungefähr 1,4 kg.

3 Die Mantelfläche des Körpers besteht aus vier Quadraten (Würfel) und vier Dreiecken (Pyramide).

$M_{Würfel} = 4 \cdot (5\text{ m})^2 = 100\text{ m}^2$ $\quad M_{Pyramide} = 4 \cdot \frac{5\text{ m} \cdot 4\text{ m}}{2} = 40\text{ m}^2$

Die Mantelfläche des Körpers ist 140 m² groß (100 m² + 40 m²).

4 Man kann das Fass durch zwei Zylinder nach unten und nach oben abschätzen.
Da 1 *l* = 1 dm³ gilt, wird mit dm weitergerechnet.

$V_1 = \pi \cdot (3\text{ dm})^2 \cdot 15\text{ dm}$
$V_1 \approx 424\text{ dm}^3$

$V_2 = \pi \cdot (4\text{ dm})^2 \cdot 15\text{ dm}$
$V_2 \approx 754\text{ dm}^3$

Der Inhalt des Fasses liegt zwischen 424 *l* und 754 *l*. Zutreffend ist also die Inhaltsangabe 580 *l*.

5 $V = \frac{4}{3}\pi \cdot r^3$, also $V = \frac{4}{3}\pi \cdot (10{,}75\text{ cm})^3 \approx 5203{,}7\text{ cm}^3 \approx 5{,}2\ l$

Der Fußball hat ein Volumen von ca. 5,2 *l*.

S. 63

1 a) 1. Möglichkeit: Die beiden Tankmengen 35 *l* und 42 *l* sind Vielfache von 7. Wir berechnen den Preis für 7 *l* Super.

Montag (: 5):

35 *l*	45,50 €
7 *l*	9,10 €

Freitag (: 6):

42 *l*	58,80 €
7 *l*	9,80 €

2. Möglichkeit Wir berechnen den Preis für 1 *l* Super.

Montag (: 35):

35 *l*	45,50 €
1 *l*	1,30 €

Freitag (: 42):

42 *l*	58,80 €
1 *l*	1,40 €

Für beide Lösungswege gilt:
Der Preis pro Liter Super ist am Freitag teurer.

b) Am Freitag kostet 1 *l* Super 1,40 €.
Also kosten 10 *l* am Freitag 14 €. Im Koordinatensystem finden wir den zugehörigen Punkt (10 | 14) auf dem Graphen A.

c) Pro Liter beträgt der Preisunterschied zwischen Montag und Freitag 10 ct.
$10 \cdot 10$ ct = 1 €; folglich hat Frau Schmidt an beiden Tagen jeweils 10 Liter getankt und Rechnungen von 1 € Unterschied erhalten.

2 a) Alle Grammangaben sind Vielfache von 100. Wir berechnen den Preis für 100 g für alle drei Gläser.

(: 3)

300 g	1,80 €
100 g	0,60 €

(: 5)

500 g	2,60 €
100 g	0,52 €

(: 7)

700 g	3,85 €
100 g	0,55 €

Das 500-g-Glas ist am preiswertesten.

b) Das 300-g-Glas enthält $3 \cdot 55$ g = 165 g Früchte.

3 Um die Geschwindigkeit der Züge vergleichen zu können, berechnet man, welche Strecke sie pro Stunde zurücklegen.

(1) Nozomi: (: 3, dann · 2)

378 km	90 min
126 km	30 min
252 km	60 min

(2) ICE: (· 2)

120 km	30 min
240 km	60 min

(3) TGV-R: (: 2, dann · 3)

176 km	40 min
88 km	20 min
264 km	60 min

Der TGV-R ist mit einer Geschwindigkeit von 264 $\frac{km}{h}$ der schnellste Zug.

S. 64

1 a) Wahrscheinlichkeit für die Zahl vier: $\frac{2}{6} = \frac{1}{3}$ (6 mögliche, 2 günstige Ergebnisse)

b) Wahrscheinlichkeit für eine gerade Zahl: $\frac{3}{6} = \frac{1}{2}$ (6 mögliche, 3 günstige Ergebnisse)

c) Wahrscheinlichkeit für keine Sechs: $\frac{5}{6}$ (6 mögliche, 5 günstige Ergebnisse)
oder: $1 - P(6) = 1 - \frac{1}{6} = \frac{5}{6}$

d) Die Wahrscheinlichkeit eine Primzahl (PZ) zu würfeln, wird bei der großen Zahl von Versuchen in der Regel nahe der relativen Häufigkeit rH(PZ) liegen.
$rH(PZ) = \frac{548}{800} = 0{,}685 = 68{,}5\,\%$
Würfel (1): $P(PZ) = \frac{4}{6} = \frac{2}{3} \approx 67\,\%$
Würfel (2): $P(PZ) = \frac{2}{6} = \frac{1}{3} \approx 33\,\%$
Würfel (3): $P(PZ) = \frac{2}{6} \approx 33\,\%$
Es wurde vermutlich mit Würfel (1) gewürfelt. Sicher kann man sich aber nicht sein.

S. 64

2 a) Das Glücksrad hat 10 gleich große Felder.

(1) Auf vier Feldern steht eine 3. Also gilt: $P(3) = \frac{4}{10} = 0{,}4 = 40\,\%$

(2) Auf einem Feld steht eine 4. Alle anderen Zahlen sind kleiner als 4. Also gilt:
$P(\text{Zahl ist kleiner als } 4) = \frac{9}{10} = 0{,}9 = 90\,\%$

(3) Auf drei Feldern stehen gerade Zahlen. Also gilt:
$P(\text{gerade Zahl}) = \frac{3}{10} = 0{,}3 = 30\,\%$

b) (1) Die Wahrscheinlichkeit für eine 1 beträgt $\frac{3}{10} = 30\,\%$.
Also erwartet man in ungefähr 30 % der Fälle eine 1. 30 % von 100 = 30
Man erwartet ca. 30-mal eine 1.

(2) Es ist sehr unwahrscheinlich, aber es könnte auch sein, dass bei 100 Versuchen das Rad keinmal auf der 1 stehen bleibt.

3 a) $P(6) = \frac{1}{9} \approx 11\,\%$

b) Es gibt 5 ungerade Zahlen in dem Gefäß: 1, 3, 5, 7, 9.
$P(\text{ungerade Zahl}) = \frac{5}{9} \approx 56\,\%$

c) Es ist sehr, sehr unwahrscheinlich, was Tom behauptet. Da es sich aber um Zufallsversuche handelt, ist dieses Ereignis – wenn auch sehr selten – durchaus möglich.

S. 65

1 a) Baumdiagramm mit Zurücklegen:

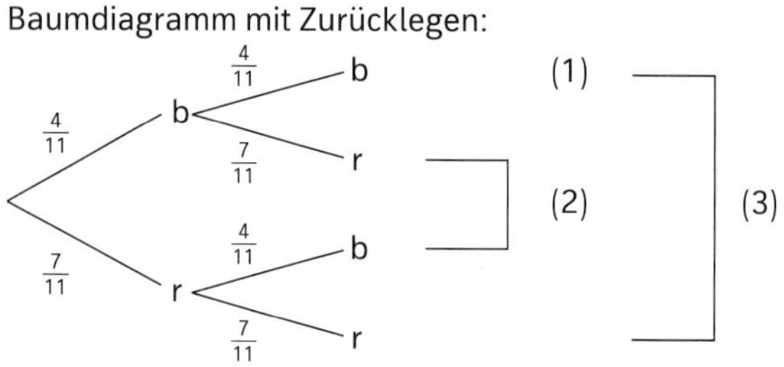

(1) $P(b;b) = \frac{4}{11} \cdot \frac{4}{11} \approx 13\,\%$

(2) $P(b;r) + P(r;b) = \frac{4}{11} \cdot \frac{7}{11} + \frac{7}{11} \cdot \frac{4}{11} \approx 46\,\%$

(3) $P(b;b) + P(r;r) = \frac{4}{11} \cdot \frac{4}{11} + \frac{7}{11} \cdot \frac{7}{11} \approx 54\,\%$

b) Baumdiagramm ohne Zurücklegen:

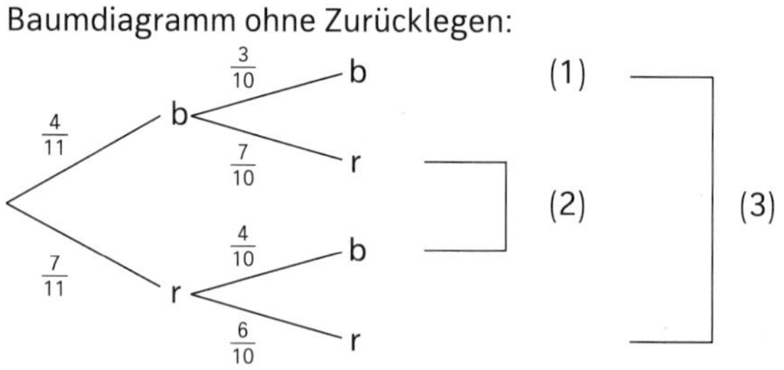

(1) $P(b;b) = \frac{4}{11} \cdot \frac{3}{10} \approx 11\,\%$

(2) $P(b;r) + P(r;b) = \frac{4}{11} \cdot \frac{7}{10} + \frac{7}{11} \cdot \frac{4}{10} \approx 51\,\%$

(3) $P(b;b) + P(r;r) = \frac{4}{11} \cdot \frac{3}{10} + \frac{7}{11} \cdot \frac{6}{10} \approx 49\,\%$

2 Die Wahrscheinlichkeit für „blau" und „gelb" ist jeweils $\frac{1}{2}$.

a) zweimal „blau": $P(b;b) = \frac{1}{2} \cdot \frac{1}{2} = \frac{1}{4}$

b) letzte Drehung „blau": $P(g;b) + P(b;b) = \frac{1}{2}$

c) keine Farbe zweimal: $P(g;b) + P(b;g) = \frac{1}{2} \cdot \frac{1}{2} + \frac{1}{2} \cdot \frac{1}{2} = \frac{1}{4} + \frac{1}{4} = \frac{1}{2}$

d) „gelb" nicht öfter als einmal: $P(\text{maximal einmal gelb}) = 1 - P(g;g) = 1 - \frac{1}{2} \cdot \frac{1}{2} = \frac{3}{4}$

S. 65

3 Insgesamt gibt es 36 mögliche Ergebnisse. Man gewinnt bei folgenden Ergebnissen (4;6); (5;5); (5;6); (6;4); (6;5) und (6;6).

$P(\text{Gewinn}) = \frac{6}{36} = \frac{1}{6}$

4

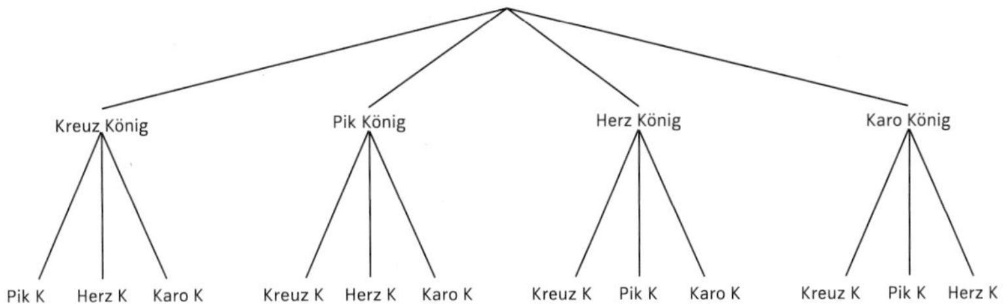

a) ↑ ↑ $P = \frac{2}{12} = \frac{1}{6}$

b) ↑ ↑ ↑ ↑ ↑ ↑ ↑ ↑ $P = \frac{8}{12} = \frac{2}{3}$

5 Im Behälter waren zunächst 12 Kugeln (5 + 4 + 3). Nach Utes Ziehung sind noch 10 Kugeln im Behälter. Wenn für „blau" und „weiß" die Wahrscheinlichkeit gleich ist, müssen davon gleich viele Kugeln im Behälter geblieben sein, also 5|5 oder 4|4 oder 3|3 oder 2|2 ... Rote Kugeln sind nur halb so viele im Behälter wie z. B. blaue Kugeln, und das heißt: Nach Utes Ziehung sind 4 blaue Kugeln, 4 weiße Kugeln und 2 rote Kugeln im Behälter. Also hat sie bei den ersten beiden Ziehungen eine weiße und eine rote Kugel herausgenommen; die Reihenfolge weiß man nicht.

S. 66

1 a) Jakarta hat die größte Zahl an Einwohnern hinzugewonnen.
Zuwachs: 34,6 Mio. – 2,9 Mio. = 31,7 Mio.

b) 1960: 16,7 Mio. 2021: 38,0 Mio.
Zuwachs: 38,0 Mio. – 16,7 Mio. = 21,3 Mio.
Gegeben: G = 16,7 Mio. W = 21,3 Mio. Gesucht: p %

$p\,\% = \frac{W}{G} = \frac{21{,}3\text{ Mio.}}{16{,}7\text{ Mio.}} \approx 1{,}28 = 128\,\%$

Probe mit dem Wachstumsfaktor: 16,7 Mio. · (1 + 1,28) ≈ 38 Mio.
Tokios Bevölkerung stieg etwa um 128 % an.

2

	A	B	C	D	E	F	G	H	I	J	K	L
1		Tag der Geburt										
2	Geburtstag	0	1	2	3	4	5	6	7	8	9	10
3	Geldgeschenk in Cent	10	20	40	80	160	320	640	1280	2560	5120	10240

Am 10. Geburtstag müssten die Eltern 10 240 Cent (= 102,40 €) in die Spardose werfen.

S. 67

1

Zahlenrätsel		Gleichung	Lösung
①	a + 3a = 8 4a = 8 a = 2	(E)	2
②	2a · 2 = 20 4a = 20 a = 5	(C)	5
③	4a · 2 = 8 8a = 8 a = 1	(A)	1
④	8a – 4 = 20 8a = 24 a = 3	(B)	3

2 Folgende Terme bezeichnen genau die Hälfte einer beliebigen Zahl a:

$a : 2 = \frac{a}{2}$; $50\,\% \cdot a = \frac{1}{2}a$; $a - \frac{1}{2}a = \frac{1}{2}a$; $\frac{a}{2}$

67

3

Für n = 4 sehen die Muster so aus:	
a) 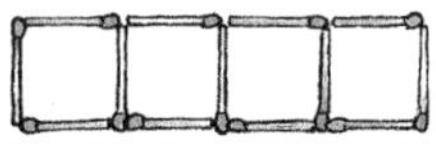	b) 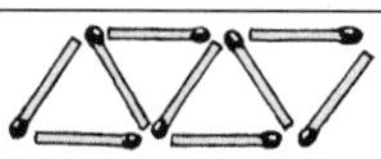
Anzahl der Hölzer: $13 = 1 + 4 \cdot 3$ oder: $13 = 4 + 3 \cdot 3$	$9 = 1 + 4 \cdot 2$ oder: $9 = 3 + 3 \cdot 2$
Term: $1 + n \cdot 3$ oder: $4 + (n - 1) \cdot 3$	$1 + n \cdot 2$ oder: $3 + (n - 1) \cdot 2$

4 a) Um das Zahlenrätsel als Gleichung aufschreiben zu können, muss der Text in die mathematische Sprache „übersetzt" werden:

- Für die gesuchte Zahl schreibt man x.
- „Subtrahieren" steht für die Rechenoperation „–" ;
- „das Siebenfache einer Zahl x" bedeutet „$7 \cdot x$";
- „das Doppelte der Zahl x" schreibt man als „$2 \cdot x$";
- „erhältst du" steht für das Gleichheitszeichen „=".

Die Gleichung lautet also:

$7x - 2x = 200$ | Zusammenfassen

$5x = 200$ | :5

$x = 40$ Die Probe am Text bestätigt die Lösung.

b) Um von der Gleichung zu einem passenden Zahlenrätsel zu kommen, ersetzt man die Terme und Rechenzeichen durch sprachliche Ausdrücke:

- aus „3x" wird „das 3-Fache einer Zahl x"
- „ +" entspricht „Addieren"
- „4x" meint „das Vierfache einer Zahl x" oder „das Produkt aus einer Zahl x und 4"
- „3x + 48" ist die Summe aus „dem 3-Fachen einer Zahl x und 48".

Ein zur Gleichung passendes Zahlenrätsel ist z. B.: „Addierst du zum 3-Fachen einer Zahl 48, so erhältst du das Vierfache der Zahl."

Die Lösung der Gleichung erhält man so:

$3x + 48 = 4x$ | –3x

$48 = x$ Die gesuchte Zahl lautet 48.

68

1 a) Hier müssen die Hinweise beachtet werden. Da genau einmal „45" (Median) genannt wurde, verbleiben 78 Antworten. Davon müssen 39 unter „45" und 39 über „45" liegen.
Das untere Quartil 40 wurde einmal genannt, ebenso das obere Quartil 60, also liegen:

19 Antworten unter 40	1 Antwort genau 40
19 Antworten zwischen 40 und 45	1 Antwort genau 45
19 Antworten zwischen 45 und 60	1 Antwort genau 60
19 Antworten über 60	

Achtung: Die Antworten „0" (vermutlich kein Smartphonebesitz) und „140" müssen jeweils mindestens einmal auftreten.

b) Jedes Befragungsergebnis, das die unter a) genannten Rahmenbedingungen erfüllt, ist möglich und damit als richtig zu bewerten.

2 Es gibt insgesamt 25 Noten. Der Median aller Noten steht also an der 13. Stelle, das ist die Note 3. Der Median der unteren Hälfte ist die Note 2 (unteres Quartil) und der Median der oberen Hälfte ist die Note 4 (oberer Quartil).

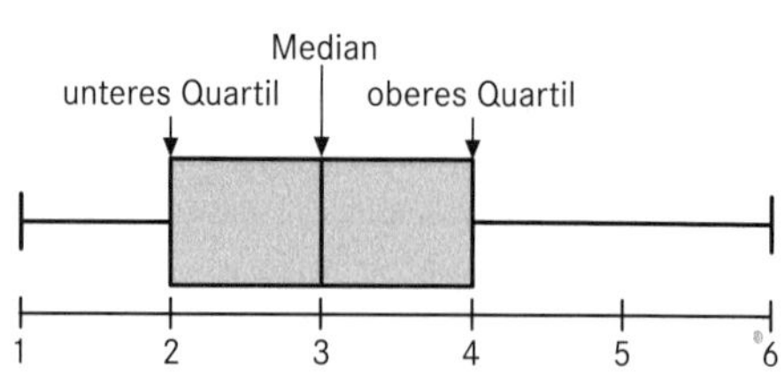

68

3 a) Insgesamt wurden 95 Jugendliche zu ihren Lesegewohnheiten befragt.

- Spannweite: 48 Stunden (größter Wert – kleinster Wert, also 48 h – 0 h)
- Der Median steht in der Mitte der Rangliste, in dieser Umfrage ist es die Lesezeit des 48. Befragten: 2 + 1 + 2 + 3 + 7 + 6 + 2 + 6 + 3 + 7 + 6 + 3 = 48
  Der 48. Befragte befindet sich unter den 3 Jugendlichen, die im Monat 12 Stunden lesen.
  Median: 12 Stunden
- Unteres Quartil ist hier die Lesezeit des 24. Befragten in der Rangliste. Dieser befindet sich unter den 6 Jugendlichen, die im Monat 8 Stunden lesen.
  unteres Quartil: 8 Stunden
- Oberes Quartil ist die Lesezeit des 72. Befragten in der Rangliste. Dieser befindet sich unter den Jugendlichen, die 20 Stunden im Monat lesen.
  oberes Quartil: 20 Stunden

b) Boxplot

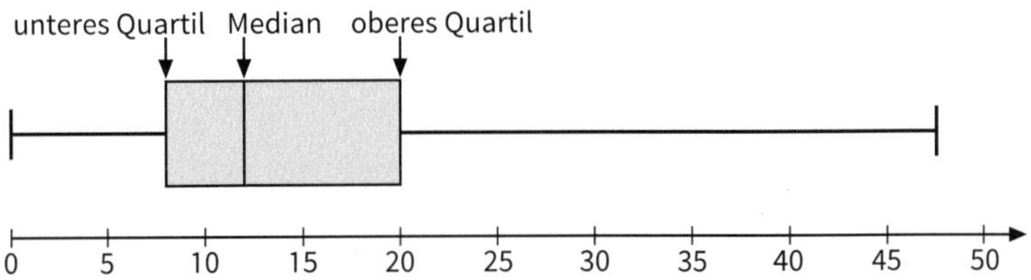

c) Das arithmetische Mittel liegt oberhalb des Medians, da es einige „Ausreißer" nach oben gibt. Die Lesezeit einiger Jugendlichen liegt extrem über dem Median, z. B. bei 28, 32, 40 und 48 Stunden.

S. 69

1

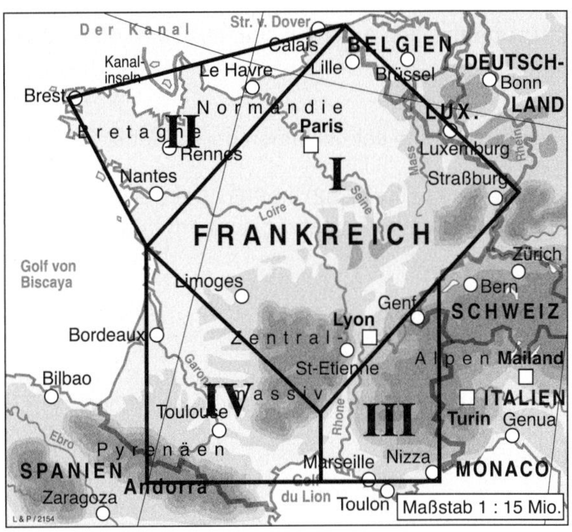

Die Unterteilung Frankreichs in berechenbare Teilflächen kann auf unterschiedliche Art erfolgen; hier ist eine Möglichkeit dargestellt.
Der Maßstab bedeutet: Jeder gemessene Millimeter ist in Wirklichkeit 15 km.

$A_I = 570\text{ km} \cdot 450\text{ km} = 256\,500\text{ km}^2$

$A_{II} = \frac{570\text{ km} \cdot 300\text{ km}}{2} = 85\,500\text{ km}^2$

$A_{III} = \frac{150\text{ km} + 390\text{ km}}{2} \cdot 285\text{ km} = 76\,950\text{ km}^2$

$A_{IV} = \frac{150\text{ km} + 480\text{ km}}{2} \cdot 330\text{ km}^2 = 103\,950\text{ km}^2$

$A_{Gesamt} = 522\,900\text{ km}^2$

Frankreich ohne Korsika ist ca. 523 000 km² groß. (Laut offiziellen Angaben sind es etwa 535 000 km².)

S. 69

2

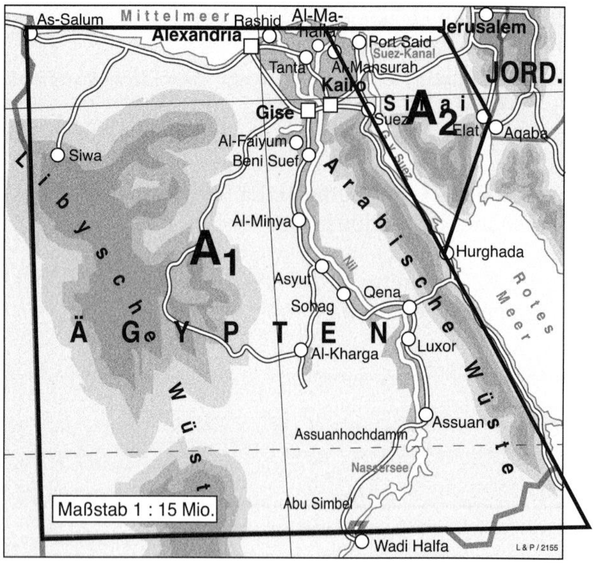

Ägypten kann mit zwei Trapezen gut erfasst werden. Es ist nach Augenschein erheblich größer als Frankreich.

$A_1 = \frac{1\,080 + 615\text{ km}}{2} \cdot 975\text{ km} \qquad A_1 \approx 826\,000\text{ km}^2$

$A_2 = \frac{540\text{ km} + 225\text{ km}}{2} \cdot 210\text{ km} \qquad A_2 \approx 80\,300\text{ km}^2$

$A_{Gesamt} = 906\,300\text{ km}^2$

Ägypten ist über 900 000 km² groß. (Laut offiziellen Angaben sind es etwa 1 000 000 km².)

S. 70

1 a) =D1*D1*D1 oder =D1^3
In D1 steht die Kantenlänge a des Würfels, und sein Volumen berechnet sich mit der Formel $V = a^3$.

b) Man könnte die Wertepaare bzw. Zelleinträge in (B1|B2) und (D1|D2) sowie (C1|C2) und (F1|F2) vergleichen. Dann zeigt sich, dass bei Verdoppelung der Kantenlänge das Volumen auf das 8-Fache anwächst.

2 a) Der Einzelpreis für einen Reifen steht in Zelle C3.

b) 24,75 € : 1,5 = 16,50 €. Ein Liter Motoröl kostet 16,50 €.

c) 1. Möglichkeit: Man addiert alle Zelladressen, in denen Gesamtpreise stehen:
D10: = D3+D4+D5+D7+D8
2. Möglichkeit: Man nutzt den Befehl „SUMME“:
D10: =SUMME(D3:D8)

3 a) Um einen Grundwert um p % zu verringern, multipliziert man ihn mit $(1 - \frac{p}{100})$. Der Grundwert ist hier der Neuwert des Autos von 23 500 € und steht in Zelle C2. Die Prozentzahl p = 35 steht in Zelle B3. Daraus ergibt sich die Formel =C2*(1-B3/100).

b) Der Grundwert ist jetzt der Wert des Vorjahres (11 829 €) und steht in Zelle C5. Die Prozentzahl p = 12 steht in Zelle B6. Daraus ergibt sich die Formel =C5*(1-B6/100).
Beim automatischen Füllen der Zellen von C3 ausgehend werden alle Zeilennummern um 3 erhöht.
Rechnung: $11\,829\text{ €} \cdot (1 - 0{,}12) = 11\,829\text{ €} \cdot 0{,}88 = 10\,409{,}52\text{ €}$
Das Auto hat noch einen Wert von rund 10 410 €.

c) Der Neuwagenpreis lag bei 23 500 €. Nach vier Jahren hat das Auto noch einen Wert von 10 410 € (siehe b)).

$p\,\% = \frac{10\,410}{23\,500} \approx 44\,\%$

Nach vier Jahren ist das Auto noch 44 % des Neuwagenpreises wert.

S. 71

1 Auf dem Glücksrad gibt es insgesamt 16 gleich große Felder. 3 Felder sind blau (Trostpreis) und 1 Feld ist schwarz (Gewinn). 12 Felder sind weiß, die Verlust bedeuten.

a) $P(\text{Verlust}) = \frac{12}{16} = \frac{3}{4} = 75\,\%$

b) $P(\text{Trostpreis}) = \frac{3}{16} = 18{,}75\,\%$

c) $P(\text{Gewinn für } 7{,}00\,€) = \frac{1}{16} = 6{,}25\,\%$

d) Bei 768 Spielen muss man damit rechnen, dass in $\frac{3}{16}$ der Spiele ein Trostpreis und in $\frac{1}{16}$ der Spiele ein Gewinn für 7,00 € erzielt wird.

$768 \cdot \frac{3}{16} = 144 \qquad 144 \cdot 0{,}25\,€ = 36\,€$

$768 \cdot \frac{1}{16} = 48 \qquad 48 \cdot 7{,}00\,€ = 336\,€$ (+)

$372\,€$

Die Klasse 10b wird bei der großen Zahl von Spielen ungefähr 372 € für Preise bezahlt haben. Da jeder Einsatz 0,80 € kostet, hat die Klasse 614,40 € eingenommen (768 · 0,80 €). Als Gewinn dürften der Klasse ungefähr 614,40 € – 372 €, also 222,40 € geblieben sein. Von den angegebenen Beträgen ist wohl somit 242,40 € realistisch. Sicher kann man sich aber nicht sein.

2 a) $P(\text{blau}) = \frac{3}{16}$ und $P(\text{schwarz}) = \frac{1}{16}$

$800 \cdot \frac{3}{16} = 150$ und $800 \cdot \frac{1}{16} = 50$

Man kann 150-mal „blau" und 50-mal „schwarz" erwarten.

b) 50-mal muss ein Gewinn von 10 €, also 500 € ausgezahlt werden.
150-mal muss der Einsatz zurückgezahlt werden, das sind 150 €.
800 € – 500 € – 150 € = 150 €
Der Veranstalter kann mit einem Gewinn von 150 € rechnen. Sicher kann er sich aber nicht sein.

S. 72

1

	a)	b)	c)
Kapital (K)	1 800 €	4 500 €	3 000 €
Zinssatz (p %)	0,5 %	1,8 %	0,65 %
Zinsen (Z)	9 €	81 €	19,50 €

$p\,\% = \frac{Z}{K}$ oder $p = \frac{100 \cdot Z}{K}$

$Z = K \cdot p\,\%$ oder $Z = K \cdot \frac{p}{100} \qquad K = Z \cdot \frac{100}{p}$

a) $Z = 1\,800\,€ \cdot \frac{0{,}5}{100} = 9\,€$

b) $K = 81\,€ \cdot \frac{100}{1{,}8} = 4\,500\,€$

c) $p\,\% = \frac{19{,}50\,€}{3000\,€} = 0{,}0065 = 0{,}65\,\%$

2 Ausgangssituation: Tom legt 2000 € für ein Jahr zu 0,5 % fest an und erhält am Jahresende 10 € Zinsen.

a) Veränderte Situation:
Tom legt doppelt so hohe Ersparnisse bei doppelt so hohem Zinssatz an. Das bedeutet: Tom legt 4 000 € zu 1 % an, am Jahresende erhält er dann 40 € Zinsen. Tom würde nach einem Jahr Zinsen in vierfacher Höhe erhalten, also 40 €.

b) Veränderte Situation:
Tom legt doppelt so hohe Ersparnisse bei halb so großem Zinssatz an. Das bedeutet: Tom legt 4 000 € zu 0,25 % an, am Jahresende erhält er dann 10 € Zinsen.
Die Verdoppelung des Kapitals hat zusammen mit der Halbierung des Zinssatzes keine Auswirkungen auf die Höhe der Zinsen. Tom würde nach einem Jahr Zinsen in derselben Höhe erhalten, also 10 €.

3 Den höchsten Zinssatz hat erzielt, bei dem der Quotient aus Endkapital und Anfangskapital am größten ist.

Anja: $\frac{2\,925{,}59}{2400} \approx 1{,}219$ Boris: $\frac{2\,281{,}77}{1\,800} \approx 1{,}268$ Pia: $\frac{348{,}16}{300} \approx 1{,}161$ Luca: $\frac{798{,}83}{600} \approx 1{,}331$

Luca hat den höchsten Zinssatz erzielt.

S. 72

4 Wir berechnen die Höhe der Miete im zweiten Jahr entsprechend der beiden Angebote.

Angebot A (1. Jahr: 3,5: 3,5 %; 2. Jahr 4,5 %	
1. Jahr	900 € · 1,035 = 931,50 €
2. Jahr	931,50 € · 1,045 = 973,42 €

Angebot B (1. Jahr: 4,5 %; 2. Jahr 3,5 %	
1. Jahr	900 € · 1,045 = 940,50 €
2. Jahr	940,50 € · 1,035 = 973,42 €

Beide Angebote führen im zweiten Jahr zur gleichen Miete von 973,42 €.
Aber im ersten Jahr der Erhöhung muss Frau Winter beim Angebot B monatlich 940,50 € – 931,50 € = 9 € mehr bezahlen.
Angebot A ist also günstiger. Diesen Rat solltest du Frau Winter geben.

5 Wenn ein Betrag um 2,5 % steigt, erhalten wir den neuen Betrag, indem man mit 1,025 multipliziert (100 % + 2,5 % = 102,5 %.
Erspartes nach 1 Jahr: 3500 € · 1,025 = 3587,50 €
Erspartes nach 2 Jahren: 3587,50 € · 1,025 = 3677,19 €
Erspartes nach 3 Jahren: 3677,19 € · 1,025 = 3769,12 €
Man kann die Rechnung auch abkürzen.
Erspartes nach 3 Jahren: 3500 € · $1{,}025^3$ = 3769,12 €
Sinas Erspartes beträgt nach 3 Jahren 3769,12 €.

S. 73

1 a) Zur Berechnung des Flächeninhalts fehlt die Höhe h, die man mit dem Satz des Pythagoras ermitteln kann.

$h^2 + (2{,}5\text{ m})^2 = (11\text{ m})^2$
$h^2 = (11\text{ m})^2 - (2{,}5\text{ m})^2$
$h^2 = 114{,}75\text{ m}^2$
$h \approx 10{,}7\text{ m}$

$A = \frac{g \cdot h}{2} \longrightarrow A = \frac{5\text{ m} \cdot 10{,}7\text{ m}}{2}$

$A = 26{,}75\text{ m}^2$

Der Flächeninhalt einer Dachfläche beträgt etwa 27 m^2.

Das gesamte Dach hat somit einen Flächeninhalt von etwa 4 · 27 m^2 = 108 m^2.

b) (1) $\alpha = 77°$
$\beta = 77°$
$\gamma = 26°$

(2) $\cos\alpha = \frac{\text{Ankathete}}{\text{Hypotenuse}}$

$\cos\alpha = \frac{2{,}5\text{ m}}{11\text{ m}} = 0{,}227\ldots$

$\alpha = 76{,}9°$

$\beta = \alpha = 76{,}9°$

$\gamma = 180° - \alpha - \beta = 26{,}2°$

b)

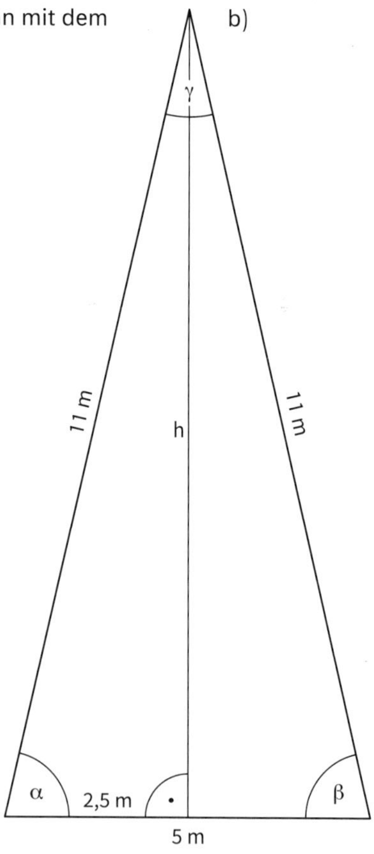

2 a) Die Grundfläche berechnet man mit der Formel für den Flächeninhalt eines Trapezes.

$G = \frac{(a + c) \cdot h}{2} \longrightarrow G = \frac{(4\text{ cm} + 8\text{ cm}) \cdot 5\text{ cm}}{2}$

$G = 30\text{ cm}^2$

V = G · h (Formel für das Volumen eines Prismas)
$V = 30\text{ cm}^2 \cdot 14\text{ cm}$
$V = 420\text{ cm}^3$
Das Werkstück hat ein Volumen von 420 cm^3.

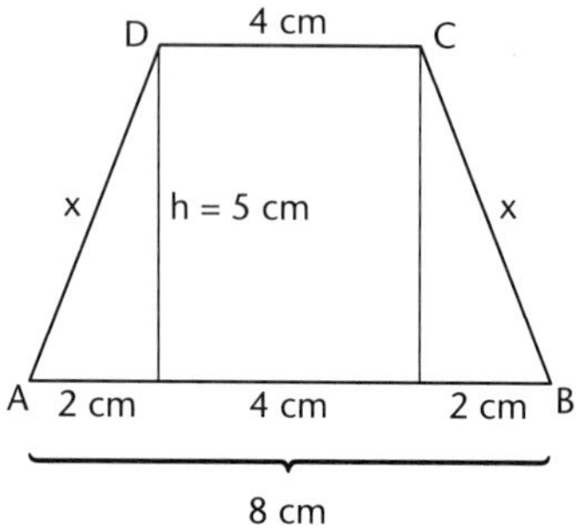

S. 73

b) $O = 2 \cdot G + M$ (Formel für den Oberflächeninhalt eines Prismas)
Der Mantel M ist ein Rechteck, dessen Länge der Umfang der Grundfläche und dessen Breite 14 cm ist.
Für den Umfang der Grundfläche benötigt man die Länge x (siehe Zeichnung), die man mit dem Satz des Pythagoras berechnen kann.
$x^2 = (5\text{ cm})^2 + (2\text{ cm})^2$
$x^2 = 25\text{ cm}^2 + 4\text{ cm}^2$
$x^2 = 29\text{ cm}^2$
$x \approx 5{,}385\text{ cm}$
Der Umfang u der Grundfläche berechnet sich so: $u = 2 \cdot x + 8\text{ cm} + 4\text{ cm}$
$u = 10{,}77\text{ cm} + 12\text{ cm}$
$u = 22{,}77\text{ cm}$

$M = u \cdot h$
$M = 22{,}77\text{ cm} \cdot 14\text{ cm}$
$M = 318{,}78\text{ cm}^2$
Aus a) ist bekannt: $G = 30\text{ cm}^2$.
$O = 2 \cdot G + M$
$O = 2 \cdot 30\text{ cm}^2 + 318{,}78\text{ cm}^2$
$O = 378{,}78\text{ cm}^2$
Der Oberflächeninhalt des Werkstücks beträgt ca. 379 cm².

3 a) Das Zelt hat die Form einer Pyramide mit quadratischer Grundfläche mit $a = 2{,}75$ m und $h = 2{,}50$ m. Dann ist

$V = \frac{1}{3} G \cdot h = \frac{1}{3} a^2 \cdot h = \frac{1}{3} \cdot (2{,}75\text{ m})^2 \cdot 2{,}50\text{ m} \approx 6{,}3\text{ m}^3$

b) Zunächst sind die Seitenwände des Zelts bzw. die Mantelfläche der quadratischen Pyramide zu berechnen.
Hierzu wird die Länge der Strecke $\overline{BS}$ benötigt.
Nach dem Satz des Pythagoras gilt im rechtwinkligen Dreieck ABS:
$(\overline{BS})^2 = (\overline{AS})^2 + (\overline{AB})^2$
Da $\overline{AS} = h = 2{,}50$ m und $\overline{AB} = \frac{a}{2} = 1{,}375$ m folgt:
$(\overline{BS})^2 = (2{,}5\text{ m})^2 + (1{,}375\text{ m})^2$
$(\overline{BS})^2 = 8{,}140625\text{ m}^2 \quad |\sqrt{\ }$
$\overline{BS} \approx 2{,}85\text{ m}$

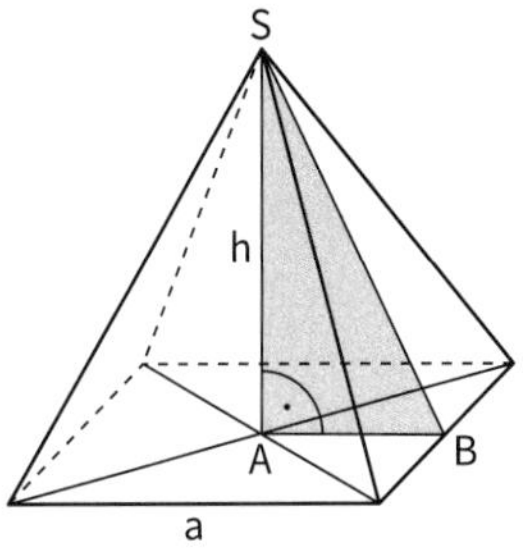

Für die Mantelfläche folgt dann: $M = 4 \cdot \frac{a \cdot \overline{BS}}{2} \approx 4 \cdot \frac{2{,}75\text{ m} \cdot 2{,}85\text{ m}}{2} = 15{,}675\text{ m}^2$

$15{,}675\text{ m}^2$ wiegen dann $15{,}675\text{ m}^2 \cdot 200\,\frac{\text{g}}{\text{m}^2} = 3135\text{ g} = 3{,}135\text{ kg}$.

Der Anteil am Gesamtgewicht des Zelts beträgt $\frac{3{,}135\text{ kg}}{5{,}2\text{ kg}} \approx 0{,}603 = 60{,}3\,\%$.

4 a) $A = g \cdot h$ (Formel für den Flächeninhalt eines Parallelogramms)
$A = 8{,}5\text{ cm} \cdot 4{,}2\text{ cm}$
$A = 35{,}7\text{ cm}^2$
Der Flächeninhalt des Parallelogramms beträgt 35,7 cm².

S. 73

b) 1) Zeichne die Seite $\overline{AB} = 8{,}5$ cm
2) Zeichne in A an $\overline{AB}$ den Winkel $\alpha = 70°$
3) Zeichne in B an $\overline{AB}$ den Winkel $\beta = 180° - 70° = 110°$
4) Zeichne im Abstand 4,2 cm von $\overline{AB}$ ein Parallele zu $\overline{AB}$.
5) Diese Parallele schneidet die freien Schenkel von α und β in den Punkten D und C.

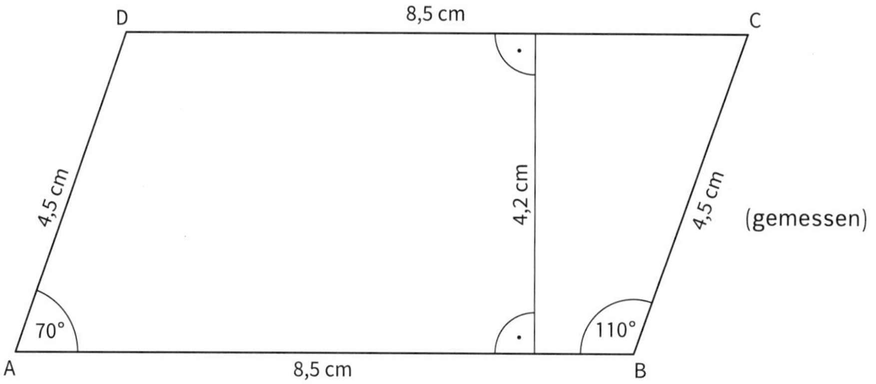

Der Umfang des Parallelogramms beträgt $u = 2 \cdot 8{,}5\text{ cm} + 2 \cdot 4{,}5\text{ cm} = 26\text{ cm}$.

c) Berechnung von $\overline{AD}$ bzw. $\overline{BC}$ (benannt mit x):

$$\sin 70° = \frac{4{,}2\text{ cm}}{x}$$
$$x = \frac{4{,}2\text{ cm}}{\sin 70°}$$
$$x \approx 4{,}47\text{ cm}$$
$$u = 2 \cdot 8{,}5\text{ cm} + 2 \cdot 4{,}47\text{ cm} \approx 25{,}9\text{ cm}$$

S. 74

1
$$3x + 18 - 2x = \boxed{8 - 5x}$$
$$x + 18 = \boxed{3x}$$

Man darf 8 – 5x nicht zu 3x zusammenfassen, da nur gleichartige Terme zusammengefasst werden können. (Punktrechnung vor Strichrechnung)

Richtige Lösung:
$$3x + 18 - 2x = 8 - 5x$$
$$x + 18 = 8 - 5x \quad | + 5x$$
$$6x + 18 = 8 \quad | - 18$$
$$6x = -10 \quad | : 6$$
$$x = -\frac{10}{6}$$
$$x = -\frac{5}{3}$$

2
$$\boxed{5\,(2y - 3)} = 8y - 27$$
$$\boxed{10y - 3} = 8y - 27$$
$$2y - 3 = -27 \quad | + 3$$
$$2y = \boxed{-30}$$

▭ Hier hätte auch –3 mit 5 multipliziert werden müssen.

⬭ –27 + 3 = –24

Richtige Lösung:
$$5\,(2y - 3) = 8y - 27$$
$$10y - 15 = 8y - 27 \quad | - 8y$$
$$2y - 15 = -27 \quad | + 15$$
$$2y = -12 \quad | : 2$$
$$y = -6$$

3 Fahrid hat zwei Fehler gemacht, die sich gegenseitig aufgehoben haben. In der zweiten Zeile hätte es statt –16a richtig +16a heißen müssen; das Minuszeichen vor der Klammer in der ersten Zeile ist von Fahrid nicht richtig beachtet worden.
Wenn er (dritte Zeile) auf beiden Seiten 16a subtrahiert, müsste in der vierten Zeile auf der rechten Gleichungsseite –32a stehen.
Wegen dieser beiden Fehler hat Fahrid zwei Punkte abgezogen bekommen; er beschwert sich zu Unrecht.

S. 74

4 a) Damians Fehler steckt bereits im Ansatz. Der Term für die Länge ist nicht 5x, sondern x + 5.
Damit ist der Umfang $2(x + x + 5) = 2(2x + 5) = 4x + 10$
bzw. $2x + 2(x + 5) = 2x + 2x + 10 = 4x + 10$

Die richtige Gleichung lautet:

$$\begin{aligned} 4x + 10 - 46 &= x \\ 4x - 36 &= x \quad &| +36 \\ 4x &= x + 36 \quad &| -x \\ 3x &= 36 \quad &| :3 \\ x &= 12 \end{aligned}$$

Das Rechteck ist 12 cm breit und 17 cm lang. Sein Umfang beträgt 2(12 cm + 17 cm) = 58 cm. Subtrahiert man davon 46 cm, so erhält man 12 cm, also genau die Breite des Rechtecks.

b) Wenn x die Breite ist und 5x die Länge, dann beträgt die Länge das 5-Fache der Breite.
Die Aufgabe zu Damians Gleichung $2(x + 5x) - 46 = x$ könnte dann lauten:
„Ein Rechteck ist 5-mal so lang wie breit. Subtrahiert man vom Umfang 46 cm, so erhält man die Breite. Wie breit ist das Rechteck?"

S. 75

1 a) Die 3,6 m hohe Spitze ist auf dem Foto ungefähr 0,75 cm hoch. 1 cm auf dem Foto entspricht also 4,8 m in Wirklichkeit. Der Obelisk ist auf dem Foto ungefähr 4,8 cm hoch. D. h. der Obelisk ist in Wirklichkeit also ca. 23 m (4,8 · 4,8 m) hoch.

b) Das Volumen des Obelisken kann durch einen Quader mit 23 m Höhe und quadratischer Grundfläche mit der Seitenlänge 2 m (etwas mehr als die Hälfte der Spitze des Obelisken) abgeschätzt werden.

c) Der Obelisk hat ein geschätztes Volumen von $23\text{ m} \cdot 2\text{ m} \cdot 2\text{ m} = 92\text{ m}^3$. Daraus ergibt sich eine ungefähre Masse von $92\text{ m}^3 \cdot \frac{2{,}8\text{ t}}{\text{m}^3} \approx 257{,}6\text{ t}$. Der Obelisk wiegt ca. 260 t (in Wirklichkeit 250 t).

2 Annahme: Die Frau an der Brille ist ungefähr 1,6 m groß.

Abschätzung: Die Brille ist ungefähr 1,5 m hoch und 5 m breit. Die Bügellänge einer Brille entspricht ungefähr der Breite, also auch 5 m.

Rechnung: Die Brille eines Menschen ist so breit wie der Kopf. Die Kopflänge ist ungefähr das 1,5-Fache der Kopfbreite. Die Körpergröße ist ungefähr das 7,5-Fache der Kopflänge. $5\text{ m} \cdot 1{,}5 \cdot 7{,}5 = 56{,}25\text{ m}$

Antwort: Die Person müsste ungefähr 56 m groß sein.

3 Damit man nicht alle Personen zählen muss, legt man ein Zählgitter über das Foto. Man geht davon aus, dass in jedem Quadrat des Zählgitters durchschnittlich gleich viele Menschen sind:

Hier wurde das Foto in 3 · 4 = 12 gleich große Quadrate eingeteilt. Nun bestimmt man die Anzahl von Personen in einem Quadrat, in dem durchschnittlich viele Personen zu sehen sind. Im stark umrandeten Quadrat sind das ungefähr 30. Damit ergeben sich für das gesamte Bild 12 · 30 = 360. Etwa 400 Personen befinden sich auf dem Foto.

Abschlusstest Teil B Komplexe Aufgaben

S. 76

1 Körper

a) Es müssen das Volumen des Quaders V_Q und das Volumen des Zylinders V_Z ermittelt werden.
$V_Q = 30\text{ cm} \cdot 80\text{ cm} \cdot 50\text{ cm} = 120\,000\text{ cm}^3$ $\quad V_Z = \pi \cdot (10\text{ cm})^2 \cdot 80\text{ cm} \approx 25\,130\text{ cm}^3$
$V = V_Q - V_Z \approx 94\,870\text{ cm}^3$
Da jeder Kubikzentimeter Kupfer 8,92 g wiegt, ergibt sich für die Masse des Körpers:
$94\,870\text{ cm}^3 \cdot 8{,}92\,\frac{\text{g}}{\text{cm}^3} = 846\,240\text{ g} \approx 846\text{ kg}$
Der Körper wiegt ungefähr 846 kg.

b) Zur Oberfläche gehört die gesamte Oberfläche des Quaders O_Q ohne die Bohrungen $2 \cdot G_B$.
$O_Q = 2 \cdot 30\text{ cm} \cdot 50\text{ cm} + 2 \cdot 80\text{ cm} \cdot 30\text{ cm} + 2 \cdot 80\text{ cm} \cdot 50\text{ cm} = 15\,800\text{ cm}^2$
Kreisfläche einer Bohrung: $G_B = \pi \cdot (10\text{ cm})^2 \approx 314\text{ cm}^2$
Fläche, die gestrichen werden muss: $O = O_Q - 2\,G_B \approx 15\,172\text{ cm}^2$ $\quad O = 1{,}5172\text{ m}^2$
Mit einer Dose Farbe kann man 1 m² lackieren. Die Oberfläche ist größer als 1 m², aber kleiner als 2 m²; also reichen 2 Dosen.

2 Autofarben

a) Sonstige Farben: 228 – 76 – 57 = 95
silbergrau: $\frac{76}{228} = \frac{1}{3} \approx 33{,}3\,\%$
schwarz: $\frac{57}{228} = \frac{1}{4} = 25\,\%$
Sonstige: $\frac{95}{228} = \frac{5}{12} \approx 41{,}7\,\%$

Farbe	Anzahl	Anteil als Bruch	Anteil in %
silbergrau	76	$\frac{1}{3}$	33,3 %
schwarz	57	$\frac{1}{4}$	25 %
Sonstige	95	$\frac{5}{12}$	41,7 %

b) Im Balkendiagramm wird die Anzahl der verschiedenen Autofarben abgetragen. Zuerst wird die Einteilung der x-Achse vorgenommen.

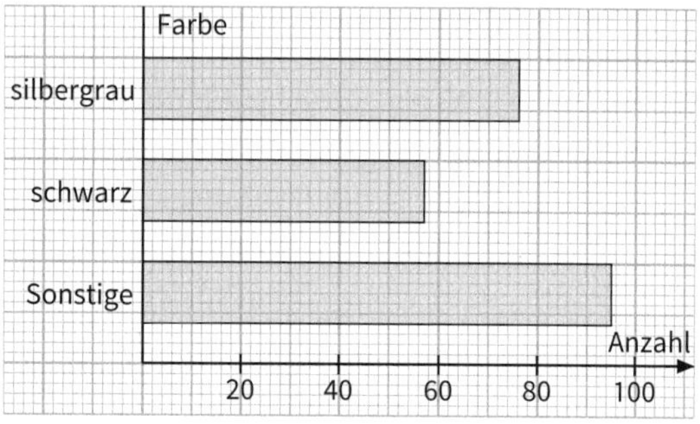

c) (1) P (silbergrau oder schwarz)
= P (silbergrau) + P (schwarz)
$= \frac{1}{3} + \frac{1}{4} = \frac{7}{12} \approx 58\,\%$

(2) Die Summe der Wahrscheinlichkeiten aller möglichen Ergebnisse ist 1 bzw. 100 %.
Daraus folgt: P (nicht silbergrau)
$= 1 - P(\text{silbergrau}) = 1 - \frac{1}{3} = \frac{2}{3} \approx 67\,\%$

S. 77

3 Busfahrt

a) Während der Fahrt wird Benzin verbraucht, der Tankinhalt nimmt also ab. Ein Tankvorgang ist dagegen daran zu erkennen, dass die Benzinmenge im Tank sprunghaft ansteigt. Dies ist nach einer gefahrenen Strecke von 100 km und von 500 km der Fall. Es wurde also 2-mal angehalten, um zu tanken.

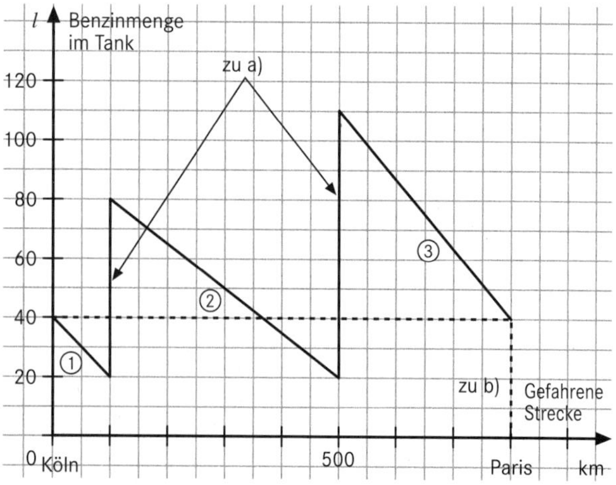

b) Die Entfernung von Köln nach Paris lässt sich auf der x-Achse ablesen; ungefähr 800 km.

c) Je größer der Benzinverbauch ist, desto rascher nimmt der Tankinhalt ab. Auf der Teilstrecke mit dem höchsten Benzinverbrauch wird der Graph daher am steilsten abfallen. Dies trifft auf die Teilstrecke ③ zu.

d) Beim Start in Köln sind 40 *l* Benzin im Tank, bis zum ersten Tanken sind 20 *l* davon verbraucht. Die Teilstrecke ② beginnt der Bus mit einem Tankinhalt von 80 *l*, davon sind bis zum zweiten Tanken 60 *l* verbraucht. Die Teilstrecke ③ beginnt der Bus mit einem Tankinhalt von 110 *l*, bei seiner Ankunft in Paris sind noch 40 *l* im Tank. Der Bus hat also auf der letzten Etappe 70 *l* verbraucht. Auf der gesamten Fahrt verbrauchte der Bus also 20 *l* + 60 *l* + 70 *l* = 150 *l*.

S. 77

4 Neue Preise

a) 1. Lösungsweg: 100 % entsprechen 639; 115 % entsprechen $639 \cdot \frac{115}{100} = 734{,}85$

2. Lösungsweg: $639 \cdot 1{,}15 = 734{,}85 \approx 735$ Neuer Preis: 735,– €

b) 1. Lösungsweg: $49 : 59 = 0{,}8305\ldots \approx 0{,}83 = 83\,\%$. Die Preissenkung betrug ca. 17 %

2. Lösungsweg: Die Preissenkung um 10 € entspricht $10 : 59 = 0{,}169\ldots \approx 0{,}17 = 17\,\%$

c) 1. Lösungsweg: 14,80 € sind 95 % vom alten Preis. Der alte Preis betrug $(14{,}80\,€ \cdot 100) : 95 \approx 15{,}58\,€$

2. Lösungsweg: $14{,}80 : 0{,}95 \approx 15{,}58\,€$ Alter Preis: 15,58 €

S. 78

5 Taschengeld für den Urlaub

Mira hat $10 \cdot 13{,}50\,€ = 135\,€$ gespart. Wenn dieser Betrag nur sechs Tage reichen muss, kann sie jeden Tag $135\,€ : 6 = 22{,}50\,€$ ausgeben.

6 Trampolin

a) Das Sprungtuch hat die Form eines Kreises. Sein Radius beträgt r = 105 cm (210 cm : 2, halber Durchmesser). Für den Flächeninhalt eines Kreises gilt: $A = \pi \cdot r^2$.

$A = \pi \cdot (105\text{ cm})^2 \approx 34\,636\text{ cm}^2 \approx 3{,}5\text{ m}^2$

Das Sprungtuch ist ungefähr 3,5 m^2 groß.

b) Der Durchmesser des Trampolins ist 250 cm, sein Radius beträgt also 125 cm.

Nicht bedeckt ist die Fläche mit einem Radius von 97 cm (= 125 cm – 28 cm). Da der Radius des Sprungtuchs aber 105 cm ist, überlappt die Abdeckung das Sprungtuch um 8 cm (= 105 cm – 97 cm).

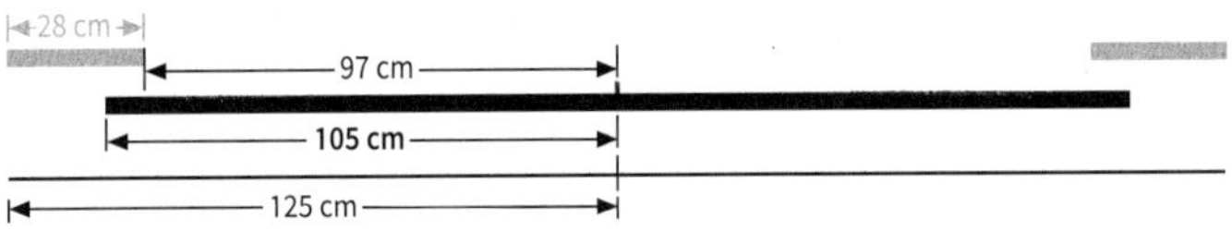

c) Von dem Sprungtuch zu sehen ist also eine Fläche der Größe

$A = \pi \cdot (97\text{ cm})^2 \approx 29\,559\text{ cm}^2 \approx 3{,}0\text{ m}^2$. Verdeckt sind rund 0,5 m^2. Das entspricht einem Anteil von

$p\,\% = \frac{W}{G} = \frac{0{,}5}{3{,}5} \approx 14{,}3\,\%$.

(Anmerkung: Bei einer Rechnung mit den genauen Werten der Flächeninhalte folgt $p\,\% \approx 14{,}6\,\%$.)

7 Lottogewinn

a) (1) 1 % von 1 000 000 € sind 10 000 €. 2 % von 1 000 000 € sind 20 000 €.

(2) $Z = \frac{p}{100} \cdot K = 0{,}02 \cdot 1\,000\,000\,€ = 20\,000\,€$

Im Monat braucht Frau Maus 2 500,00 €.

Zinsen von 20 000 € verteilt auf 12 Monate ergibt

$20\,000\,€ : 12 \approx 1\,666{,}67\,€$, also weniger als 2 500,00 €.

Frau Maus kann also nicht von den Zinsen für ihren Lottogewinn leben.

b) Zwei Rechenwege:

(1) Nach einem Jahr hat Frau Maus $2\,\% \cdot 1$ Mio. € = 20 000 € Zinsen und damit ein Kapital von insgesamt $1\,000\,000 + 20\,000\,€ = 1\,020\,000\,€$.

Dafür bekommt sie im zweiten Jahr so viel Zinsen: $2\,\% \cdot 1\,020\,000\,€ = 20\,400\,€$

Insgesamt hat Frau Maus nach zwei Jahren also $1\,020\,000\,€ + 20\,400 = 1\,040\,400\,€$.

(2) Jedes Jahr wächst das Kapital um 2 % auf 102 %. In 2 Jahren wachsen 1 000 000 € an auf $1\,000\,000\,€ \cdot 1{,}02 \cdot 1{,}02 = 1\,040\,400\,€$.

S. 79

8 Ferienplanung

a) Der Grundpreis beträgt bei vier Personen:
4 · 40 € = 160 €.
Pro Nacht kommen 70 € hinzu.
Also lautet die Funktionsgleichung
y = 70x + 160.

b) Zu den einzelnen Graphen gehören jeweils nur die Punkte mit ganzzahligen x-Koordinaten, da es z. B. 2,5 Übernachtungen nicht gibt.

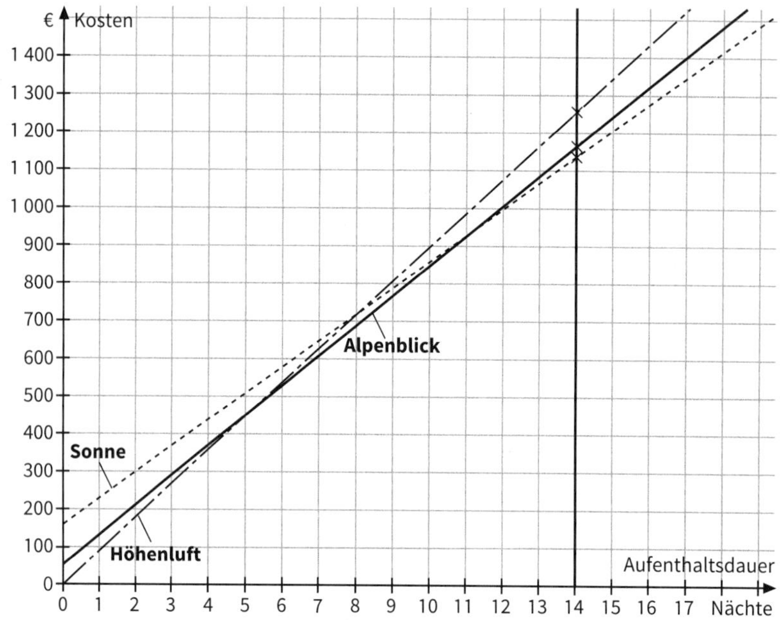

c) Familie Dogan will genau zwei Wochen (also 14 Tage) bleiben. Aus dem Koordinatensystem ist abzulesen, dass die Kosten für diese Aufenthaltsdauer bei der Ferienwohnung Sonne am geringsten sind.
Man kann dies auch rechnerisch prüfen:
- Ferienwohnung Sonne: 14 · 70 € + 4 · 40 € = 1 140 €
- Ferienappartement Höhenluft: 14 · 90 € = 1 260 €
- Ferienwohnung Alpenblick: 14 · 80 € + 50 € = 1 170 €

9 Fehlermeldung

20 % = $\frac{20}{100} = \frac{1}{5}$. „Jeder fünfte" bedeutet: 1 von 5, 2 von 10, 3 von 15, ... 20 von 100.
„20 %" und „jeder fünfte" beschreibt also dasselbe.
Durch die Formulierung „bald nur noch jeder fünfte" erweckt die Meldung den Eindruck, dass die Zahl der Bundesbürger, die sich ehrenamtlich engagieren, zurückgeht. Das ist falsch.

10 Sportfest

a) Insgesamt nahmen 720 Schülerinnen und Schüler teil. 324 (154 + 170) waren im Sprint am besten.

Dies entspricht folgendem Anteil: 324 von 720 = $\frac{324}{720}$ = 324 : 720 = 0,45 = 45 %

Die Zeitungsmeldung ist richtig.

b) Hier gibt es verschiedene Möglichkeiten, zu antworten:
- Da die Weiten nicht bekannt sind, kann man nicht wissen, ob die Mädchen besser sind.
- Absolut war bei mehr Mädchen Weitsprung die beste Disziplin.
- Relativ ergibt sich folgender Anteil: 135 von 340 ≈ 40 % (Jungen), 140 von 380 ≈ 37 % (Mädchen). Also war der Weitsprung bei relativ mehr Jungen die beste Disziplin.

S. 80

11 Erneuerbare Energien

a) Den Anteil der erneuerbaren Energien an der gesamten Stromerzeugung erhält man, indem man die Prozentsätze addiert.
3,4 % + 8,6 % + 8,8 % + 4,3 % + 15,8 % = 40,9 %
Die erneuerbaren Energien hatten einen Anteil von 40,9 %.

b) Es gibt zwei Möglichkeiten, den erzeugten Strom zu berechnen.
1. Möglichkeit:

gesamte Stromerzeugung	davon 40,9 % → · 0,409	erneuerbare Energien 238 Mrd. kWh

Durch Rückwärtsrechnen erhält man den erzeugten Strom:
238 Mrd. kWh : 0,409 ≈ 581,9 Mrd. kWh

S. 80

2. Möglichkeit:
Der Gesamtenergiebedarf wird mit dem Dreisatz berechnet.
40,9 % ≙ 238 Mrd. kWh
1 % ≙ 5,819 Mrd. kWh
100 % ≙ 581,9 Mrd. kWh
2021 wurden in Deutschland etwa 581,9 Mrd. kWh Strom erzeugt.

c) Windkraft insgesamt: 4,3 % + 15,8 % = 20,1 %
Berechnung der kWh: 20,1 % von 581,9 Mrd. kWh = 581,9 Mrd. kWh · 0,201 ≈ 117 Mrd. kWh
Es wurden etwa 117 Mrd. kWh Strom durch Windkraft erzeugt.

12 Bildschirmdiagonale
Die Länge der Diagonale ermittelt man mit dem Satz des Pythagoras.
Gerät A: $(56{,}0\text{ cm})^2 + (42{,}0\text{ cm})^2 = 4\,900\text{ cm}^2$
Die Länge der Diagonale beträgt somit $\sqrt{4\,900\text{ cm}^2} = 70$ cm   Gerät A ist also hier abgebildet.

13 Glücksräder

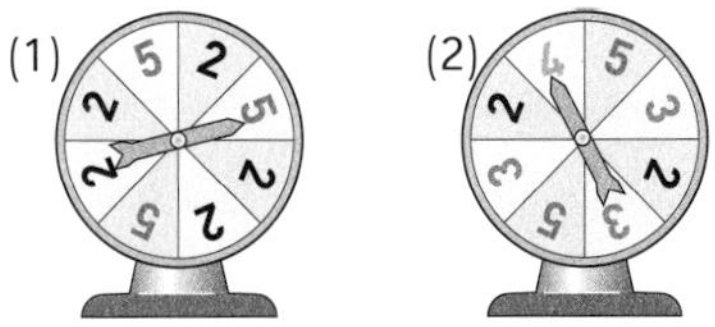

a) Das Glücksrad (1) hat acht gleich große Felder. Auf drei Feldern steht eine Fünf.
Die Wahrscheinlichkeit, eine Fünf zu erzielen, ist somit $\frac{3}{8}$ bzw. 37,5 % groß.

b) Das Glücksrad (2) hat ebenfalls acht gleich große Felder. Auf fünf Feldern stehen Zahlen, die kleiner als 4 sind. Somit ist die Wahrscheinlichkeit $\frac{5}{8}$ bzw. 62,5 % groß.

c) Die Wahrscheinlichkeit, eine Fünf zu erzielen, beträgt beim Glücksrad (1) $\frac{3}{8}$ und beim Glücksrad (2) $\frac{1}{8}$.
(1) $\frac{3}{8}$ von 1 000 = $1\,000 \cdot \frac{3}{8} = 375$ (2) $\frac{1}{8}$ von 1 000 = $1\,000 \cdot \frac{1}{8} = 125$
Da sich relative Häufigkeiten und Wahrscheinlichkeiten bei langen Versuchsreihen annähern, wurde vermutlich mit dem Glücksrad (2) gespielt. Absolut sicher kann man sich aber nicht sein.

S. 81

14 Ölpreis
Darstellung B ist richtig. Begründung: Das Volumen veranschaulicht den Preis. Im Bild B wurde die Höhe um $\frac{1}{3}$ reduziert, damit ist auch das Volumen um $\frac{1}{3}$ geringer. Im Bild A wurde der Radius um $\frac{1}{3}$ verringert. Das Volumen wird mit der Formel $V = \pi \cdot r^2 \cdot h$ berechnet. Das Volumen von Fass A ist jetzt $V = \pi \cdot \frac{2}{3}r \cdot \frac{2}{3}r \cdot h$ also $V = \pi \cdot \frac{4}{9} \cdot r^2 \cdot h$.

15 Aralsee

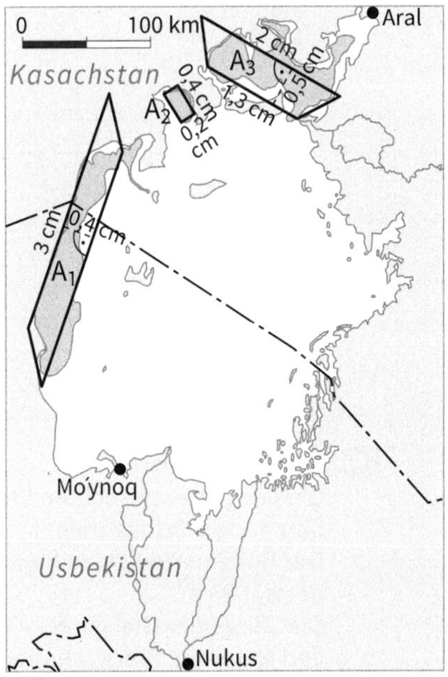

a) Es gibt sehr viele Möglichkeiten, die Fläche des Aralsees so durch berechenbare Flächen abzudecken, dass sich „Gewinne" und „Verluste" ungefähr ausgleichen.
Eine mögliche Lösung ist hier dargestellt:
1,6 cm auf der Karte entsprechen 100 km, also: 1 cm entspricht 100 km : 1,6 = 62,5 km. Multipliziert man die gemessenen Werte in cm mit 62,5, erhält man die tatsächliche Entfernung in km.
$A_1 \approx 187{,}5\text{ km} \cdot 25\text{ km} = 4\,687{,}5\text{ km}^2$ (Parallelogramm)
$A_2 \approx 25\text{ km} \cdot 12{,}5\text{ km} = 312{,}5\text{ km}^2$ (Rechteck)
$A_3 \approx \frac{81{,}25\text{ km} + 125\text{ km}}{2} \cdot 31{,}25\text{ km} \approx 3\,222{,}7\text{ km}^2$ (Trapez)
$A_1 + A_2 + A_3 \approx 8\,222{,}7\text{ km}^2$
Im Jahr 2010 war der Aralsee etwa 8 220 km² groß.

b) Prozentsatz der noch vorhandenen Fläche:
$p\,\% = \frac{8\,220}{68\,000} \approx 0{,}12 = 12\,\%$
Im Jahr 2010 hatte der Aralsee etwa 88 % seiner Größe von 1960 verloren.

S. 81

16 Taschengeld

Das geringste monatliche Taschengeld beträgt 10 €, das höchste 80 €. Daraus ergibt sich die Spannweite 80 € – 10 € = 70 €.
Der mittlere Betrag (Median) liegt bei 30 €. 50 % der Befragten erhalten Taschengeld zwischen 20 € (unteres Quartil) und 50 € (oberes Quartil). Es fällt auf, dass die Streuung oberhalb des Medians erheblich größer ist als darunter. Am größten ist sie im letzten Viertel. 25 % der befragten Jugendlichen erhalten monatlich 50 € bis 80 € Taschengeld.

S. 82

17 Lösungsmethoden

a) Die Methoden von Alex und Bea führen zur Lösung $x = 8$. Bea hat vielleicht ein Problem mit „geschickten" Zahlen zu probieren:
Für $x = 3$ steht auf der linken Gleichungsseite 9 $(9 < 34)$;
$x = 4$ führt zu $4 \cdot 2 + 9 = 17$ und $17 < 34$.
Auch $x = 5$, $x = 6$ und $x = 7$ sind noch zu klein.
Für $x = 8$ gilt aber

$$\begin{aligned} 5 \cdot (8 - 3) + 9 &= 5 \cdot 5 + 9 \\ &= 25 + 9 \\ &= 34 \end{aligned}$$

Die Methode von Alex führt schneller zum Erfolg. Er könnte so rechnen:

$$\begin{aligned} 5 \cdot (x - 3) + 9 &= 34 \\ 5x - 15 + 9 &= 34 \\ 5x - 6 &= 34 \quad &|+6 \\ 5x &= 40 \quad &|:5 \\ x &= 8 \end{aligned}$$

b)

$$\begin{aligned} 3 \cdot (x - 15) - x &= x + 10 \\ 3x - 45 - x &= x + 10 \\ 2x - 45 &= x + 10 \quad &|+45 \\ 2x &= x + 55 \quad &|-x \\ x &= 55 \end{aligned}$$

18 Zahlenrätsel

a) (1) (A); (2) (F); (3) (G)

Lösungen der Gleichungen:

(A)

$$\begin{aligned} 2\,(x + 7) &= 3x + 1 \\ 2x + 14 &= 3x + 1 \quad &|-2x \\ 14 &= x + 1 \quad &|-1 \\ 13 &= x \end{aligned}$$

(F)

$$\begin{aligned} x - 8 &= 5x - 20 \quad &|-x \\ -8 &= 4x - 20 \quad &|+20 \\ 12 &= 4x \quad &|:4 \\ x &= 3 \end{aligned}$$

(G)

$$\begin{aligned} 4x - 17 &= 3x + 2 \quad &|-3x \\ x - 17 &= 2 \quad &|+17 \\ x &= 19 \end{aligned}$$

b)

	A	B	C
1	Einsetzung für x	linke Seite	rechte Seite
2	0	1	−9
3	1	3	−5
4	2	5	−1
5	3	7	3
6	4	9	7
7	5	11	11
8	6	13	15
9	7	15	19

Gleichung: $2x + 1 = 4x - 9$
Lösung (aus der Tabelle abgelesen): $x = 5$

S. 83

19 Nerobergbahn

Die Länge der gesuchten Strecke ermittelt man mithilfe des Satzes des Pythagoras.
Der Höhenunterschied h zwischen Tal- und Bergstation beträgt 83 m.
Die Länge der Gleisstrecke l zwischen Nerotal (Talbahnhof) und Neroberg (Bergbahnhof) beträgt 438 m.

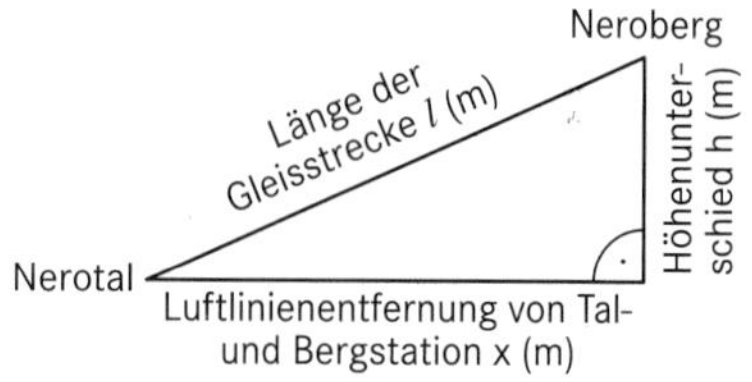

S. 83

Jetzt lässt sich die gesuchte Strecke x mit dem Satz des Pythagoras ermitteln:

$x^2 = \quad l^2 \quad - \quad h^2$

$x^2 = (438\ \text{m})^2 - (83\ \text{m})^2$

$x^2 = 184\,955\ \text{m}^2$

$x \approx 430\ \text{m}$

Die Luftlinienentfernung zwischen den Tal- und dem Bergbahnhof beträgt ungefähr 430 m. Auf einer Karte im Maßstab 1 : 10 000 entspricht 1 cm auf der Karte 100 m in Wirklichkeit (100 m = 10 000 cm). Eine Strecke von 430 m in Wirklichkeit entspricht bei diesem Maßstab also einer Strecke von 4,3 cm = 43 mm Länge.

20 Parkhaus

a) Für die ersten 60 Minuten fallen keine Parkkosten an. Für jede weitere angefangene Stunde sind 2,50 € zu zahlen, d. h. für eine Parkdauer von 61 bis 120 Minuten wird eine Gebühr von 2,50 € verlangt. Bricht eine weitere Stunde an, erhöht sich der Preis um 2,50 €. Herr Schulz bezahlt 5 €. Er hat also mindestens 121 Minuten, höchstens 180 Minuten lang geparkt.

b) Um 14:15 Uhr hätte Frau Siebert nur 2,50 € zahlen müssen. Zu diesem Zeitpunkt hatte sie 60 Minuten lang kostenlos und eine weitere Stunde für 2,50 € geparkt. Sie löste ihren Parkschein also um 12:15 Uhr.

21 Schulfest

a) Insgesamt wurden 120 Würste verkauft. (Summe aus C3 und C4)

b) Der Preis für ein Steak steht in Zelle B5. Ein Steak kostete 3,50 €.

c) Die Einnahmen aus dem Verkauf von Softdrinks wurden in der Zelle D9 berechnet. Die Formel = B9·C9 ergibt den richtigen Wert.

d) Die Gesamteinnahmen in Zelle D12 berechnet man mit der Formel = Summe (D3:D10). (2. Möglichkeit: Die Einnahmen werden addiert: = D3+D4+D5+D6+D9+D10. Diese 2. Möglichkeit ist jedoch nicht zu empfehlen, da sie nicht rationell ist. Man stelle sich eine Summe aus 100 Zahlen vor.)

S. 84

22 Behälter mit Kugeln

Insgesamt sind zunächst 7 Kugeln (3 blaue, 4 weiße) im Behälter. Also beträgt die Wahrscheinlichkeit, im ersten Zug eine blaue Kugel zu ziehen $\frac{3}{7}$ und für eine weiße Kugel $\frac{4}{7}$.
Beim zweiten Zug sind nur noch 6 Kugeln im Behälter. Die Wahrscheinlichkeiten hängen vom Ergebnis des ersten Zuges ab.

Baumdiagramm:

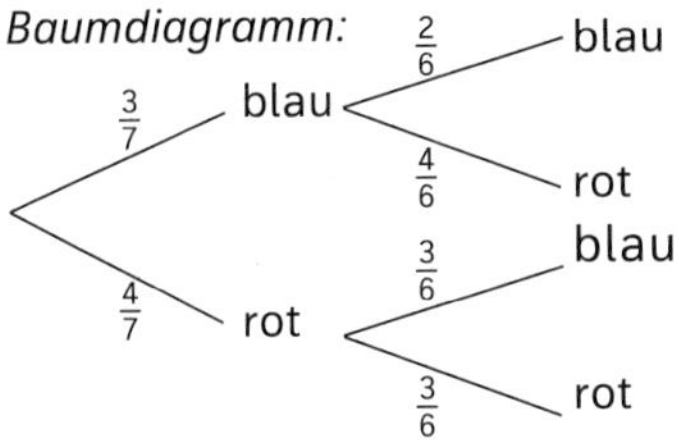

Björn gewinnt bei den Ergebnissen (blau ; blau) und (rot ; rot).

Mit den Pfadregeln berechnen wir die Wahrscheinlichkeiten.

P (Marc gewinnt) = P (blau ; rot) + P (rot ; blau)

$$= \frac{3}{7} \cdot \frac{4}{6} + \frac{4}{7} \cdot \frac{3}{6}$$
$$= \frac{12}{42} + \frac{12}{42}$$
$$= \frac{24}{42} = \frac{4}{7} \approx 57\ \%$$

P (Björn gewinnt) = P (blau ; blau) + P (rot ; rot)

$$= \frac{3}{7} \cdot \frac{2}{6} + \frac{4}{7} \cdot \frac{3}{6}$$
$$= \frac{6}{42} + \frac{12}{42}$$
$$= \frac{18}{42} = \frac{3}{7} \approx 43\ \%$$

Alternativer Lösungsweg: P (Marc gewinnt) = 1 – P (Björn gewinnt) = $1 - \frac{3}{7} = \frac{4}{7} \approx 57\ \%$

Gewinnchance für Marc: $\frac{4}{7} \approx 57\ \%$ Gewinnchance für Björn: $\frac{3}{7} \approx 43\ \%$

S. 84

23 **Wohnmobil**

Die Angebote beinhalten eine tägliche Mietgebühr, die Firmen A und B eine zusätzliche Gebühr pro gefahrenem Kilometer. Bei Firma C sind die Kilometer frei. Bei 21 Tagen und 2500 km ergibt dies:

Firma A: $21 \cdot 48\,€ + 2500 \cdot 0{,}20\,€ = 1\,508\,€$
Firma B: $21 \cdot 72\,€ + 2500 \cdot 0{,}10\,€ = 1\,762\,€$
Firma C: $21 \cdot 80\,€ + 2500 \cdot 0{,}00\,€ = 1\,680\,€$ Zu empfehlen ist Firma A.

24 **Sonderpreis**

a) Methode (1) berücksichtigt nicht den Rabatt von 3 %. Die Methode ist falsch.
Methode (2) berücksichtigt die sich ändernden Grundwerte und ist richtig. Die Methode ist richtig.
Methode (3) berechnet zwar nicht die Verbilligung und den Rabatt, aber immer gleich den reduzierten Preis. Die Methode ist richtig.

b) 85 % von 1 500 € sind 1 275 €. 97 % von 1 275 € sind 1 236,75 €
Das Mofa kostet bei Barzahlung 1 236,75 €.

S. 85

25 **Haus mit Pultdach**

a) Der umbaute Raum entspricht dem Volumen des Baukörpers. Berechnung des Volumens:
Das Haus kann als Prisma mit einem Trapez als Grundfläche betrachtet werden:

$G = \frac{a+c}{2} \cdot h_T$ (Höhe des Trapezes $h_T = 8{,}4$ m)
$G = \frac{9{,}6\text{ m} + 6{,}2\text{ m}}{2} \cdot 8{,}4\text{ m} = 66{,}36\text{ m}^2$

Das Volumen des Prismas berechnet man mit

$V = G \cdot h_P$ (Höhe des Prismas $h_P = 12{,}6$ m)
$V = 66{,}36\text{ m}^2 \cdot 12{,}6\text{ m}$
$V = 836{,}136\text{ m}^3$ $V \approx 836\text{ m}^3$

b) Berechnung des Flächeninhalts der Seitenflächen:
Die Seitenflächen bestehen aus zwei gleichen Trapezen (s. Teil a)) und zwei Rechtecken.

$A = 2 \cdot 66{,}36\text{ m}^2 + 12{,}6\text{ m} \cdot 9{,}6\text{ m} + 12{,}6\text{ m} \cdot 6{,}2\text{ m}$ $A = 331{,}8\text{ m}^2$ $A \approx 332\text{ m}^2$

c) (1) Maßstab 1 : 200
Neigungswinkel $\alpha \approx 22°$

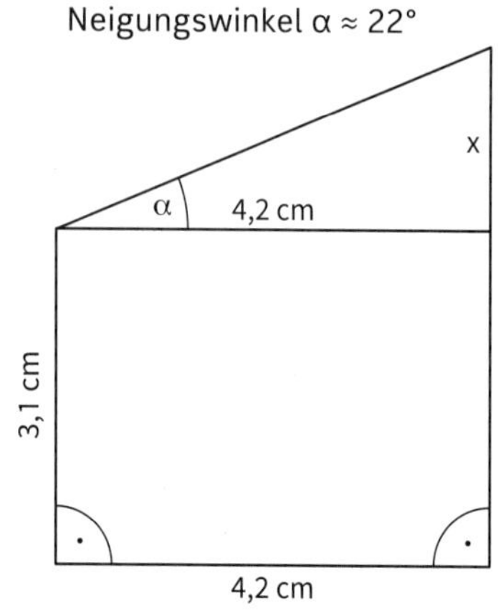

(2) $x = 4{,}8\text{ cm} - 3{,}1\text{ cm} = 1{,}7\text{ cm}$
$\tan\alpha = \frac{x}{4{,}2\text{ cm}} = \frac{1{,}7}{4{,}2} = 0{,}405$
$\alpha = \tan^{-1} 0{,}405$
$\alpha = 22{,}04°$

26 **Schülersprecherwahl**

a) Am Diagramm lesen wir ab, dass Vera 170 Stimmen erhielt. Insgesamt wurden 480 Stimmen abgegeben. Daraus erhalten wir den Anteil:
$\frac{170}{480} \approx 0{,}354 \approx 35{,}4\,\%$.

b) Anzahl der Stimmen: Marc: 110 Vera: 170 Ungültige Stimmen: 60
Daraus ergeben sich für Tobias 480 – 110 – 170 – 60 = 140 Stimmen.
Säule für Tobias bis zur Höhe von 140 auf der Hochachse.

c) Da die Hochachse nicht bei Null beginnt, vermittelt das Diagramm den Eindruck, dass Vera doppelt so viele Stimmen wie Marc erhalten hat. Dies ist aber falsch, wie die Zahlen aus Teilaufgabe b) zeigen. Marc erhält 110 Stimmen und Vera 170, also weniger als die doppelte Anzahl.

Original-Prüfungsaufgaben Teil C

Alle Lösungen Teil C nicht amtliche Lösungen

Abschlussprüfung Niedersachsen Hauptschule Klasse 9 2021

Hauptteil 1 (G- und E-Kurs)

S. 86

1. a) +

760
360 | 400
130 | **230** | 170
40 | 90 | 140 | **30**

b) ·

48 000
80 | 600
8 | 10 | 60
4 | 2 | 5 | **12**

2. a)

```
  3 2 7, 0 4
+ 4 5 0, 1 2
  ----------
  7 7 7, 1 6
```

b)

```
  5 4 9 7, 0
−   8 2 1, 1
  1     1
  ----------
  4 6 7 5, 9
```

c)

```
2 5 8 · 3 2
-----------
  7 7 4
    5 1 6
  1
  -------
  8 2 5 6
```

3. a) 1,2 kg = 1200 g b) 1,03 € = 103 ct c) 27 mm = 2,7 cm

4.

	a)	b)	c)
Kontostand (alt)	−30 €	40 €	**+420 €**
Ein-/Auszahlung	+60 €	**−90 €**	−70 €
Kontostand (neu)	**+30 €**	−50 €	350 €

S. 87

5. a)

	0,2
X	40 %
X	$\frac{4}{10}$

b)

X	0,2
	12 %
X	$\frac{1}{5}$

6. a) Insgesamt sind es 3 · 9 = 27 Würfel.
Nur der Würfel in der Mitte ist nicht beklebt.
Also sind 26 Würfel beklebt.

b) Die Würfel an den Ecken sind an drei Seiten beklebt.
Der große Würfel hat acht Ecken. Also ist die erste Aussage wahr.
Auf jeder Würfelseite ist ein Würfel, der nur an einer Seite beklebt ist. Also sind es genau 6 Würfel.

c)

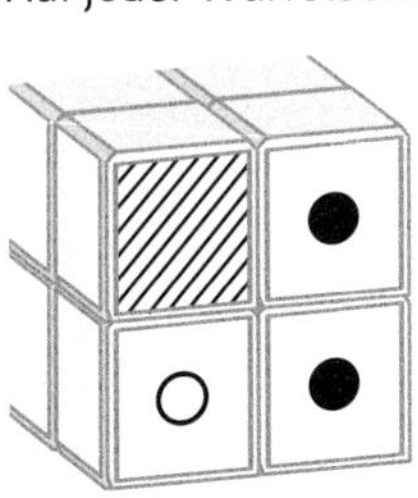

S. 87
S. 88

7. a) Die Schulzeit dauert 5 Stunden und 5 Minuten.

b) 16:50 Uhr

c) Z. B. 20:09 oder 00:29 oder 02:09 oder ...

8. a)

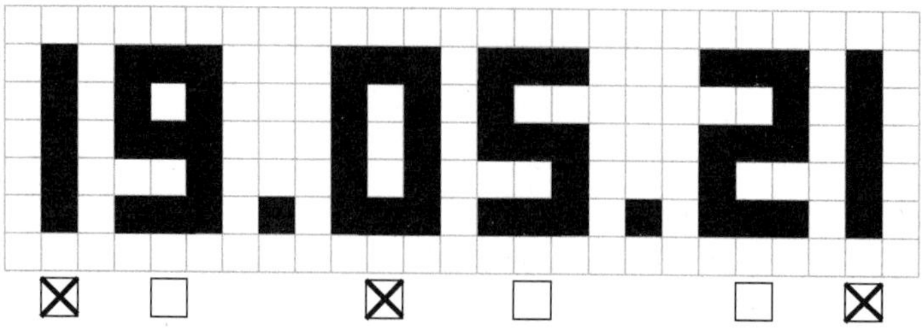

b)

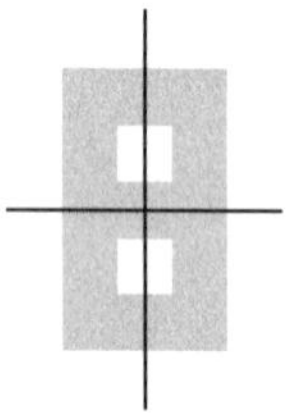

9. a)

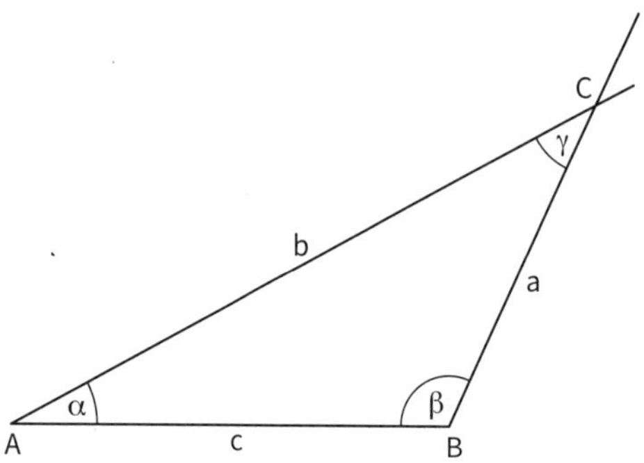

b) $\beta = 115°$; $c = 5{,}8\ \text{cm}$

c) $\gamma = 180° - 115° - 28° = 37°$

Hauptteil 2/Wahlteil (E-Kurs)

Hauptteil 2 (E-Kurs)

S. 89

1. a) $V = 9\ \text{cm} \cdot 6\ \text{cm} \cdot 20\ \text{cm} = 1\,080\ \text{cm}^3$
Das Volumen beträgt $1\,080\ \text{cm}^3$.

b) $2 \cdot 9\ \text{cm} \cdot 6\ \text{cm} + 2 \cdot 9\ \text{cm} \cdot 20\ \text{cm} + 2 \cdot 6\ \text{cm} \cdot 20\ \text{cm} = 708\ \text{cm}^2$
Es werden mindestens $708\ \text{cm}^2$ Pappe benötigt.

c) Variante 1:
Bandlänge $= 3 \cdot 9\ \text{cm} + 6\ \text{cm} + 3 \cdot 9\ \text{cm} + 6\ \text{cm} = 66\ \text{cm}$
Variante 2:
Bandlänge $= 9\ \text{cm} + 3 \cdot 6\ \text{cm} + 9\ \text{cm} + 3 \cdot 6\ \text{cm} = 54\ \text{cm}$
Variante 2 benötigt weniger Band.

2. a) Es ist eine antiproportionale Zuordnung. Je weniger Kaninchen es sind, desto länger reicht das Futter.

b)
	8 Kaninchen → 10 Tage	
$:8$ ↓	1 Kaninchen → 80 Tage	↓ $\cdot 8$
$\cdot 5$ ↓	5 Kaninchen → 16 Tage	↓ $:5$

Das Futter reicht für 16 Tage.

S. 90

c) $a = 4$ m, $b = 8$ m oder $a = 5$ m, $b = 7$ m oder $a = 6$ m, $b = 6$ m oder ...
Hinweis: $a + b = 12$

d) Bei einem Quadrat ist der Flächeninhalt am größten. Er beträgt $6\text{ m} \cdot 6\text{ m} = 36\text{ m}^2$.

3. a)

Das Fünffache einer Zahl ist so groß wie das Doppelte der Zahl vermindert um 3.	Das Fünffache einer Zahl vermindert um 3 entspricht dem Doppelten der Zahl vermehrt um 9.
$5x = 2x - 3$	$5x - 3 = 2x + 9$

b)
$12x - 4 = 16 + 2x \quad | - 2x$
$10x - 4 = 16 \quad | + 4$
$10x = 20 \quad | : 10$
$x = 2$

4. a)

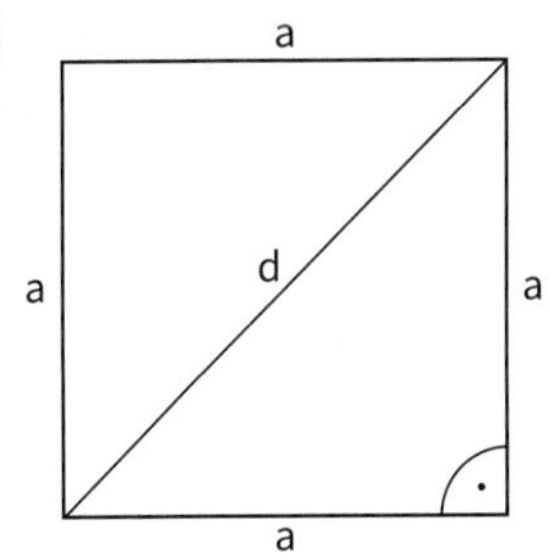

b) $a^2 + a^2 = d^2$ (Satz des Pythagoras)
$2x^2 = (84{,}9\text{ cm})^2 \quad | : 2$
$a^2 = 3\,604{,}005\text{ cm}^2 \quad | \sqrt{}$
$a = 60{,}03$ cm
Der Spiegel ist ca. 60 cm lang.

5. a) Von den insgesamt **30** Schülerinnen und Schülern haben **24** Schülerinnen und Schüler die Note 4 oder besser in der Mathematikarbeit geschrieben.

Das entspricht einem Anteil von $\mathbf{\frac{24}{30} = \frac{4}{5} = 0{,}8 = 80\,\%}$.

S. 91

b) Anteil mit „5“ oder „6“: $\frac{6}{30} = \frac{2}{10} = 20\,\%$

Die Arbeit muss dem Schulleiter nicht vorgelegt werden.

c) Durchschnittsnote: $\frac{2 \cdot 1 + 9 \cdot 2 + 8 \cdot 3 + 5 \cdot 4 + 4 \cdot 5 + 2 \cdot 6}{30} = 3{,}2$

6. a)

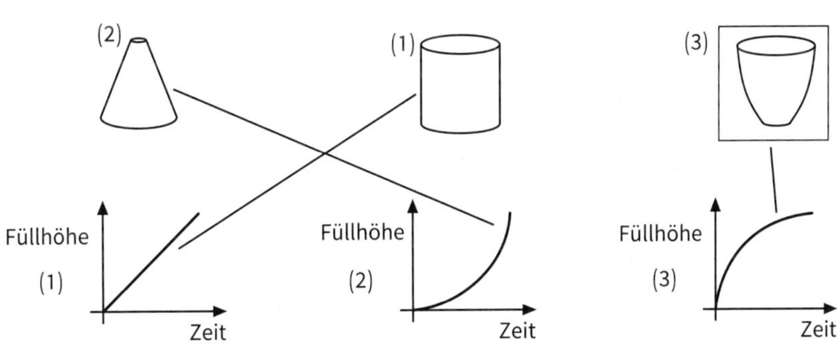

(1) Das Wasser steigt gleichmäßig an.
(2) Das Wasser steigt immer schneller an.
(3) Das Wasser steigt immer langsamer an.

b)

Zeit in h	0	1	2	5	**10**
Höhe in m	0,6	1,0	**1,4**	2,6	4,6

Höhenanstieg per Stunde: $1{,}0\text{ m} - 0{,}6\text{ m} = 0{,}4\text{ m}$

S. 91

c) $y = 0{,}4 \cdot x + 0{,}6$

Anstieg pro Stunde (0,4) – Anfangshöhe (0,6)

d) $0{,}4x + 0{,}6 = 5 \quad | -0{,}6$

$0{,}4x = 4{,}4 \quad | : 0{,}4$

$x = 11$

Nach 11 Stunden ist das Becken gefüllt.

Wahlteil (E-Kurs)

S. 92

Wahlaufgabe 1

a)

Für 4 Personen	240 Personen
10 g Knoblauch	**600 g Knoblauch**
2 Zwiebeln	**120 Zwiebeln**
90 ml Olivenöl	**5400 ml Olivenöl**
0,7 kg passierte Tomaten	**42 kg passierte Tomaten**
100 g Schlagsahne	6000 g Schlagsahne

immer mal 60

b) $r = 58{,}8\text{ cm} : 2 = 29{,}4\text{ cm}$

$V = \pi \cdot r^2 \cdot h$

$V = \pi \cdot (29{,}4\text{ cm})^2 \cdot 44{,}2\text{ cm} = 120023{,}6 \ldots \text{ cm}^3$

$V \approx 120{,}02\ \ell$

c) $\ell^2 = (44{,}2\text{ cm})^2 + (58{,}8\text{ cm})^2$

$\ell^2 = 5411{,}08\text{ cm}^2 \quad | \sqrt{\ }$

$\ell \approx 73{,}56\text{ cm}$

Der Löffel muss mindestens 73,56 cm lang sein.

d) $h_K = 10000\text{ cm}^3 : G$ mit $G = \pi r^2 = 2715{,}47\text{ cm}^2$

$h_K = 3{,}68\text{ cm}$

e) $h_K = \frac{V}{G}$

$h_K = \frac{V}{\pi r^2}$

S. 93

Wahlaufgabe 2

a) Ben fährt um **7:15** Uhr mit dem Fahrrad von zu Hause aus los.
Die Strecke von der Ampel bis zum Bahnübergang ist **4** km lang.
Am Bahnübergang muss Ben **5** Minuten warten.
Insgesamt benötigt Ben für seinen Schulweg **35** Minuten.

b) Ben fährt 2 km in 5 Minuten, also 2000 m in 5 Minuten.
2000 m : 5 = 400 m
Ben legt in einer Minute 400 m zurück.

S. 93

c)

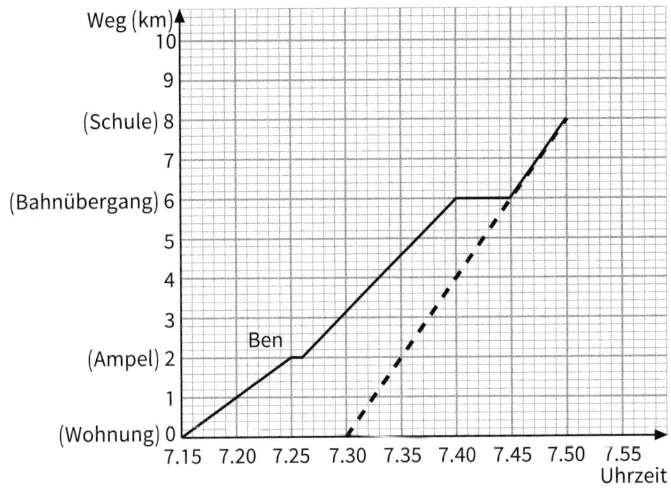

d) $\cdot 4$ (15 min → 8 km) $\cdot 4$
60 min → 32 km

Ben hat nicht Recht. Er müsste 32 km pro Stunde fahren.

e) 16 km · 200 = 3 200 km
0,18 Cent · 3 200 = 576 Cent = 5,76 €
Die Stromkosten betragen pro Schuljahr 5,76 €.

S. 94

Wahlaufgabe 3

a)

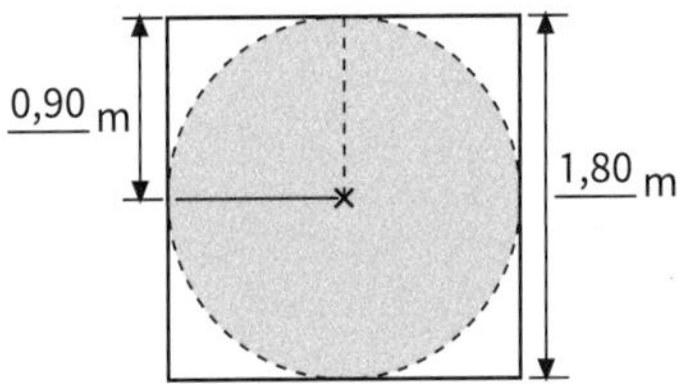

$A = \pi r^2$
$A = \pi \cdot (0{,}90\ m)^2$
$A \approx 2{,}54\ m^2$

b) $(1{,}80)^2 - 2{,}54\ m^2 = 0{,}7\ m^2$
Es bleiben 0,7 m^2 übrig.

c) Der Kunde hat nicht Recht.
In der Formel steht r^2, d. h. der Flächeninhalt wird 2 · 2, also 4-mal so groß.

d) 198 € · 0,02 = 3,96 €
198 € – 3,96 € = 194,04 €
Der Überweisungsbetrag beträgt dann 194,04 €.

S. 94

Wahlaufgabe 4

a)

Farbe der Schokolinse	Wahrscheinlichkeit
weiß	$\frac{6}{12} = \frac{1}{2} = 0{,}5 = 50\,\%$
schwarz	$\frac{4}{12}$
schwarz oder gestreift	$\frac{6}{12} = \frac{1}{2} = 0{,}5 = 50\,\%$

S. 95

b)

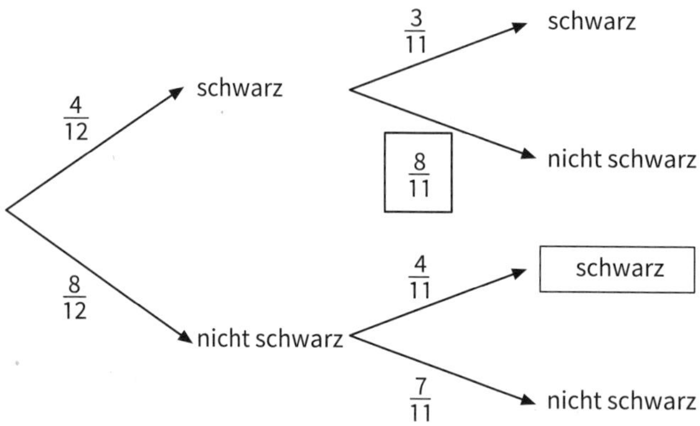

c) P(2mal schwarz) $= \frac{4}{12} \cdot \frac{3}{11} = \frac{1}{11} \approx 9{,}09\,\%$

d) Nina: 6 von 12 Schokolinsen sind weiß. Kevin: 7 von 12 Schokolinsen sind weiß.
Bei Kevin ist die Wahrscheinlichkeit größer, eine weiße Schokolinse zu ziehen.

e) weiß: $\frac{1}{3}$ von $12 = 4$
schwarz: $\frac{1}{2}$ von $12 = 6$
gestreift: $\frac{1}{6}$ von $12 = 2$

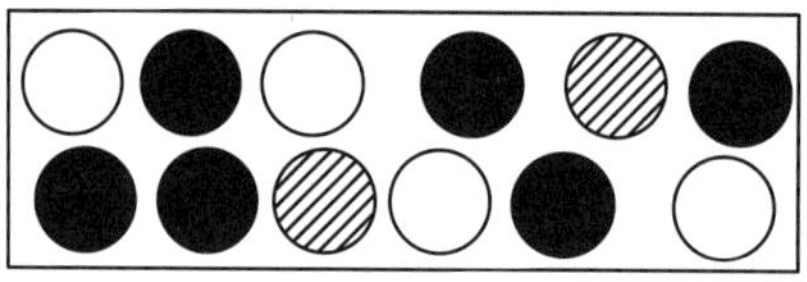

Abschlussprüfung Niedersachsen Hauptschule Klasse 10 2021

Hauptteil 1 (G- und E-Kurs)

S. 96

1. a) $1{,}5 + 2 \cdot 3 = 7{,}5$ b) $-5 - 2 = -7$ c) $\frac{1}{2} + \frac{1}{4} = \frac{3}{4}$ d) $0{,}4^2 = 0{,}16$

2. a) 2,7 cm = 27 mm b) $\frac{3}{4}$ ℓ = 750 mℓ c) $2\frac{1}{3}$ h = 140 min

3. a) $18\,465\,232 \approx 18\,000\,000$
b) Es sind 6,7 Mrd. Liter.
Überschlag: 18 Mio. · 365 ≈ 20 Mio. · 350 = 7 000 Mio. = 7 Mrd.

S. 97

4. a) proportional
b) keines von beiden ($A = a^2$)
c) antiproportinal

5. Die Arbeitsgemeinschaft „Theater“ haben **25** % der Schülerinnen und Schüler gewählt.
100 % – 45 % – 10 % – 20 % = 25 %
Von den 80 Schülerinnen und Schülern haben 20 % die Arbeitsgemeinschaft „Kochen“ gewählt.
Das sind **16** Schülerinnen und Schüler.
10 % von 80 = 8
20 % von 80 = 8 + 8 = 16

S. 98

6. a) Es wurde 8-mal die Note „3“ geschrieben.
b) Frau Meier setzt für den Buchstaben e die Anzahl der Schülerinnen und Schüler ein, die eine „5“ geschrieben haben.
Frau Meier teilt durch 20, weil insgesamt 20 Schülerinnen und Schüler die Arbeit geschrieben haben.

7. a)

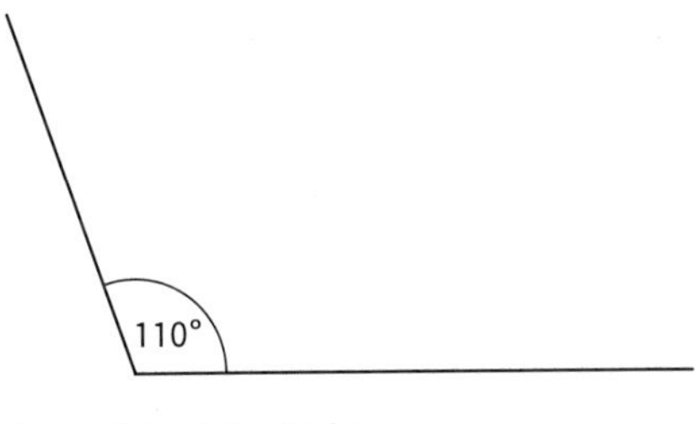

b) $\beta = 180° - 64 = 116°$

S. 99

c) Spitze Winkel sind kleiner als 90° und Nebenwinkel ergänzen sich zu 180°.

8. a)

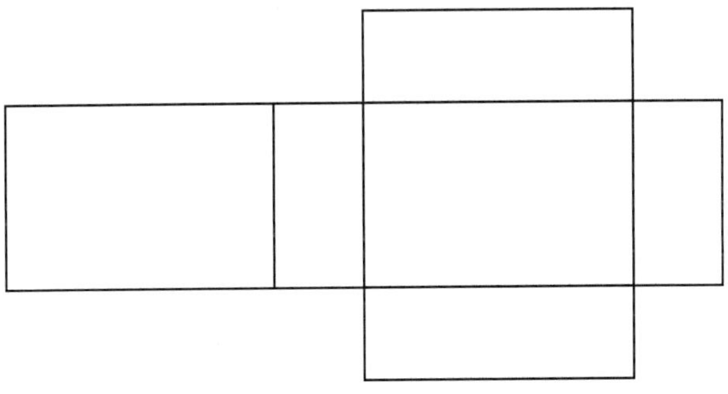

b)

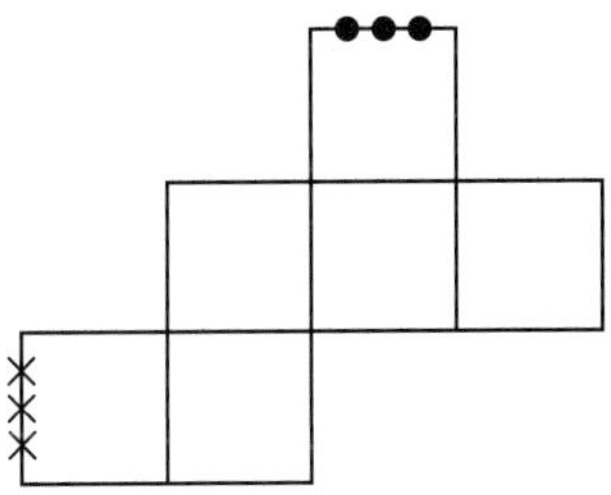

S. 100

9. a) z. B.

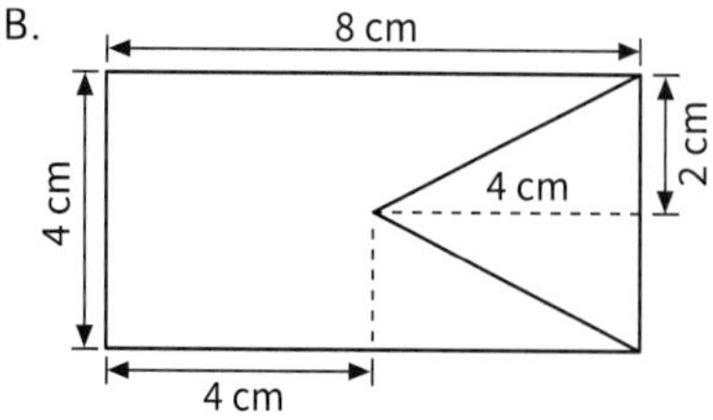

b) $A = 4\text{ cm} \cdot 8\text{ cm} - \frac{4\text{ cm} \cdot 4\text{ cm}}{2}$

$A = 32\text{ cm}^2 - 8\text{ cm}^2$

$A = 24\text{ cm}^2$

c)

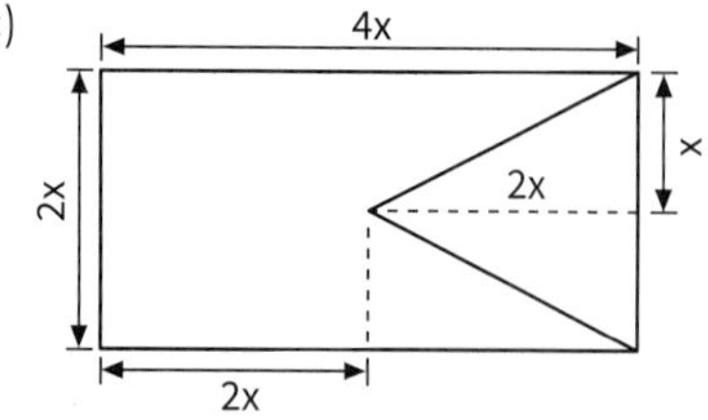

$A = 4x \cdot 2x - \frac{2x \cdot 2x}{2}$

$A = 8x^2 - 2x^2$

$A = 6x^2$

10. $A = \frac{g \cdot h}{2} \quad | \cdot 2$

$2A = g \cdot h \quad | : g$

$\frac{2A}{g} = h$

Hauptteil 2/Wahlteil (E-Kurs)

Hauptteil 2 (E-Kurs)

S. 101

1. a) 45 900 000 t : 81 200 000 = 0,57 t
Pro Person wurden 0,57 t Müll verursacht.

b) 18 % von 45 900 000 t = 45 900 000 t · 0,18 = 8 262 000 t
8 262 000 t Papier waren im Hausmüll enthalten.

c) 1 % → 3,6° (· 13)
13 % → 46,8° (· 31)
31 % → 111,6°

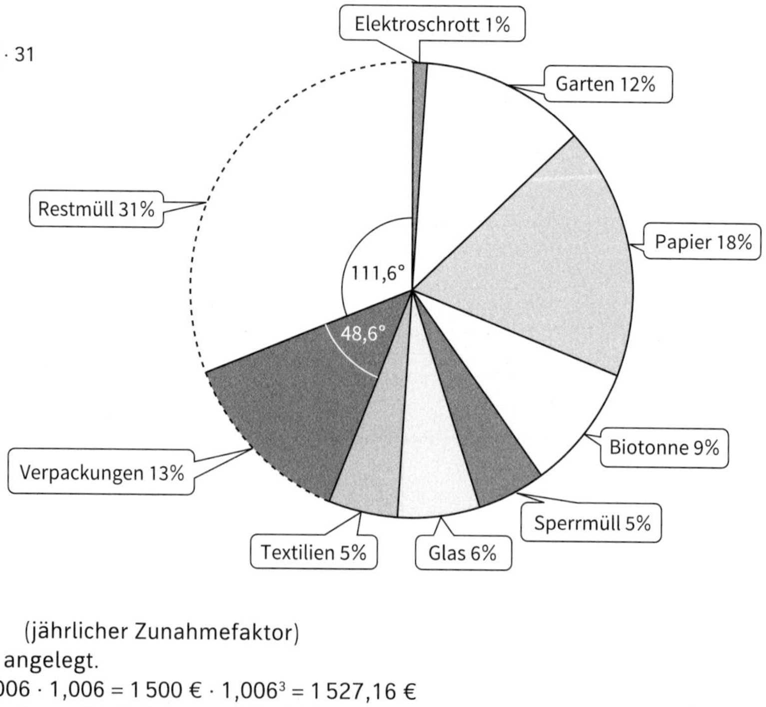

S. 102

2. p % = 0,6 % = 0,006
100 % + 0,6 % = 1,006 (jährlicher Zunahmefaktor)
1 500 € werden 3 Jahre angelegt.
K_3 = 1 500 € · 1,006 · 1,006 · 1,006 = 1 500 € · $1{,}006^3$ = 1 527,16 €
Das Kapital beträgt zu seinem 17. Geburtstag 1 527,16 €.

S. 102

3. a) $A = \pi \cdot r^2$ mit $r = 1{,}50\ m : 2 = 0{,}75\ m$
$A = \pi \cdot (0{,}75\ m)^2 = 1{,}77\ m^2$
Das Schild hat den Flächeninhalt $1{,}77\ m^2$.

b) $u = 2 \cdot \pi \cdot r$
$u = 2 \cdot \pi \cdot 0{,}75\ m = 4{,}71\ m$
Eine 4 m lange LED-Lichterkette reicht nicht aus.

4. a) $h_K^2 + (\frac{a}{2})^2 = h_a^2$

$(3{,}9\ cm)^2 + (\frac{a}{2})^2 = (4{,}8\ cm)^2 \quad | -(3{,}9\ cm)^2$

$(\frac{a}{2})^2 = 7{,}83\ cm^2 \quad | \sqrt{\ }$

$\frac{a}{2} = 2{,}80\ cm \quad | \cdot 2$

$a = 5{,}60\ cm$

b) Die zu schleifende Fläche besteht aus dem Quadrat und vier gleich großen Dreiecken.

$A = a^2 + 4 \cdot \frac{a \cdot h_a}{2}$

$A = (5{,}60\ cm)^2 + 2 \cdot 5{,}60\ cm \cdot 4{,}80\ cm = 85{,}12\ cm^2$
Die zu schleifende Fläche ist $85{,}12\ cm^2$ groß.

5. a) $y = -\frac{2}{3}x + 2$ → Graph 4 (Steigung $-\frac{2}{3}$ und y-Achsenabschnitt +2)
$y = 5$ → Graph 2 (Parallele zur x-Achse im Abstand 5)

S. 103

b)

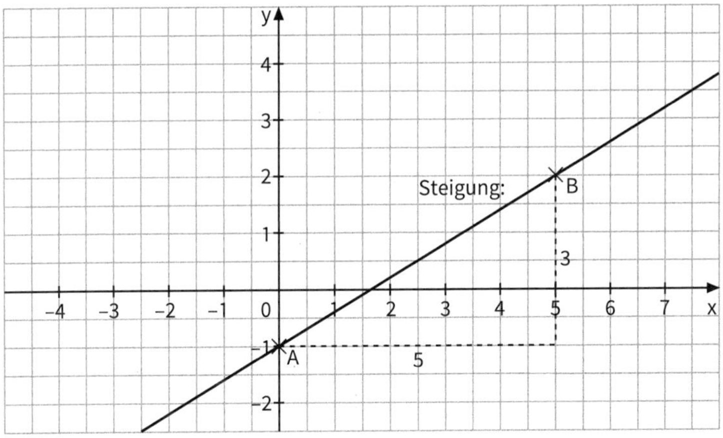

c) Steigung $\frac{3}{5}$; y-Achsenabschnitt – 1
$y = \frac{3}{5} \cdot x - 1$

d) $4x - 6 = -3x + 1 \quad | +3x$
$7x - 6 = 1 \quad | +6$
$7x = 7 \quad | :7$
$x = 1$
x = 1 in eine der beiden Funktionsgleichungen einsetzen:
$y = 4 \cdot 1 - 6 = -2$
Schnittpunkt S (1 | – 2)

S. 103

6. a)

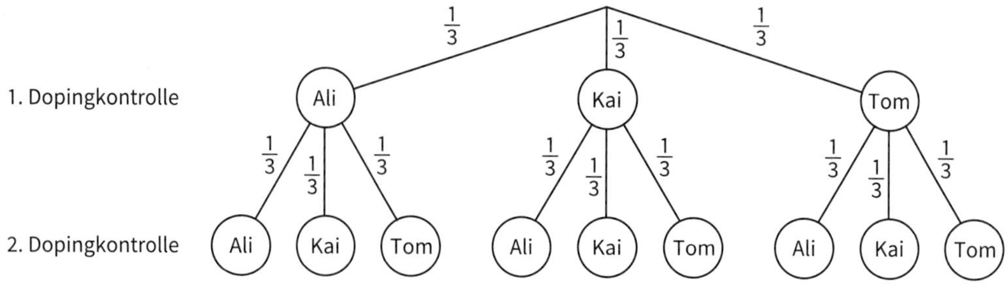

b) $P(\text{Ali, Ali oder Kai, Kai oder Tom, Tom}) = \frac{1}{3} \cdot \frac{1}{3} + \frac{1}{3} \cdot \frac{1}{3} + \frac{1}{3} \cdot \frac{1}{3} = \frac{3}{9} = \frac{1}{3} \approx 0{,}33 = 33\,\%$

S. 104

7.

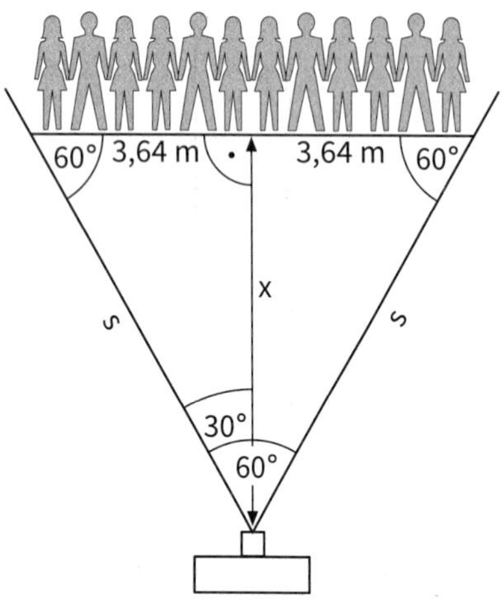

1. Möglichkeit:

$\tan 30° = \frac{3{,}64\text{ m}}{x}$ $\quad |\cdot x$

$x \cdot \tan 30° = 3{,}64\text{ m}$ $\quad |: \tan 30°$

$x = \frac{3{,}64\text{ m}}{\tan 30°}$

$x = 6{,}30\text{ m}$

2. Möglichkeit:

Das Dreieck ist gleichschenklig. Die beiden Basiswinkel sind jeweils 60° groß. Da alle Innenwinkel gleich groß sind, ist das Dreieck sogar gleichseitig mit der Seitenlänge $s = 3{,}64\text{ m} + 3{,}64\text{ m} = 7{,}28\text{ m}$. Mit dem Satz des Pythagoras erhält man:

$x^2 + (3{,}64\text{ m})^2 = (7{,}28\text{ m})^2$ $\quad |-(3{,}64\text{ m})^2$

$x^2 = 39{,}7488\text{ m}^2$ $\quad |\sqrt{}$

$x = 6{,}30\text{ m}$

8. $V = \pi \cdot r^2 \cdot h_K$ mit $V = 800\,000\text{ cm}^3$ und $r = 50\text{ cm}$

$800\,000\text{ cm}^3 = \pi \cdot (50\text{ cm})^2 \cdot h_K$ $\quad |: \pi \quad |: (50\text{ cm}^2)$

$\frac{800\,000\text{ cm}^3}{\pi \cdot (50\text{ cm})^2} = h_K$

$h_K = 101{,}86\text{ cm}$

$h = h_K - 15\text{ cm}$

$h = 86{,}86\text{ cm}$

9. Strahlensatz: $\frac{x}{67\text{ m}} = \frac{75\text{ m} + 162\text{ m}}{162\text{ m}}$ $\quad |\cdot 67\text{ m}$

$x = 98{,}02\text{ m}$

Wahlteil (E-Kurs)

S. 105

Wahlaufgabe 1

a) $x = (3{,}80\text{ cm} - 1{,}60\text{ cm}) : 2 = 1{,}10\text{ cm}$

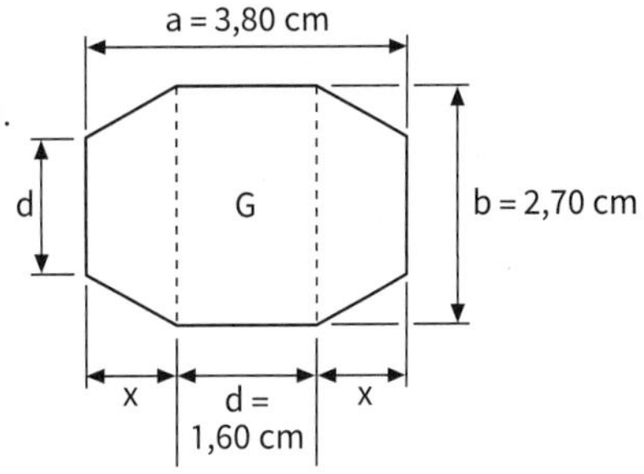

b) Man kann die Fläche in zwei Trapeze und ein Rechteck aufteilen.

$G = 1{,}60\text{ cm} \cdot 2{,}70\text{ cm} + 2 \cdot \frac{(1{,}60\text{ cm} + 2{,}70\text{ cm})}{2} \cdot 110\text{ cm}$

$G = 9{,}05\text{ cm}^2$

c) $V_{Kugel} = \frac{4}{3} \cdot \pi \cdot r^2 \quad \text{mit } r = \frac{1{,}60\text{ cm}}{2} = 0{,}80\text{ cm}$

$V_{Kugel} = \frac{4}{3} \cdot \pi \cdot (0{,}80\text{ cm})^2 \approx 2{,}14\text{ cm}^3$

d) Der Körper setzt sich aus einem Prisma mit der Grundfläche G und einer aufgesetzten Halbkugel zusammen.

$V_{Tab} = G \cdot h_K + \frac{1}{2} V_{Kugel}$

$V_{Tab} = 9{,}05\text{ cm}^2 \cdot 1{,}70\text{ cm} + \frac{1}{2} \cdot 2{,}14\text{ cm}^3 \approx 16{,}46\text{ cm}^3$

e) $V_{Zy} = G_{Zy} \cdot h_K = 2{,}14\text{ cm}^3 \quad |: G_{Zy}$

$h_K = \frac{2{,}14\text{ cm}^3}{G_{Zy}}$

$G_{Zy} = \pi \cdot r^2 = \pi \cdot (0{,}800\text{ cm})^2 = 2{,}01\text{ cm}^2$

$h_K = \frac{2{,}14\text{ cm}^3}{2{,}01\text{ cm}^2} \approx 1{,}06\text{ cm}$

Der Zylinder ist 1,06 cm hoch.

f) In der Formel für das Volumen einer Kugel steht r^3.
Verdoppelt man den Durchmesser der Kugel, dann verachtfacht sich wegen $2^3 = 8$ ihr Volumen.

S. 106

Wahlaufgabe 2

a) $u = 2\pi \cdot r_a \quad \text{mit } r_a = 1{,}20\text{ m}$
$u = 2\pi \cdot 1{,}20\text{ m} \neq 7{,}54\text{ m}$

b) $h_a^2 + r_a^2 = a^2$ (Satz des Pythagoras)
$h_a^2 + (1{,}20\text{ m})^2 = (2\text{ m})^2 \quad |-(1{,}20\text{ m})^2$
$h_a^2 = 2{,}56\text{ m}^2 \quad |\sqrt{\ }$
$h_a = 1{,}60\text{ m}$

c) $\cos\alpha = \frac{r_a}{2\text{ m}}$
$\cos\alpha = \frac{1{,}20\text{ m}}{2\text{ m}} = 0{,}6$
$\alpha = 53{,}13°$

d) $\delta = 180° - 90° - 53{,}13° = 36{,}87°$

e) $\sin 16° = \frac{0{,}70\text{ m}}{b} \quad |\cdot b$
$b \cdot \sin 16° = 0{,}70\text{ m} \quad |: \sin 16°$
$b = \frac{0{,}70\text{ m}}{\sin 16°} \approx 2{,}54\text{ m}$

f) Für den Umfang u gilt: $u = \pi \cdot d$
An der Gleichung erkennen wir, dass u proportional zu d ist. Wird d dreimal so groß, dann wird auch u dreimal so groß.

S. 107

Wahlaufgabe 3

a)

Ereignis	Wahrscheinlichkeit
„Mit dem Würfel A wird eine 3 geworfen.“	$\frac{2}{6} = \frac{1}{3} \approx 0{,}33 = 33\,\%$
„Mit dem Würfel A wird eine 1 oder 5 geworfen.“	$\frac{4}{6} = \frac{2}{3} \approx 0{,}67 = 67\,\%$
„Mit dem Würfel B wird keine 2 geworfen.“	$\frac{5}{6} \approx 0{,}83 = 83\,\%$
„Mit dem Würfel B wird **eine 4** geworfen.“	$\frac{3}{6}$

b)

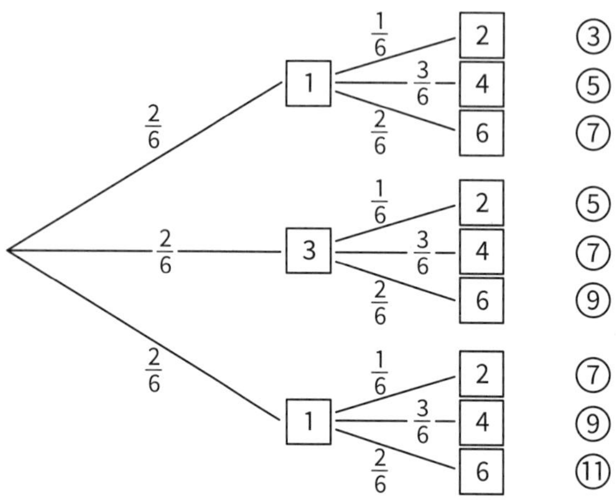

Die Wahrscheinlichkeit an den Ästen braucht man für die Teilaufgaben c), d) und e).

S. 108

c) $P(\text{Summe } 3) = \frac{2}{6} \cdot \frac{1}{6}$
$= \frac{2}{36}$
$= \frac{1}{18} \approx 0{,}06 = 6\,\%$

d) $P(\text{Summe ist 9 oder 11}) = \frac{2}{6} \cdot \frac{2}{6} + \frac{2}{6} \cdot \frac{9}{6} + \frac{2}{6} \cdot \frac{2}{6} = \frac{14}{36} = \frac{7}{18} \approx 0{,}39 = 39\,\%$

e) Z. B. Moritz gewinnt bei den Summen 5 und 9
Thomas gewinnt bei den Summen 3, 7 und 11.

$P(\text{Summe 5 oder 9}) = \frac{2}{6} \cdot \frac{3}{6} + \frac{2}{6} \cdot \frac{1}{6} + \frac{2}{6} \cdot \frac{2}{6} + \frac{2}{6} \cdot \frac{3}{6} = \frac{18}{36} = \frac{1}{2}$

$P(\text{Summe 3, 7 oder 11}) = \frac{2}{6} \cdot \frac{1}{6} + \frac{2}{6} \cdot \frac{2}{6} + \frac{2}{6} \cdot \frac{3}{6} + \frac{2}{6} \cdot \frac{1}{6} + \frac{2}{6} \cdot \frac{2}{6} = \frac{18}{26} = \frac{1}{2}$

S. 109

Wahlaufgabe 4

a) Zu Beginn des Füllvorgangs befinden sich **500** Liter Heizöl im Haustank.
In den Haustank werden **250** Liter Heizöl pro Minute gepumpt.

b) $y = 250 \cdot x + 500$

c) $250 \cdot x + 500 = 1\,625 \quad |-500$
$250 \cdot x = 1\,125 \quad |:250$
$x = 4{,}5$
Nach 4,5 Minuten sind 1 625 ℓ Heizöl im Haustank.

d)
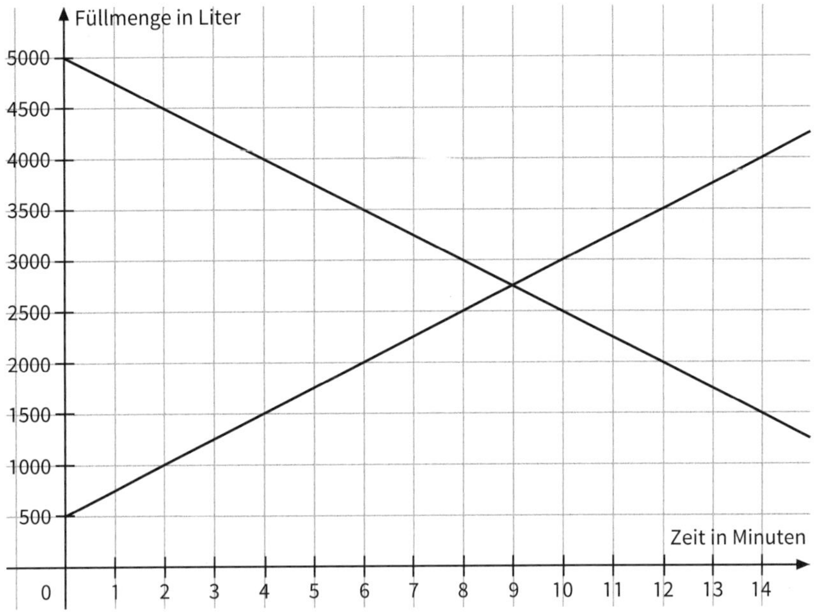

e) Nach 9 Minuten sind im Tankwagen und im Haustank gleich viel Heizöl.

f) Für den Zeitraum des Abschaltens der Pumpe verläuft der Graph parallel zur x-Achse.

Wahlaufgaben aus der Abschlussprüfung 2020 Klasse 10

S. 110

Wahlaufgabe 1

a) großer Fußball: 8 cm; kleiner Fußball: 1 cm

b) Der Durchmesser des großen Fußballs ist ungefähr 8-mal so groß wie der Durchmesser des kleinen Fußballs.

c) $8 \cdot 22\text{ cm} = 176\text{ cm}$
Der große Fußball hat einen Durchmesser von 176 cm.

d) $V_{Kugel} = \frac{4}{3} \cdot \pi \cdot r^3$, $r = 1{,}76\text{ m} : 2 = 0{,}88\text{ m}$
$V_{Ball} = \frac{4}{3} \cdot \pi \cdot (0{,}88\text{ m})^3 \approx 2{,}85\text{ m}^3$
Das Volumen der Wassermenge beträgt $2{,}85\text{ m}^3$.

e) $V_{Quader} = h \cdot 1{,}5\text{ m} \cdot 2\text{ m}$ mit $V_{Quader} = 2{,}85\text{ m}^3$
$2{,}85\text{ m}^3 = h \cdot 1{,}5\text{ m} \cdot 2\text{ m} \quad |:1{,}5\text{ m} \quad |:2\text{ m}$
$\frac{2{,}85\text{ m}^3}{1{,}5\text{ m} \cdot 2\text{ m}} = h$
$h = 0{,}95\text{ m}$

f) In der Formel für V steht r^3, das bedeutet: Das Volumen wird 2^3-mal, also 8-mal so groß.
Dann benötigt man für die Füllung 8-mal so viel Wasser.

S. 111

Wahlaufgabe 4

a) $\frac{h}{700\text{ m}} = \tan\delta \quad |\cdot 700\text{ m}$

$h = 700\text{ m} \cdot \tan 54° = 963{,}47\text{ m}$

b) $b^2 = (963{,}47\text{ m})^2 + (700\text{ m})^2$

$b = \sqrt{(963{,}47\text{ m})^2 + (700\text{ m})^2} \approx 1\,190{,}91\text{ m}$

c) $\alpha = 180° - \delta = 180° - 54° = 126°$

Die Winkelsumme im Dreieck beträgt 180°, daraus folgt:

$\beta = 180° - \alpha - \gamma = 180° - 126° - 43° = 11°$

d)

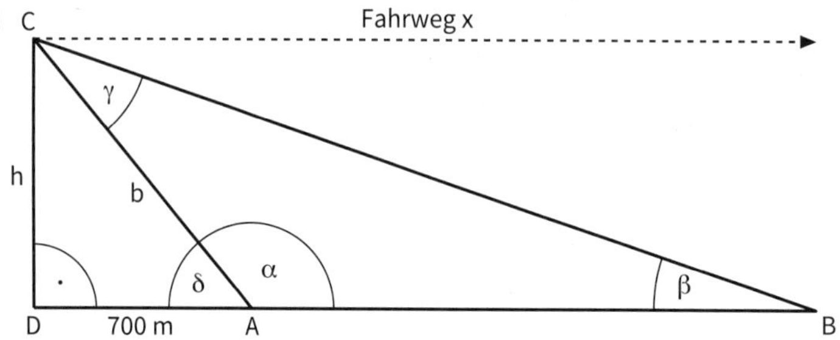

$\tan\beta = \frac{h}{\overline{DB}}$ und $\overline{DB} = x$, also

$\tan 11° = \frac{963{,}47\text{ m}}{x} \quad |\cdot x \quad |: \tan 11°$

$x = \frac{963{,}47\text{ m}}{\tan 11°} = 4\,956{,}62\text{ m}$

Der Fahrweg beträgt 4 956,62 m.

e) Jetzt ist $\beta = 22°$. Wir setzen in die Gleichung statt 11° jetzt 22° ein.

$x = \frac{963{,}47\text{ m}}{\tan 22°} \approx 2\,384{,}67\text{ m}$

2 384,67 m ist nicht die Hälfte von 4 956,62 m.
Martas Aussage ist falsch.